"十二五"普通高等教育本科规划教材

冶金工程导论

王　维　主　编

谢敬佩　王爱琴　副主编

U0248664

化学工业出版社

·北京·

本书主要介绍了钢铁（烧结、炼铁、炼钢、连铸和炉外精炼）和主要有色金属（轻金属铝和重金属锌等）的提取冶金过程的基本原理、工艺特点和基本工艺流程。通过学习，使学生对冶金（包括火法、湿法和电冶金）生产过程有一个全面而概括的了解，初步掌握冶金的基本知识，为进一步学习冶金学基本原理和生产工艺打下必要的专业基础。此外，本书还简要介绍了金属分类，主要金属的性质、用途、资源状况、生产方法、冶金工业在国民经济中的地位，以及发展我国冶金工业的基本国情等方面的内容。

本书可作为冶金工程专业本科生教材或者教学参考书、冶金相关专业的普通冶金学教材，也可供从事钢铁冶金以及有色金属冶金工作的科技人员参考。

图书在版编目（CIP）数据

冶金工程导论/王维主编. —北京：化学工业出版社，2015.9

"十二五"普通高等教育本科规划教材

ISBN 978-7-122-24420-8

Ⅰ.①冶… Ⅱ.①王… Ⅲ.①冶金-高等学校-教材 Ⅳ.①TF

中国版本图书馆 CIP 数据核字（2015）第 140626 号

责任编辑：杨 菁　　　　　　　　　文字编辑：林 丹
责任校对：吴 静　　　　　　　　　装帧设计：孙远博

出版发行：化学工业出版社（北京市东城区青年湖南街 13 号　邮政编码 100011）
印　　装：三河市万龙印装有限公司
787mm×1092mm　1/16　印张 14　字数 346 千字　2015 年 10 月北京第 1 版第 1 次印刷

购书咨询：010-64518888（传真：010-64519686）　售后服务：010-64518899
网　　址：http://www.cip.com.cn
凡购买本书，如有缺损质量问题，本社销售中心负责调换。

定　价：36.00 元

前　言

为了适应高等学校教学改革的需要，河南科技大学根据教育部将钢铁冶金和有色金属冶金统一为冶金工程专业办学要求，调整了本科生培养计划，增加实践性环节，减少课堂教学。冶金工程概论既要涉及钢铁冶金又要兼顾有色金属冶金。本教材正是在这一背景下编写的。

本书主要介绍了钢铁冶金工业概况、常见有色轻金属（铝）冶炼和重金属（锌）冶炼工艺概况。重点介绍了炼铁、炼钢、钢液炉外精炼、钢液浇注、铝和锌冶炼基本原理和主要工艺流程及其设备，同时综述了现代冶金新工艺。内容上突出了理论性和先进性，注重理论与实践的结合，力求全面、实用。本书可作为高等工科院校冶金工程专业用教材，也可供钢铁、材料加工及相关企业工程技术人员、研究人员、生产一线人员及投资者和管理者参考。

本书由河南科技大学王维任主编，谢敬佩、王爱琴任副主编。其中第1、2、3、4、7、8章由王维编写，第5章由谢敬佩编写，第6章由王爱琴编写。朱骏、李想、冯鲁兴、刘翘楚等参与教材勘误工作，在此向所有帮助和支持过我们的朋友表示感谢。

限于编者水平有限，书中有不妥之处，敬请同行和读者批评指正。

编者

于河南科技大学

2015 年 6 月

目　　录

第1章　绪　　论

本章摘要　本章主要从钢铁冶金和有色金属冶金两个方向介绍了金属及其分类、冶金基本概念、冶金工艺流程、冶金发展史以及冶金工业的发展现状和发展趋势等，同时还分析了冶金行业在国民经济中所处的地位和所起的作用。

1.1　金属及其分类

金属是可塑性、导电性及导热性良好，具有金属光泽的化学元素。在目前已发现的109种化学元素中，金属元素有80多种，非金属元素有20多种。金属的分类是按历史上形成的工业分类法分类的。这种分类法虽然没经严格的科学论证，但一直沿用到现在。

现代工业习惯上把金属分为黑色金属和有色金属两大类。黑色金属是指铁、铬、锰三种金属。黑色金属的单质为银白色，而不是黑色。之所以称它们为黑色金属，是由于这类金属及其合金表面常有灰黑色的氧化物。有色金属是指除黑色金属以外的所有金属，其中除少数有颜色外（铜为紫红色，金为黄色），大多数为银白色。有色金属有60多种，分为重金属、轻金属、贵金属、稀有金属和半金属五类。

（1）重金属　一般指密度在 $5g/cm^3$ 以上的金属，包括铜、铅、锌、镍、钴、锡、锑、汞、镉、铋。它们的密度都很大，由 $7\sim11g/cm^3$。

（2）轻金属　一般指密度在 $5g/cm^3$ 以下的金属，包括铝、镁、钠、钾、钙、锶、钡。这类金属的共同特点是密度小（$0.53\sim4.5g/cm^3$），化学性质活泼。

（3）贵金属　这类金属包括金、银和铂族金属（铂、铱、锇、钌、铑、钯）。它们因在地壳中含量少、提取困难和价格较高而得名。贵金属的特点是密度大（$10.4\sim22.4g/cm^3$），熔点高（$1189\sim3273K$），化学性质稳定。

（4）稀有金属　通常指那些发现较晚，在工业上应用较迟，在自然界中地壳丰度小，天然资源少，赋存状态分散，难以被经济地提取或不易分离成单质的金属。在80多种有色金属元素中，大约有50种被认为是稀有金属。稀有金属这一名称的由来，并不是由于其在地壳中的含量稀少，而是历史上遗留下来的一种习惯性的概念。事实上，有些稀有金属在地壳中的含量比一般普通金属要多。例如，稀有金属钛在地壳中的含量占第九位，比铜、银、镍以及许多其他元素都多；稀有金属锆、锂、钒、铈在地壳中的含量，比普通金属铅、锡、汞多。还可以举出一些类似的例子。当然，有许多种稀有金属在地壳中的含量确实是很少的，但含量少并不是稀有金属的共同特征。

根据金属的密度、熔点、分布及其他物理化学特性，稀有金属在工业上又可分为以下几类。

① 稀有轻金属：包括锂、铷、铯、铍。这类金属的特点是密度小（仅为 $0.53\sim1.859g/cm^3$），化学活性大，其氧化物和氯化物都很稳定，难以还原成金属，一般都用熔盐电解法或金属热还原法制取。

② 难熔稀有金属：包括钛、锆、铪、钒、铌、钼、钨、铼。它们的共同特点是熔点高（例如钛的熔点为 $1933K$，钨为 $3683K$），抗腐蚀性好，具有多种原子价。在生产工艺上，一

般都是先制取纯氧化物或卤化物，再用金属热还原法或熔盐电解法制取金属。

③ 稀散金属：包括镓、铟、铊、锗、硒、碲。这类金属的共同特点是极少独立成矿，在地壳中几乎是平均分布的，一般都是以微量杂质形态存在于其他矿物中。如镓存在于铝土矿中，铟存在于有色重金属硫化矿中。因此，它们多富集在有色金属生产的副产品、烟尘和尾渣中，品位一般在 0.1% 以下，需要采用复杂的工艺进一步富集后才能冶炼成金属。

④ 稀土金属：包括钪、钇及镧系元素（从原子序数为 57 的镧到原子序数为 71 的镥，共 15 个元素）。其共同特点是物理化学性质非常相似，在矿物中多共生，分离困难。冶金上一般先制取混合稀土氧化物或其他化合物，再用溶剂萃取、离子交换等方法分离成单一化合物，最后还原成金属。

⑤ 放射性稀有金属：包括天然存在的钫、镭、钋和锕系元素中的锕、钍、镤、铀以及人工制造的、锕系其他元素和周期表中 104～109 号元素。这类金属的共同特点是具有放射性，它们多共生或伴生在稀土矿物中。

（5）半金属　又称似金属或类金属，包括硼、硅、砷、碲。其特点是它们的电导率介于金属和非金属之间，并且都具有一种或几种同质异构体，其中一种具有金属性质。

1.2　冶金基本概念

冶金是一门研究如何经济地从矿石或其他原料中提取金属或金属化合物，并用各种加工方法制成具有一定性能的金属材料的科学。

用于提取各种金属的矿石具有不同的性质，故提取金属要根据不同的原理，采用不同的生产工艺过程和设备，从而形成了冶金的专门学科——冶金学。

冶金学以研究金属的制取、加工和改进金属性能的各种技术为重要内容，现发展为对金属成分、组织结构、性能和有关基础理论的研究。就其研究领域而言，冶金学分为提取冶金和物理冶金两门学科。

提取冶金学是研究如何从矿石中提取金属或金属化合物的生产过程，由于该过程伴有化学反应，又称为化学冶金。

物理冶金学是通过成形加工制备有一定性能的金属或合金材料，研究其组成、结构的内在联系以及在各种条件下的变化规律，为有效地使用和发展具有特定性能的金属材料服务。它包括金属学、粉末冶金、金属铸造、金属压力加工等。

从矿石或其他原料中提取金属的方法很多，可归结为以下三种。

（1）火法冶金　它是指在高温下矿石经熔炼与精炼反府及熔化作业，使其中的金属和杂质分开，获得较纯金属的过程。整个过程可分为原料准备、冶炼和桔炼三个工序。过程所需能源主要靠燃料燃烧供给，也有依靠过程个的化学反应热来提供的。

（2）湿法冶金　它是指在常温或低于 100℃ 下，用溶剂处理矿石或精矿，使所安提取的金属溶解于溶液中而其他杂质不溶解，然后再从溶液中将金属提取和分离出来的过程，由于绝大部分溶剂为水溶液，也称为水法冶金。该方法包括浸出、分离、富集和提取等工序。

（3）电冶金　它是利用电能提取和精炼金属的方法，按电能形式可分为电热冶金和电化学冶金两类。

① 电热冶金。它是利用电能转变成热能，在高温下提炼金属，其本质上与火法冶金相同。

② 电化学冶金。利用电化学反应使金属从含金属的盐类水溶液或熔体中析出者称为溶

液电解，如铜的电解精炼，可归入湿法冶金；后者称为熔盐电解，如电解铝列入火法冶金。

采用哪种方法提取金属，按怎样的顺序进行，在很大程度上取决于所用的原料以及要求的产品。冶金方法中以火法和湿法的应用较为普遍，钢铁冶金主要采用火法，而有色金属提取则火法和湿法兼有。

1.3　主要冶金过程简介

在生产实践中，各种冶金方法往往包括许多个冶金工序，如火法冶金中有选矿、干燥、焙烧、燃烧、烧结、球团、熔炼、精炼等工序。本节重点介绍以下工序。

(1) 焙烧　是指将矿石或精矿置于适当的气氛下，加热至低于它们的熔点温度，发生氧化、还原或其他化学变化的过程。其目的是改变原料中提取对象的化学组成，满足熔炼或浸出的要求。焙烧过程按控制气氛的不同，可分为氧化焙烧、还原焙烧、硫酸化焙烧、氯化焙烧等。

(2) 煅烧　是指将碳酸盐或氢氧化物的矿物原料在空气中加热分解，除去二氧化碳或水分变成氧化物的过程，燃烧也称焙解。如石灰石煅烧成石灰，作为炼钢溶剂；氢氧化铝煅烧成氧化铝，作为电解铝原料。

(3) 烧结和球团　将粉矿或精矿经加热焙烧，固结成多孔状或球状的物料，以适应下一工序熔炼的要求。例如，烧结是铁矿粉造块的主要方法；烧结焙烧是处理铅锌硫化精矿使其脱硫并结块的鼓风炉熔炼前的原料准备过程。

(4) 熔炼　是指将处理好的矿石、精矿或其他原料，在高温下通过氧化还原反应，使矿物原料中金属组分与脉石和杂质分离为两个液相层即金属（或金属锍）液和熔渣的过程，它也叫冶炼。熔炼按作业条件可分为还原熔炼、造锍熔炼和氧化吹炼等。

(5) 火法精炼　在高温下进一步处理熔炼、吹炼所得含有少量杂质的粗金属，以提高其纯度。如熔炼铁矿石得到生铁，再经氧化精炼成钢；火法炼锌得到粗锌、再经蒸馏精炼成纯锌。火法精炼的种类很多，如氧化精炼、硫化精炼、氯化精炼、熔析精炼、碱性精炼、区域精炼、真空冶金、蒸馏等。

(6) 浸出　用适当的浸出剂（如酸、碱、盐等水溶液）选择性地与矿石、精矿、焙砂等矿物原料的金属组分发生化学作用，并使之溶解而与其他不溶组分初步分离的过程。目前，世界上大约15％的铜、80％以上的锌、几乎全部的铝、钨、钼都是通过浸出，而与矿物原料中的其他组分得到初步分离的。浸出又称浸取、溶出、湿法分解，如在重金属冶金中常称浸出、浸取等，在轻金属冶金中常称溶出，而在稀有金属冶金中常常将矿物冰料的浸出称为湿法分解。

(7) 液固分离　该过程是将矿物原料经过酸、碱等溶液处理后的残渣与浸出液组成的悬浮液分离成液相与固相的混法冶金单元过程。在该过程的固液之间一般很少再有化学反应发生，主要是用物理方法和机械方法进行分离，如重力沉降、离心分离、过滤等。

(8) 溶液净化　将矿物原料中与欲提取的金属一道溶解进入浸出液的杂质金属除去的湿法冶金单元过程。净液的目的是使杂质不至于危害下一工序对主金属的提取。其方法多种多样，主要有结晶、蒸馏、沉淀、置换、溶剂萃取、离子交换、电渗析和膜分离等。

(9) 水溶液电解　利用电能转化的化学能使溶液中的金属离子还原为金属而析出，或使粗金属阳极经由溶液精炼沉积于阴极。前者从浸出净化液中提取金属，故又称电解提取或电解沉积（简称电积），也称不溶阳极电解、如铜电积、锌电积；后者以粗金属为原料进行精炼，常称电解精炼或可溶阳极电解，如粗铜、粗铅的电解精炼。

（10）熔盐电解　即利用电热维持熔盐所要求的高温，又利用直流电转换的化学能自熔盐中还原金属，如铝、镁、钠、钽、银的熔盐电解生产。

可见，冶金过程是应用各种化学和物理的方法，使原料中的主要金属与其他金属或非金属元素分离，以获得纯度较高的金属的过程。

冶金学是一门多学科的综合应用科学。一方面，冶金学不断吸收其他学科，特别是物理学、化学、力学、物理化学、流体力学等方面的新成果，指导冶金生产技术向新的广度和深度发展；另一方面，冶金生产又以工厂的实践经验充实冶金学的内容，也为其他学科提供新的金属材料和新的研究课题。电子技术和电子计算机的发展及应用，对冶金生产产生了深刻的影响，促进了新金属和新合金材料不断产出，进一步适应了高、精、尖科学技术发展的需要。

1.4　新中国钢铁工业的发展

经过近 60 年的发展，我国钢铁工业取得了举世瞩目的成就，逐步进入了成熟的发展阶段。1949 年，我国的钢铁产量只有 15.8 万吨，居世界第 26 位，不到当时世界钢铁年总产量的 0.1%。2010 年，我国钢铁产量为 62665 万吨，居世界第 1 位，超过第 2～10 位的产量总和，占世界总产量的 44.3%。总体上来讲，我国钢铁工业可以大致划分为三个阶段：第一阶段（1949～1978 年）为"以钢为纲"的发展阶段，第二阶段（1978～2000 年）为稳步快速发展阶段，第三阶段（2001 年至今）为加速发展阶段。

1.4.1　"以钢为纲"的发展阶段

新中国钢铁工业的技术进步先后经历了四个阶段：一是 20 世纪 50 年代，在资金和物质相对短缺的情况下，钢铁工业依靠从苏联引进技术和设备，改扩建鞍钢、新建武钢、包钢等，使钢铁工业技术水平基本跟上了当时世界的潮流，初步奠定了新中国钢铁工业发展的基础；二是 1958 ～ 1976 年，摆脱苏联发展模式，积极探索中国钢铁工业发展道路，其中以"大炼钢铁"、"鞍钢宪法"及攀钢建设为标志，在此期间，一方面依靠自力更生和群众运动推动技术进步，另一方面则寻求从西方引进先进技术，例如氧气顶吹转炉新工艺和"一米七"轧机，突破了钢铁工业技术进步的瓶颈；三是 1978～1997 年，技术引进和创新进入新阶段，改革开放的推进和巨大的市场需求，为钢铁工业发展注入新活力，其中以宝钢建设最为典型；四是 1997～2011 年，钢铁产量和品种质量得到双发展，实现外延和内涵的双重扩张，但在同时，钢铁工业发展出现了对外依存度过高和产能过剩问题。新中国 62 年钢铁工业发展历程证明：技术进步是我国钢铁工业发展由小变大的根本途径，而技术引进是实现技术跨越式发展的最佳途径。据统计，1952～1978 年期间，我国钢产量平均每年递增 12.9%，产值每年递增 11.8%，实现利税每年递增 9.67%，见图 1-1。

需要指出的是，在"以钢为纲"的工业发展指导方针下，不可避免地会遇到钢铁工业部门与国民经济共他部门协调发展的问题。由于对钢铁工业部门的固定资产投资过大，产生了两方面的影响：一方面，在资金有限的前提下，过分的投入会制约其他工业部门的发展；另一方面，由于钢铁工业部门的利税贡献与其他产业部门相比较低，在一定程度上表现出"高投入、低产出"的特点，所以较高比例的投入就会影响进一步发展所需要的资金积累。由于钢铁工业是一个资源消耗量大、能耗高的行业，这一阶段钢铁工业的发展也占用了大量的能

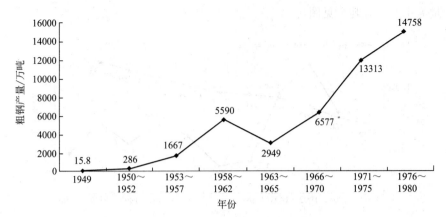

图 1-1　1949～1980 年我国钢产量情况

源。据统计，1978 年，钢铁工业投资占全国固定资产投资的 7.36%，能源消耗占整个国民经济消耗能源总量的 12.97%。另外，企业管理水平低、职工积极性不高也是当时我国钢铁工业发展中存在的问题。实际上，在 1970～1975 年期间，我国钢铁工业已经形成了 3000 万吨的生产能力，但是并不能够得到充分实现。1974～1976 年，曾经连续三年计划生产 2600 万吨钢的目标都没有实现，人们称为"三打二千六打不上"。

1.4.2　稳步快速发展的中国钢铁工业

在这一阶段，我国钢铁工业发展遇到了两次重要机遇。1978 年，党的十一届三中全会后，我国实行改革开放政策，为利用国外的资金、技术和资源创造了条件。1992 年，党的十四大确立了建设会主义市场经济体制的改革方向，极大地激发了企业的活力。我国钢铁工业面对良好的发展机遇，加快了钢铁工业现代化建设的步伐。在这一阶段，除了建设上海宝钢、天津无缝钢管厂等具备世界先进水平的现代化大型钢铁企业外，又对一些老的大型钢铁企业进行了技术改造和升级，例如鞍钢、武钢、首钢、包钢等。1981 年，我国与澳大利亚科伯斯公司通过签订补偿贸易合同的方式，首次实现了改革开放以后利用外方资金和技术对鞍钢焦化总厂沥青焦车间进行改造。1987 年，国家计委批准了鞍钢、武钢、梅山（1998年后被并入宝钢集团）、本钢、莱钢 5 个企业利用外资的项目建议书。通过技术引进、消化和吸收，我国钢铁企业工艺装备的现代化水平得到不断提升。另外，一些非国有企业也进入到钢铁行业，例如沙钢、海鑫等，并且发展迅速。同时，1992 年之前，我国钢铁企业进行了一系列的探索，从放权让利到承包经营责任制，希望通过企业改革释放强大的内在发展动力，实现了钢产量达 5000 万吨和 1 亿吨两次突破。1986 年，中国钢产量（粗钢）超过了 5000 万吨，达到 5221 万吨。

社会主义市场经济体制和现代企业制度的逐步建立，更为钢铁工业发展注入了强大的内在动力。1994 年以来，钢铁行业内的武钢、本钢、太钢、重钢、天津无缝钢管厂、"大冶"、"八一"等 12 家企业被列入国家百家现代企业制度试点。邯钢、抚顺钢铁公司、天津钢铁、酒泉钢铁等 57 家企业被列入地方改革试点。到 1998 年，试点工作基本完成，试点钢铁企业均按照《公司法》实施了改组，初步明确了国家资产投资主体，理顺了出资关系，建立了企业法人财产制度和法人治理结构。1996 年，我国钢产量（粗钢）首次超过 1 亿吨，达到 10124 万吨，占世界钢产量的 13.5%，超过日本和美国成为世界第一产钢大国。2000 年，我国钢产量为 12850 万吨，见图 1-2。

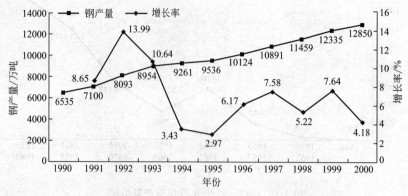

图 1-2   1990～2000 年我国钢产量（粗钢）和增长率情况

1.4.3   加速发展的中国钢铁工业

"十五"期间，我国钢铁工业更是实现了持续高速发展。2000 年，我国粗钢产量为 1.3 亿吨；2003 年，粗钢产量超过 2 亿吨；2005 年，粗钢产量达到 3.6 亿吨，我国成为全球第一个粗钢产量突破 3 亿吨的国家；2006 年，粗钢产量达到 4.2 亿吨；2008 年，粗钢产量达到 5 亿吨；2010 年，粗钢产量达到 6.3 亿吨，到 2012 年年底，中国的粗钢生产能力已经超过了 7 亿吨，是 1978 年的 22.5 倍之多，并且连续 17 年保持世界第一的位置。连续实现了钢产量达 2 亿吨、3 亿吨、4 亿吨、5 亿吨和 6 亿吨的五次跨越。2001～2007 年期间，钢产量年均增长率为 21.04%；2008 年出现经济危机，钢产量增长率减缓，为 2.4%；2009 年及 2010 年，钢产量恢复较高速度增长，增长率分别为 13.3% 和 10.3%。其中，2001 年、2003 年、2004 年和 2005 年的增长率均保持在 20% 以上，2005 年钢产量与上年相比，增长率更是创纪录的高达 30.42%，见图 1-3。同时，我国钢铁工业在整个工业中也占据着重要的地位。2006 年，我国规模以上钢铁企业实现销售收入 25735 亿元，在 39 个工业行业中排名第 2 位，仅低于通信设备、计算机及其他电子设备制造业；实现利润总额 1367 亿元，在 39 个工业行业中排名第 3 位，仅低于石油和天然气开采业以及电力、热力的生产和供应业。

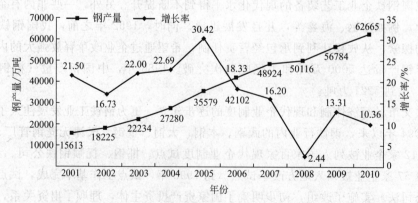

图 1-3   2001～2010 年我国钢产量（粗钢）和增长率情况

由于城市化进程的加快、消费结构的升级等多方面的原因，钢铁的需求增长迅速，各地纷纷大力发展钢铁工业，钢铁工业的固定资产投资增速较快。"十五"期间，我国钢铁工业的固定资产投资总额为7167亿元，超过1953~2000年固定资产投资的总和（见图1-4）。为了抑制钢铁工业固定资产投资的过热和低水平的重复建设，国家对钢铁工业不断加大宏观调控力度。2003年11月，国家发改委出台了《关于制止钢铁行业盲目投资的若干意见》，提出要用加强政策引导、严格市场准入、强化环境监督和执法、加强土地管理、控制银行信贷等多种手段，遏制钢铁工业盲目发展的势头。2004年2月，国务院对钢铁行业进行了清理整顿，全国共清理违规钢铁项目345个，淘汰在建落后炼钢能力1286万吨、落后炼铁能力1310万吨。2005年4月，国家取消了钢坯、钢锭、生铁的出口退税；同年5月，下调钢材出口退税率2个百分点，停止对铁矿石、钢坯、钢锭、生铁、废钢等产品的加工贸易；同年7月，国家发改委又发布了《钢铁产业发展政策》，从项目审批、土地审批、工商登记、环保等多个环节对钢铁投资进行控制。2006年，国家发改委再度发出《钢铁工业控制总量、淘汰落后、加快结构调整的通知》，要求"十一五"期间淘汰1亿吨落后炼铁生产能力和5500万吨落后炼钢能力。

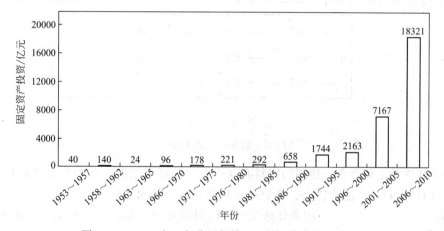

图1-4　1953~2010年我国钢铁工业的固定资产投资情况

另外，我国钢铁工业对外开放的方式更加多样化。我国钢铁企业在"引进来"的同时，还进行了"走出去"的探索。首钢收购了秘鲁铁矿，成立了首钢秘鲁铁矿公司，从事铁矿开采；鞍钢集团则收购了金达必金属公司12.94%的股份，成为国内钢铁行业第一家参股国外上市矿业公司的企业；宝钢的首个海外投资项目，即与巴西淡水河谷（CVRD）合资成立的宝钢维多利亚钢铁项目也开始启动。

总体上来讲，我国钢铁工业经过四个阶段的发展，取得了令世人瞩目的成绩。1978~2010年，我国生铁产量从3479万吨增加到59022万吨，增长了16.9倍，平均每年递增9.25%；粗钢产量由3178万吨增加到62665万吨，增长了19.7倍，平均每年递增9.76%；钢材产量从2208万吨增加到79627万吨，增长了36.1倍，平均每年递增11.9%。目前，我国不仅是全球最大的钢铁生产国和消费国，还是全球最大的钢铁进出口国，我国钢铁工业的发展对全球钢铁工业的发展具有重要的影响。

1.4.4　钢铁生产的基本流程

钢铁生产是一项系统工程，生产基本流程如图1-5所示。首先在矿山要对铁矿石和煤炭进行采选，将精选炼焦煤和品位达到要求的铁矿石，通过陆路或水运送到钢铁企业的原料场进行配煤或配矿、混匀，再分别在焦化厂和烧结厂炼焦和烧结，获得符合高炉炼铁质量要求的焦炭和烧结矿。球团厂可直接建在矿山，也可建在钢铁厂，它的任务是将细粒精矿粉造球、干燥、经高温焙烧后得到 $\phi 9 \sim 16mm$ 球团矿。

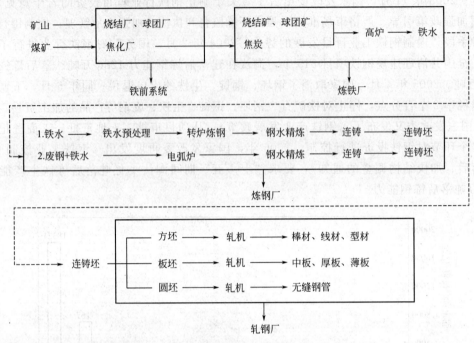

图 1-5　钢铁生产基本流程

高炉是炼铁的主要设备，使用的原料有铁矿石（包括烧结矿、球团矿和块矿）、焦炭和少量熔剂（石灰石），产品为铁水、高炉煤气和高炉渣。铁水送炼钢厂炼钢；高炉煤气主要用来烧热风炉，同时供炼钢厂和轧钢厂使用；高炉渣经水淬后送水泥厂生产水泥。

炼钢，目前主要有两条工艺路线，即转炉炼钢流程和电弧炉炼钢流程。通常将"高炉-铁水预处理-转炉-精炼-连铸"称为长流程，而将"废钢-电弧炉-精炼-连铸"称为短流程。短流程无需庞杂的铁前系统和高炉炼铁，因而工艺简单、投资低、建设周期短。但短流程生产规模相对较小，生产品种范围相对较窄，生产成本相对较高。同时受废钢和直接还原铁供应的限制，目前大多数短流程钢铁生产企业也开始建高炉和相应的铁前系统，电弧炉采用废钢＋铁水热装技术吹氧熔炼钢水，降低了电耗，缩短了冶炼周期，提高了钢水品质，扩大了品种，降低了生产成本。

有色金属矿石的冶炼，由于其矿石或精矿的矿物成分极其复杂，含有多种金属矿物，不仅要提取或提纯某种金属，还要考虑综合回收各种有价金属，以充分利用矿物资源和降低生产费用。因此，考虑冶金方法时，要用两种或两种以上的方法才能完成。图 1-6 为湿法炼锌工艺流程。

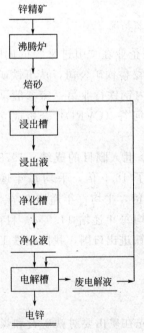

图 1-6　湿法炼锌原则流程

1.5 冶金工业在国民经济中的地位

1.5.1 钢铁工业在国民经济中的地位

现代任何国家是否发达要看其工业化生产自动化的水平，即工业生产在国民经济中所占的比例以及工业的机械化、自动化程度。而劳动生产率是衡量工业化水平极为重要的标志之一。为达到较高的劳动生产率需要大量的机械设备。钢铁工业为制造各种机械设备提供最基本的材料，属于基础材料工业的范畴。钢铁还可以直接为人们的日常生活服务，如为运输业、建筑业及民用用品提供基本材料。故在一定意义上说，一个国家钢铁工业的发展状况也反映其国民经济发达的程度。

衡量钢铁工业的水平应考查其产量（人均年占有钢的数量）、质量、品种、经济效益及劳动生产率等各方面。纵观当今世界各国，所有发达国家无一不是具有相当发达的钢铁工业。

钢铁工业的发展需要多方面的条件，如稳定可靠的原材料资源，包括铁矿石、煤炭及某些辅助原材料，如锰矿、石灰石及耐火材料等；稳定的动力资源，如电力、水等；由于钢铁企业生产规模大，每天原材料及产品的吞吐量大，需要庞大的运输设施为其服务，一般要有铁路或水运干线经过钢铁厂；对于大型钢铁企业来说，还必须有重型机械的制造及电子工业为其服务。此外，建设钢铁企业需要的投资大，建设周期长，而成本回收慢，故雄厚的资金是发展钢铁企业的重要前提。

钢铁之所以成为各种机械装备及建筑、民用等各部门的基本材料，是因为它只备以下优越性能，并且价格低廉。

① 有较高的强度及韧性。

② 容易用铸、锻、切削、焊接等多种方式进行加工，以得到任何结构的工部件。

③ 所需资源（铁矿、煤炭等）储量丰富，可供长期大员采用，成本低廉。

④ 人类自进入铁器时代以来，积累了数千年生产和加工钢铁材料的丰富经验，已具有成熟的生产技术。自古至今，与其他工业相比，钢铁工业相对生产规模大、效率高、质量好和成本低。

到目前为止，还看不出有任何其他材料在可预见的将来能代替钢铁现有的地位。

1.5.2 有色金属工业在国民经济中的地位

有色金属与人类社会的文明史息息相关。历史发展证明，材料是社会进步的物质基础和先导。金属的使用和冶金技术的进步与人类社会关系密切。历史学家曾将器物的使用作为社会生产力发展的里程碑，如青铜器时代、铁器时代等。

当今国际社会公认，能源技术、信息技术和材料技术是人类现代文明的三大支柱。占元素周期表中约 70% 的有色金属及其相关元素是当今高科技发展必不可少的新材料的重要组成部分。飞机、导弹、火箭、卫星、核潜艇等尖端武器以及原子能、电视、通信、雷达、电子计算机等尖端技术所需的构件或部件大都是由有色金属中的轻金属和稀有金属制成的。此外，没有镍、钴、钨、钼、钒、铌、稀土元素等有色金属也就没有合金钢的生产发展。有色重金属和轻金属在某些用途（如电力工业等）上使用量也是相当可观的。科技发展需要有色金属，经济发展也需要有色金属，有色金属科技的发展又离不开人类科技和经济的发展，两者相互促进，相得益彰。

新中国成立 60 年，特别是改革开放 30 年来，我国有色金属产量快速增长。1949 年 10 种有色金属产量仅有 1.33 万吨，2008 年达到 2519 万吨，2010 年达到 3134.97 万吨，1950～2010 年间年均增长 16.4%。我国 10 种有色金属产量连续九年位居世界第一。进入新世纪后，有色金属工业企业经济效益大幅度提高。我同有色金属工业产品销售（主营业务）收入，1950 年仅有 2614 万元，1978 年为 84.3 亿元，2008 年达到 21000 亿元，2010 年达到 3 万亿元；实现利润方面，1950 年仅有 844 万元，1978 年为 12.2 亿元，2008 年达到 800 亿元，2010 年约为 1300 亿元。此外，我国有色金属进出口贸易额大幅度增加，尤其是加入世贸组织后，进出口总额出现快速增长。1949 年，我国有色金属产品进出口总额为 2.9 亿美元，1978 年为 8.1 亿美元，2008 年达到 874 亿美元，2010 年达到 1203.4 亿美元。

1.6 冶金工业发展趋势

1.6.1 钢铁工业发展趋势

① 严格控制产能和产量的过快增长，要坚持按照国内市场的需求来组织生产；加快钢铁企业的兼并重组，优化调整全行业的组织结构；适时调整行业准入门槛，加大淘汰落后企业的力度，用先进技术改造传统产业，不断推进装备的大型化、连续化和高效化；加快新产品开发，努力增加低消耗、低污染、高附加值、高技术含量的"双低双高"产品，建立层次合理、资源利用价值高、具有自身特色的产品体系。

② 着力提升铁矿石资源保障能力和水平。加强中国铁矿石现货交易平台建设，为平台营造良好的发展环境，引导国内企业和海外矿石企业积极参与平台交易。进一步规范铁矿石流通秩序，逐步将钢铁行业规范企业与进口铁矿石流向挂钩，优化铁矿石资源配置。加强铁矿石预警机制研究，探索建立健全信息监测、咨询、组织网络等系统。

③ 大力发展钢铁循环经济，实现可持续发展战略。要大幅度降低能源、资源消耗的强度和二氧化碳的排放强度，要严格控制全行业的产量过快增长，继续淘汰落后和低水平的产能，合理地控制全行业能源总量和污染物的排放总量，大力开发运用二次能源的回收利用技术，以零排放为目标，提高全行业能源有效利用率。

④ 加快推进科技进步，着力提高自主创新能力，特别是要提高引进消化吸收再创新能力、集成创新能力及原始创新能力，着力开发更多具有自主知识产权的核心技术和产品，把技术进步与全行业产业调整、产业升级结合起来，促进科技成果向生产力的转化。一是在高技术含量、高附加值产品的研究开发方面，特别是国内市场需求而主要依靠进口的高端产品的研发方面，应该实现新的突破；二是在节能减排工艺技术推广应用方面，以及节能减排的新工艺、新技术的研究开发方面，要实现新的突破；三是在全世界钢铁生产工艺技术方面，特别是具有前瞻性、预见性的重大工艺技术研究方面，要实现新的突破。

⑤ 加大科技投入，加强人才培养。重点发展和培养钢铁技术前沿的研发和应用人才、具有专业背景的销售人才及外贸人才、市场分析人才、钢铁信息化人才、高级管理人才等钢铁企业紧缺的高层次人才。重视基础理论研究及其对生产力的转化工作，充分利用国内外科研院校的知识和技术优势，建立社会化的"产、学、研"及企业内部的"研、产、销"机制，为企业深入推进技术创新、大幅提升竞争力和实现可持续发展积蓄强大后劲。

⑥ 加快钢铁企业物流的发展，推动由传统物流向现代物流的转变。钢铁企业要大力引

进和普及国内外先进物流理论和操作方法，注重吸收和培养具有专业素养的物流人才，并设立专门的物流管理部门，进一步完善企业物流体制；要加强物流基础设施的建设，以信息和网络技术为支撑实现钢铁企业的物流管理，不断提升钢铁企业物流的专业化水平。

钢铁工业"十二五"发展规划有以下特点。

① "十二五"时期，我国钢铁工业将步入转变发展方式的关键阶段，这是基于对我国钢铁工业现状、发展态势和外部环境的综合分析所做出的判断。

② 分析并参考美国、德国、日本等国家钢铁工业发展历程，考虑我国发展的特殊性、阶段性和地区发展不平衡性，结合我国钢铁工业发展实际，对中远期粗钢消费量发展趋势做出了判断。同时，采用人均粗钢消费法和国内生产总值消费系数法，预测我国中远期粗钢消费量可能在"十二五"期间进入峰值弧顶区，最高峰可能出现在 2015～2020 年期间，峰值预计达 7.7 亿～8.2 亿吨。

③ 提出要提高产品质量、增强稳定性、满足下游需求。对于高强高韧汽车用钢、硅钢片等国内已基本能研发生产，但仍无法满足国内需求的产品，应加强上下游产业链的建设，强化共同推进应用机制，提高质量一贯性，实现商业化、批量化生产，将自给率由目前的40%～60%提高到90%以上。对于船用耐蚀钢、低温压力容器板等国内研发生产仍存在一定困难或产业化应用存在问题的产品，应推进上下游合作，加强生产和应用的衔接，以快速推进在首台、首套上的应用，将自给率由目前的 30%以下提高到 80%以上。对于消费量大、国内生产成熟、产品亟待升级换代的 400MPa 级及以上高强螺纹钢筋等产品，应加大生产和推广应用力度，将生产比例由目前的 40%提高到 80%以上。

④ 将提高量大面广钢铁产品的质量、档次和稳定性作为产品结构调整的重中之重。改善提高量大面广钢铁产抓的质量、档次和稳定性，将推动钢材"减量化"应用，支撑下游行业转型升级，同时减缓钢铁生产的资源、能源和环境制约，对我国钢铁工业加快实现由重规模扩张发展向注重品种质量效益转变，乃至提升我国制造业竞争力都具有十分重要的意义。

⑤ 继续推动钢铁工业切实淘汰落后产能。淘汰落后产能是加快钢铁工业装备结构升级、推进节能减排以及优化布局的重要手段。"十二五"时期要在已开展工作的基础上继续推动钢铁工业切实淘汰落后产能，争取全面消除按现有标准确定的落后产能，这是钢铁工业是否实现转变发展方式的重要标志之一。

同时，钢铁工业"十二五"发展规划还针对节能减排、技术创新和技术改造、钢铁工业的优化布局以及产业链的建设和标准化等提出了思路和看法。

1.6.2　有色金属工业发展趋势

（1）联合重组加快，产业集中度提高

为了适应市场竞争，国外大企业近年来普遍加快了收购、兼并、联合步伐，组建更大规模的跨国公司（多数为采选冶加工联合企业），实现规模化运营，扩大市场份额。美国铝业公司（Alcoa）是一家集铝土矿开采、氧化铝、电解铝生产和铝材加工为一体的综合性铝业集团，1998 年兼并了美国阿鲁玛克斯（ALUMAX）公司，收购了世界第三大制铝公司美国雷诺兹金属公司（Reynolds），现年销售额达 210 亿美元，年生产铝 352 万吨，占世界铝产量的 15%。澳大利亚 BHP 公司兼并了英国比利顿公司（Billiton），市值达 280 亿美元，年销售收入 186 亿美元，年生产铜精矿含铜量 100 万吨，约占世界铜精矿总产量的 8%，居世界第二位。

（2）初级产品向资源丰富国家转移

有色金属工业属资源开发型产业。随着市场竞争进一步加剧，受资源条件、能源供应、劳动力价格等因素影响，有色金属初级产品生产向资源条件好的国家转移。1999 年智利、印度尼西亚、澳大利亚、加拿大和秘鲁 5 个铜资源丰富国家生产铜精矿含铜量 700 万吨，占全球总产量的比重由 1995 年的 43.8% 提高到 55%。未来铝的增长则主要集中在非洲、南美、中国及南亚等地。

（3）依靠科技进步，生产成本不断降低

随着科学技术的不断发展，有色金属生产成本不断下降。如湿法炼铜成本比传统火法冶炼成本低 30% 左右。1999 年世界湿法炼铜产量达 231.4 万吨，占世界铜产量的 16.2%，与 1992 年的 76.6 万吨相比，年均递增 17.1%。预计未来 10 年内，湿法炼铜产量占总产量的比例将提高到 25% 左右。拜耳法和大型预焙槽电解技术的不断改进和广泛采用，使氧化铝、电解铝生产成本不断降低。惰性阳极，可湿润阴极电解槽的研制开发成功，使电解铝电流效率提高到 97% 以上，将使铝的生产成本进一步降低。

（4）新材料发展迅速

世界新材料发展迅速，大直径半导体硅材料、磁性材料、复合材料、智能材料、超导材料生产技术的开发、完善，使得结构材料复合化及功能化、功能材料集成化及智能化得以不断实现，如具有优良比强度、比模量的铝锂合金已被广泛应用于航天、航空飞行器、低成本发射装置；稀土永磁材料大量用于计算机、永磁电机、核磁共振仪等高技术领域；镍氢电池已实现大规模产业化，锂离子电池普遍用于通信、计算机生产领域。既开拓了新的有色金属消费领域，又促进了新材料产业的发展。

（5）国际贸易日趋活跃

1999 年世界铜、铝、铅、锌贸易量分别为 669 万吨、1302 万吨、150 万吨、293 万吨，分别比 1990 年增长了 89.7%、68.1%、72.4%、51.2%，占 1999 年世界铜、铝、铅、锌总产量的比例分别为 46.9%、55.2%、24.8%、34.5%，比 1990 年分别提高 14、15、9、6 个百分点，贸易量增长幅度远远高于同期生产量的增长。

中国有色金属工业协会预计，2015 年我国四种基本金属表现消费量将达到 4380 万吨，其中，铜 830 万吨，铝 2400 万吨，铅 500 万吨，锌 650 万吨。根据《省有色金属工业"十二五"发展规划》草案，此五年期间，有色金属行业将根据国内外能源、资源、环境等条件，以满足国内市场需求为主，充分利用境内外两种矿产资源，大力发展循环经济，严格控制冶炼产能盲目扩张，淘汰落后产能。计划到 2015 年，粗铜冶炼控制在 500 万吨以内，电解铜控制在 650 万～700 万吨之间，氧化铝控制在 4100 万吨以内，电解铝控制在 2000 万吨以内，铅冶炼控制在 550 万吨以内，锌冶炼控制在 670 万吨以内。业内人士称，从数字来看，未来有色金属冶炼总产能扩张的空间将相当有限。

在资源自给率方面，规划要求通过国内开发利国外矿产资源合作，争取到 2015 年使我国铜、铝、锌矿产原料保障能力分别达到 40%、80% 和 50%，再生精炼铜和再生铝、再生铅产量占当年精炼铜、电解铝、精炼铅产量的比例分别达到 40%、30% 和 30% 以上。

在提升集中度方面，规划要求到 2015 年，铜、铝、铅、锌排名前 10 位的企业产量占全国总产量的比例分别达到 90%、90%、70% 和 70%，并建议国家继续鼓励地方大型企业集团的发展。

另外，规划鼓励部分深加工、新技术和新型材料项目的发展。依据规划，到 2015 年要形成一批高端产品生产能力，其中，高精铜板带 60 万吨，精密铜管 85 万吨，电解铜箔 50 万吨；要大力发展工业铝材，2015 年应基本满足国内需求；重点研究开发满足国民经济发展需求的轻质高强结构材料、信息功能材料、高纯材料、稀土材料、军工配套材料等设备技术和产业化技术。

思 考 题

1. 有色金属分为哪几类？有色金属中的稀有金属又分哪几类？对于每一类有色金属和稀有金属你能举出几种有代表性的金属吗？

2. 提取冶金方法是如何分类的？

3. 火法、湿法、电化学法三种冶金方法包括哪些基本冶金过程？这些冶金单元过程在提取冶金工艺中各起什么作用？

4. 简述钢铁工业的发展趋势。

5. 简述有色金属工业的发展趋势。

第2章 铁矿粉造块

本章摘要 本章首先介绍了矿物的基本概念、炼铁原料的种类、作用、成分和加工方法，概述了铁矿石的分类和特性，铁矿石的质量评价要点，熔剂在高炉炼铁中的作用、分类特性和质量要求，烧结矿、球团矿的制备基本工艺流程和原理。

原料是高炉冶炼的物质基础，精料是使高炉操作稳定顺行，获得高产、优质、低耗及长寿的基本保证，因此为高炉提供精料是原料工作者的重要任务。高炉炼铁原料主要由铁矿石、熔剂和燃料组成。

2.1 矿产

2.1.1 矿产、矿床和矿体

（1）矿产 指埋藏在地壳内能为人类所利用的有用矿物资源或矿物集合体。一般可分为四大类：

① 金属矿产，又可分为黑色金属、有色金属、稀有金属、贵金属、分散元素、放射性元等；

② 非金属矿产，按工业用途可分为冶金辅助原料、化工原料、特种非金属矿产（钻石等）、陶瓷及玻璃原料、建筑材料；

③ 能源矿产，主要有煤、石油、天然气、油页岩、铀、钍、地热等；

④ 水气矿产，有地下水、矿泉水、二氧化碳气、硫化氢气、氦气、氧气等。

（2）矿床 地壳内部或表面富集的有用矿物聚集体，其质和量适合于工业利用，并在现有技术经济条件下能够被开采利用的部位称为矿床。矿床的空间范围包括矿体和围岩。

（3）矿体 是矿石的堆积体，是构成矿床的基本单位，又是开采的直接对象。它有一定的大小、形状和产状。一个矿床可以有若干个矿体。

（4）围岩 是指围绕在矿体周围无经济价值的岩石。

一个矿床可以是一个矿体，也可以是多个大小不等的矿体群，如图 2-1 所示。

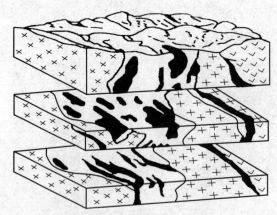

图 2-1 由多个矿体组成的矿床

黑色—矿体；白色—围岩

2.1.2 矿物、矿石和岩石

矿物是指地壳中具有均一内部结晶结构、化学组成以及一定物理、化学性质的天然化合物或自然元素。能够被人类利用的矿物，称为有用矿物。在矿石中除了有用矿物外，几乎都有矿和其他处理过程中尽量去除。

矿石和岩石是矿物的集合体。但是在当前科学技术条件下，能从中经济合理地提炼出金属的矿物才称为矿石。矿石的概念是相对的。过去认为铁含量较低、不能用来提取金属的岩石，经过富选也可用来炼铁。例如，随着选矿和冶炼技术的发展，不能冶炼的攀枝花钒钛磁铁矿已成为重要的炼铁原料。

2.2 铁矿石

2.2.1 铁矿石的分类及特性

自然界中含铁矿物很多，仅以金属状态存在的单质铁是很少见的，一般都是以铁元素与其他元素组成的化合物形式存在。目前已经知道的含铁矿物有300多种，但是能作为炼铁原料的只有20多种，它们主要由一种或几种含铁矿物和脉石组成。根据含铁矿物的性质，其主要分为磁铁矿、赤铁矿、褐铁矿和菱铁矿四类铁矿石。铁矿石的组成及特性见表2-1。

表 2-1 铁矿石的组成及特性

矿石名称	主要成分的化学式	密度/(g/cm³)	理论含铁量/%	实际含铁量/%	工业品位/%	冶炼特征
磁铁矿	Fe_3O_4	5.2	72.4	45~70	20~25	P、S高、坚硬致密难还原
赤铁矿	Fe_2O_3	5.0~5.3	70.0	55~60	30	P、S低、质软、易碎易还原
褐铁矿	$nFe_2O_3 \cdot mH_2O$	2.5~5.0	55~60	37~55	30	P高疏松易还原
菱铁矿	$FeCO_3$	3.8	48.2	30~40	25	P、S少、焙烧后易还原

由于化学成分、结晶构造及生成的地质条件不同，各种铁矿石具有不同的外部形态和物理特征。

(1) 磁铁矿 主要含铁矿物为 Fe_3O_4，化学式也可写成 $Fe_2O_3 \cdot FeO$，理论含铁量为72.4%。由于受地表水和大气的氧化作用，部分磁铁矿已氧化成赤铁矿，但这部分赤铁矿仍保留了原来的磁铁矿结晶形态，所以称为假象赤铁矿。一般当 TFe/FeO<3.5 时称为磁铁矿，当 TFe/FeO>7.0 时称为假象赤铁矿，介于两者之间称为半假象赤铁矿。磁铁矿比较致密，外观和条痕（粉末的颜色）均为铁黑色。

(2) 赤铁矿 主要矿物为 Fe_2O_3 理论含铁量为70%。这种矿石在自然界中常形成巨大的矿床，其储藏量和开采量都占首位，是一种比较优良的炼铁原料。赤铁矿有原生的（称原生铁矿），也有再生的（称假象赤铁矿）。

具有金属光泽的结晶态片状赤铁矿称镜铁矿。自然界中结晶态赤铁矿比较少见。结晶态的赤铁矿呈铁黑色或钢灰色，非结晶态赤铁矿呈红色或暗红色，但无论是哪种形态的赤铁矿，其条痕均为砖红色。

(3) 褐铁矿 褐铁矿是含结晶水的氧化铁矿，其化学式为 $nFe_2O_3 \cdot mH_2O$，但绝大部分含铁矿物是以 $2Fe_2O_3 \cdot 3H_2O$ 形式存在。褐铁矿理论含铁量随矿物中结晶水含量的不同变化在 55%~66%。褐铁矿呈浅褐色，也有呈深褐色或黑色，条痕为褐色。

（4）菱铁矿 菱铁矿为碳酸盐铁矿石，化学式为 $FeCO_3$，理论含铁量为 48.3%，受热分解析出 CO_2，自然界中有工业开采价值的菱铁矿很少。

2.2.2 铁矿石入炉前处理

根据铁矿石质量要求，一般的铁矿石很难完全满足，必须在入炉前进行必要的准备处理。

对天然富矿（如铁的质量分数为 50% 以上），必须经破碎、筛分，以获得合适而均匀的粒度。对于褐铁矿、菱铁矿和致密磁铁矿还应进行焙烧处理，以去除其结晶水和 CO_2，提高品位，疏松组织，改善还原性，提高冶炼效果。

对贫铁矿的处理要复杂得多。一般都必须经过破碎、筛分、细磨、精选，得到含铁60% 以上的精矿粉，经混匀后进行造块，变成人造富矿，再按高炉粒度要求进行适当破碎、筛分后入炉。

由于天然富矿资源有限，而其冶金性能不如人造富矿优越，所以绝大多数现代高炉都采用人造富矿或大部分用人造富矿、兑加少数天然富矿冶炼。在这种情况下，钢铁厂便兼有人造富块矿和天然富矿两种处理流程。铁矿石入炉前准备处理的流程见图 2-2。60% 以上的精矿粉，经混匀后进行造块，变成人造富矿，再按高炉粒度要求进行适当破碎、筛分后入炉。

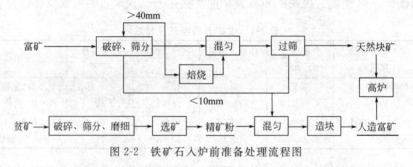

图 2-2 铁矿石入炉前准备处理流程图

（1）破碎和筛分 破碎和筛分是铁矿石准备处理工作中的基本环节，通过破碎和筛分使铁矿石的粒度达到"小、匀、净"的标准。对贫矿而言，破碎使铁矿物与脉石单体分离，以便选矿。铁矿物嵌布越细密，破碎精度要求越细。

根据对产品粒度要求的不同级别，破碎作业分为粗碎、中碎、细碎和粉碎。破碎的常用设备有颚式、圆锥、锤式、辊式破碎机以及球磨机、棒磨机。破碎作业粒度范围及破碎设备见表 2-2。

表 2-2 破碎作业粒度范围及破碎设备

破碎作业	给矿粒度/mm	排矿粒度/mm	破碎设备
粗碎	1000	100	颚式、圆锥破碎机
中碎	100	30	颚式、圆锥破碎机
细碎	30	5	锤式、辊式破碎机
粉碎	5	<1	球磨机、棒磨机

为了筛出大块和粉末，并对合格粒度范围内的矿石进行分级，需要进行筛分。筛分是将颗粒大小不同的混合物料通过单层或多层筛面，分成若干个不同粒度级别的过程。筛分的常用设备有固定条筛、圆筒筛、振动筛等。

（2）焙烧　焙烧时在适当的气氛中，使铁矿石加热到低于其熔点的温度，在固态下发生物理化学变化的过程。常见的焙烧方法有氧化焙烧、还原磁化焙烧和氯化焙烧。

氧化焙烧在空气充足的氧化性气氛中进行，以保证燃料的完全燃烧和矿石的氧化。其多用于去除 CO_2、H_2O 和 S（碳酸盐和结晶水分解、硫化物氧化），使致密矿石的组织变得疏松而易于还原。如菱铁矿的焙烧，在 500～900℃ 之间按下式分解：

$$4FeCO_3 + O_2 == 2Fe_2O_3 + 4CO_2(g)$$

褐铁矿的脱水，在 250～500℃ 之间发生下述反应：

$$2Fe_2O_3 \cdot 3H_2O == 2Fe_2O_3 + 3H_2O(g)$$

氧化焙烧还可使矿石中的硫氧化：

$$3FeS_2 + 8O_2 == Fe_3O_4 + 6SO_2(g)$$

还原磁化焙烧则在还原气氛中进行，主要目的是使贫赤铁矿 Fe_2O_3 转变为 Fe_3O_4 以便磁选：

$$3Fe_2O_3 + CO == 2Fe_3O_4 + CO_2(g)$$

$$3Fe_2O_3 + H_2 == 2Fe_3O_4 + H_2O(g)$$

氯化焙烧的目的是为了回收赤铁矿中的有色金属（如锌、铜、锡等）或去除其他有害杂质。

（3）混匀　在生产烧结矿的含铁物料中，精矿粉和粉矿占 90% 以上。对大多数钢铁生产企业来说，采购的精矿粉和粉矿可能来自不同国家的多个矿业公司，其初始化学成分和颗粒组成往往波动很大。铁矿粉混匀的目的是均匀同一种铁矿粉或不同种类铁矿粉之间的化学成分（主要是 TFe 和 SiO_2）和粒度组成，使各种铁矿粉按烧结配料要求在原料场混匀，得到混匀矿（简称匀矿）。匀矿成分中，TFe 波动可降低到 ±0.5%～0.3%，SiO_2 波动降低到 ±0.5%，从而使烧结矿化学成分稳定，以稳定高炉操作，达到增产、节焦、长寿的目的。根据大高炉生产经验，烧结矿品位波动从 1.0% 降至 0.5%，高炉产量提高 1.5%～2.0%，焦比降低 1.0%～1.5%。

① 一次料场：外来铁矿粉经过卸船机或翻车机卸下后由皮带机转运，用堆取料机堆放在一次料场的指定地点，分类存放，并取样分析化学成分和粒度组成，为匀矿配矿提供准确数据。

② 混匀配料槽：混匀配料槽的作用是实现各种被混匀的铁矿粉按匀矿成分要求的比例配料。混匀配料槽的关键设备是槽下的定量给料装置。每个配料槽有一台圆盘给料机和一条称量皮带运输机，带有反馈系统的电子秤灵敏地发出信号，以调节圆盘机的变速电机，实现准确配料。

③ 混匀料场：它是进行混匀作业的场地。混匀料场至少有两条堆场，一条正在堆料，另一条正在取料，由轮式堆料机和混匀矿取料机轮换作业。

每个混匀配料槽输出的原料经皮带机运输至混匀料场，由堆料机把铁矿粉逐层平铺在混匀料场上。混合料层堆积的层数越多，则混匀效率越高。

混匀料场的储存能力一般为烧结厂 7～10d 的匀矿需要量。混匀矿取料机垂直切取料堆，由皮带运输机送往烧结厂配料车间。

（4）选矿　为了提高矿石品位，去除部分有害杂质，回收复合矿中的一些有用元素，使贫矿资源得到有效利用，需要对矿石进行选别，即选矿。选矿是依据矿石的性质，采用适当的方法，把有用矿物和脉石机械地分开，从而使有用矿物富集的过程。

精矿是指通过选矿获得的有用矿物富集品,如铁精矿、铁钒精矿等;而主要由脉石组成的其余部分则称为尾矿,一般废弃。但在一些复合铁矿石中,常有一些有用元素富集于尾矿中(如钒钛磁铁矿中的钛、包头矿中的稀土元素等),必须将它们进一步精选出来。有用矿物含量介于精矿和尾矿之间的中间产品称为中矿,也需进一步选分以提高金属回收率。现代常用于精选铁矿石的方法主要有以下三种。

① 重选。它是根据矿物密度的不同及其在介质(水、空气或其他密度较大的介质)中具有不同的沉降速度来进行选分的方法。按作用原理的不同,重选法可分为淘汰选矿、重介质选矿、溜槽选矿、平面和离心摇床及摇床选矿机等。重选处理的物料粒度范围大,特别适于处屈密度悬殊比较大的粗粒物料。与其他方法比较,重选法具有操作简单、成本低、易上马等优点,在含有锡、钨、金、铂和其他重矿物的矿石的选别上得到广泛应用。对于黑色金属矿,它常用作预选别。

② 磁选。磁选利用有用矿物和脉石矿物磁导性不同的特点进行选分。如以纯铁的磁导率为100%,则强磁性的磁铁矿为40.2%,中磁性的钛铁矿为24.7%,弱磁性的赤铁矿为1.32%,无磁性的黄铁矿石英脉石等在0.5%以下。在磁场作用下,强磁性的颗粒(如Fe_3O_4)便与弱磁性(如Fe_2O_3)或无磁性(如石英)的颗粒分开。赤铁矿若用磁选则需事先进行磁化焙烧。一般用干式磁选机处理粗粒矿石,用湿式磁选机处理细粒矿石。按磁场强度,高于320000A/m的磁选机称为强磁选机,在72000~320000A/m之间的称为弱磁选机。常用的磁选机有电磁选机和永磁矿机。

③ 浮选。它是利用矿物表面物理化学性质的不同进行选矿的方法,即用药物处理过的矿粒,有选择性地附着在矿浆中的空气泡上,并随之上浮到矿浆表面,达到有用矿物与脉石分离的目的,也称泡沫选矿法。

浮选前将矿石磨碎到一定粒度,使有用矿物和脉石矿物基本达到单体分离、以便进行分选。浮选时,将空气导入带有浮选剂的矿浆中,以形成大量的气泡,于是不易被水润湿的(疏水性)矿物颗粒附着在气泡上,随同气泡上浮到矿浆表面,从而形成矿化泡沫,而那些亲水性矿物的颗粒,不能附着在气泡上而留在矿浆中,将矿化泡沫排出,即达到分选的目的。生产中,将有用矿物浮入泡沫中,脉石矿物留在矿浆中的浮选叫正浮选,反之称为反浮选。

有些矿石性质复杂,往往需要将几种方法联合起来选矿,以最大限度地综合回收利用其中的有用金属元素。

2.2.3 对铁矿石的质量评价

铁矿石是高炉炼铁的主要原料,直接影响着高炉冶炼过程和技术经济指标。决定铁矿石质量的因素主要有化学成分、物理性质及冶金性能,通常从以下几方面评价。

(1) 矿石品位要高 矿石品位(含铁量)愈高,脉石愈少,冶炼时所需熔剂量和产出的渣量就少,因而能耗相应降低,产量增加。经验表明,含铁量每增加1%,则焦比降低2%、产量提高3%;贫矿石直接入炉冶炼在经济上是不合算的,应该选矿提高品位后、制成烧结矿或球团矿再入炉冶炼。

(2) 酸性脉石要低 一般铁矿石的脉石属酸性,主要成分为SiO_2和Al_2O_3。在高炉冶炼条件下,Al_2O_3不被还原,SiO_2只有很少量被还原,最终进入炉渣与金属分离。为获得熔点、黏度、碱度等性能适当的熔渣,就需在炉料中配加一定数量的碱性熔剂($CaCO_3$)。

因此，矿石中 SiO_2 和 Al_2O_3 愈多，加入的熔剂就愈多，渣量也愈多，燃料消耗量愈多，所以矿石中酸性脉石含量愈低愈好。如果矿石中含有碱性氧化物（CaO、MgO）较多、其含量与酸性氧化物大致相等，即（CaO＋MgO）∶（Al_2O_3＋SiO_2）≈1，加入高炉后，则不需要再加入熔剂造渣，这样的铁矿石称为自熔性铁矿石。

（3）有害杂质要少　铁矿石中的有害杂质主要是硫和磷，它们在高炉冶炼中很容易进入生铁，从而对钢铁性能带来危害。在钢铁冶炼过程中，硫的脱除主要是在炼铁过程进行的，磷的脱除则主要是在炼钢过程完成的，因此铁矿石中硫和磷含量高会大大增加炼铁和炼钢的负担。

S 是对钢铁危害最大的元素，它使钢材具有热脆性。所谓热脆，就是指硫几乎不溶于固态铁而与其形成 FeS，FeS 与 Fe 形成的共晶体的熔点为 988℃，低于钢材热加工的开始温度（1150～1200℃），热加工时，分布于晶界的共晶体先行熔化而导致开裂。因此，矿石硫含量越低越好。国家标准规定生铁中 $w(S)$≤0.07%，优质生铁中 $w(S)$≤0.03%，即应严格控制钢中硫含量。高炉炼铁过程可除去 90% 以上的硫。但脱硫需要提高炉渣碱度，使渣量增加，导致焦比增加而产量降低。根据鞍钢经验，矿石中硫的质量分数每增加 0.1%，焦比升高 5%。一般规定 $w(S)$≤0.06% 的矿石为一级矿，$w(S)$≤0.2% 的为二级矿，$w(S)$≥0.3% 的为高硫矿。对于高硫矿石，可以通过选矿和烧结的方法降低硫含量。硫可改善钢材的切削性能，在易切削钢中，硫含量可达 0.15%～0.3%。

P 是钢材中的有害成分，使钢具有冷脆性。磷能溶于 α-Fe 中（可达 1.2%），固溶并富集在晶粒边界的磷原子使铁素体在晶粒间的强度大大增高，从而使钢材的室温强度提高而脆性增加，这称为冷脆。磷在钢的结晶过程中容易偏析，而且很难用热处理的方法来消除，也会使钢材冷脆的危险性增加。但含磷铁水的流动性、充填性好，对制造畸形复杂铸件有利。磷也可改善钢材的切削性能，所以在易切削钢中磷的质量分数可达 0.08%～0.15%。矿石中的磷在选矿和烧结过程中不易除去，在高炉冶炼过程中磷几乎全部进入生铁。因此，生铁中磷的质量分数取决于矿石中磷的质量分数，要求铁矿石中的磷含量越低越好。

Pb、Zn 和 As 在高炉内均易还原。铅不溶于铁且密度比铁大，还原后沉积于炉底，破坏性很大。其在 1750℃ 时沸腾，挥发的铅蒸气在炉内循环，能形成炉瘤。锌还原后在高温区以锌蒸气大量挥发上升，部分以 ZnO 沉积于炉墙，使炉墙胀裂而形成炉瘤。砷可全部还原进入生铁，它可降低钢材的焊接件并使之冷脆。生铁中砷的质量分数应小于 1%，优质生铁应不含砷。铁矿石中的 Pb、Zn、As 常以硫化物形态存在，如方铅矿（PbS）、闪锌矿（ZnS）、毒砂（FeAsS）。烧结过程中很难排除 Pb、Zn，因此要求其含量越低越好，一般要求各自的质量分数不超过 0.1%，铅含量高的铁矿石可以通过氯化焙烧和浮选的方法使铅、铁分离。锌含量高的矿石不能单独直接冶炼，应该与含锌少的矿石混合使用或进行焙烧、选矿等处理，降低铁矿石中的锌含量。烧结过程中能部分去除矿石中的砷，可以采用氯化焙烧方法排除。通常要求铁矿石中砷的质量分数不超过 0.07%。

钢中 Cu 的质量分数若不超过 0.3%，可增加钢材抗蚀性；超过 0.3% 时，则降低其焊接性，并有热脆现象。铜在烧结中一般不能去除，在高炉中又全部还原进入生铁，所以钢铁中铜的质量分数取决于原料中铜的质量分数。一般铁矿石允许铜的质量分数不超过 0.2%。对于一些难选的高铜氧化矿，可采用氯化焙烧法回收铜，同时可炼高铜 [$w(Cu)$＞1.0%] 铸造生铁，它只有很好的力学性能和耐腐蚀性能。

此外，一些铁矿石还含有碱金属 K、Na，它们在高炉下部高温区大部分被还原后挥发，到上部又氧化而进入炉料中，造成循环累积，使炉墙结瘤；因此，矿石中碱金属含量必须严格控制。我国普通高炉碱金属（K_2O+Na_2O）入炉量限制为 $5\sim7kg/t$，国外高炉碱金属（K_2O+Na_2O）入炉限制量为低于 $3.5kg/t$。

F 在冶炼过程中以 CaF_2 形态进入渣中。CaF_2 能降低炉渣的熔点，增加炉渣的流动性。

当铁矿石中氟含量高时，炉渣在高炉内过早形成，不利于矿石还原。矿石中氟的质量分数不超过 1% 时，对冶炼无影响；达到 4%～5% 时，需要注意控制炉渣的流动性。此外，高温下氟的挥发对耐火材料和金属构件有一定的腐蚀作用。

铁矿石中常共生有 Mn、Cr、Ni、Co、V、Ti、Mo，包头白云鄂博铁矿还含有 Nb、Ta 及稀土元素 Ce、La 等。这些元素有改善钢铁性能的作用，故称为有益元素。当它们在矿石中的质量分数达一定数值时，如 $w(Mn)\geqslant5\%$、$w(Cr)\geqslant0.06\%$、$w(Ni)\geqslant0.2\%$、$w(Co)\geqslant0.03\%$、$w(V)\geqslant0.1\%\sim0.15\%$、$w(Mo)\geqslant0.3\%$、$w(Cu)\geqslant0.3\%$，则称该矿石为复合矿石，其经济价值很大，应考虑综合利用。

对于铁矿石中一些有害杂质，如果含量较高，如 $w(Pb)\geqslant0.5\%$、$w(Zn)\geqslant0.7\%$、$w(Sn)\geqslant0.2\%$ 时，应视其为复合矿石综合利用，因为这些杂质本身也是重要的金属。

2.2.4　铁矿石的粒度和强度

矿石的机械强度（常温强度）是指矿石耐冲击、摩擦、挤压的强弱程度。矿石的强度和粒度大小会影响到高炉料柱的透气性和矿石的还原性。强度差的矿石在输送转运过程中极易产生粉末，入炉后会恶化料柱的透气性，同时增加炉尘损失，影响设备寿命和环境条件。因此，要求矿石机械强度高一些好。

矿石的粒度影响透气性和传热、传质条件，因而影响高炉炉料顺行和还原过程。粒度大，料柱透气性好，但与煤气接触面积小，矿块中心不易加热和还原，煤气利用变坏，焦比升高；反之，矿石粒度太小，特别是粉末较多时，会使煤气上升时的阻力增大，有碍炉料顺行，使产量降低。

一般，入炉矿石的粒度为 $8\sim35mm$。随高炉冶炼的发展，矿石粒度上限有降低的趋势，同时采用分级入炉。小于 5mm 称为粉末，不能直接入炉。

2.2.5　铁矿石的还原性

铁矿石的还原性是指铁矿石中所含的铁氧化物与还原性气体 CO 或 H_2 之间进行反应的能力，即气体还原剂夺取矿石中与铁结合的氧的难易程度。氧易被夺取者，矿石的还原性好，反之还原性差。它是评价铁矿石质量的重要指标之一。

影响铁矿石还原性的因素很多，主要有矿物组成、矿石结构的致密程度、粒度和气孔率等。一般来说，磁铁矿矿石的组织致密，最难还原；赤铁矿矿石气孔率中等，较易还原；褐铁矿和菱铁矿矿石焙烧失去结晶水和 CO_2 后，气孔率增加，还原性良好。烧结矿和球团矿的还原性比天然矿石好。

2.2.6　铁矿石化学成分的稳定性

铁矿石化学成分的波动会引起炉温、炉渣碱度和性质以及生铁质量的波动，造成炉况不顺，使焦比升高、产量下降。同时，炉况的频繁波动还会使高炉自动控制难以实现。因此，国内外都严格控制炉料成分的波动范围。稳定矿石成分的有效方法是对矿石进行混匀处理。

2.3 熔剂

高炉冶炼中除主要加入铁矿石和焦炭外，还要加入一定量的助熔物质，即熔剂。矿石中的脉石，焦炭中的灰分在高炉冶炼过程中都将进入熔渣，而其氧化物的熔点都很高（SiO_2 1625℃，Al_2O_3 2050℃），为使它们形成低熔点物质，必须加入一定量熔剂（CaO，MgO）。如果添加的比例合适，则它们混合后的熔化温度可降到 1300℃ 以下，这样在高炉冶炼条件下不仅能完全熔化，而且有良好的流动性，从而使渣铁容易分离。此外，CaO 还具有脱硫能力。

熔剂按其性质分为碱性和酸性两种。由于矿石中的脉石绝大多数是酸性的，所以高炉炼铁常使用碱性熔剂，主要有石灰石（$CaCO_3$）和白云石（$CaCO_3 \cdot MgCO_3$），其化学成分实例如表 2-3 所列。

表 2-3 高炉常用熔剂成分实例 单位：%

种类	CaO	MgO	SiO_2	Al_2O_3	S	烧损
石灰石	52.26	1.58	2.58	1.71	0.139	41.51
白云石	32.22	18.37	3.71	1.79	0.094	43.67

MgO 能改善高碱度熔渣的流动性，尤其是对高 Al_2O_3 渣更为有效。一般情况下炉渣含 5%～7%MgO。如果当地无白云石，则可单独用石灰石作熔剂。

现代高炉多使用自熔性人造富矿，这样，高炉造渣所需的熔剂已在烧结或球团造块过程个加入，高炉可以不再添加。

对熔剂的质量要求如下。

① 碱性氧化物（CaO＋MgO）的有效成分含量要高，酸性氧化物（SiO_2＋Al_2O_3）越少越好。对石灰石与白云石来说，即要求有效碱度高。有效碱度是指熔剂含有的碱性氧化物扣除其本身酸性氧化物造渣所需的碱性氧化物后，剩余部分的百分数：

$$w(CaO+MgO)_{有效}=w(CaO)_{熔剂}+w(MgO)_{熔剂}-w(SiO_2)_{熔剂}+w(Al_2O_3)_{熔剂}R \quad (2-1)$$

式中，$w(CaO+MgO)_{有效}$ 为有效碱度；$w(CaO)_{熔剂}$、$w(MgO)_{熔剂}$、$w(SiO_2)_{熔剂}$、$w(Al_2O_3)_{熔剂}$ 分别为熔剂中 CaO、MgO、SiO_2、Al_2O_3 的质量分数，%；R 为炉渣四元碱度，

$$R=\frac{w(CaO)+w(MgO)}{w(SiO_2)+w(Al_2O_3)}$$

② 有害杂质 S、P 等含量要少。石灰石中一般 S、P 杂质都较少，我国各钢铁厂使用的石灰石，硫含量只有 0.01%～0.08%。磷含量只有 0.001%～0.03%。

2.4 燃料

燃料是高炉冶炼不可缺少的基本原料之一，几乎所有高炉都使用焦炭作燃料。出于焦煤资源的紧缺，从风口喷吹燃料的技术迅速发展，以代替昂贵的焦炭。目前喷吹燃料用虽已占全部燃料的 10%～40%，用作喷吹的燃料主要有煤粉、重油和天然气等。

2.4.1 焦炭在高炉内的作用

焦炭在高炉内起到发热剂、还原剂和料柱骨架的作用。焦炭在风口前燃烧，并产生含有

CO、H_2 的还原性气体，这些都是高炉冶炼过程所需的还原剂和热量。高炉内充满着由炉料、熔融铁液和炉渣形成的料柱，其中焦炭占整个料柱体积的 $1/3 \sim 1/2$，特别在高炉下部、矿石软熔后焦炭是唯一以固态存在的炉料，故起着支撑高达数十米料柱的骨架作用，同时维持炉内煤气自下而上流动的通道。焦炭的这一作用目前还没有其他燃料所能代替。因此，世界各国的焦炭产量有 90% 是用于高炉炼铁。

另外，焦炭是生铁的渗碳剂，焦炭的燃烧还为炉料下降提供了自由空间。

2.4.2 高炉冶炼对焦炭质量的要求

衡量焦炭质量一般从其化学性质和物理性质两方面分析。化学性质常以焦炭的工业分析来表示，即固定碳、灰分、挥发分、水分及硫的含量。焦炭的物理性质主要包括机械强度、粒度和孔隙率等。焦炭质量的好坏直接影响着高炉冶炼的进行和各项技术经济指标，因此，对入炉焦炭有一定的质量要求。

（1）固定碳和灰分　焦炭中固定碳与灰分的含量互为消长，灰分含量高则意味着固定碳含量低。固定碳含量按下式计算：

$$w(C)_固 = 100\% - w(灰分) - w(挥发分) - w(S) \tag{2-2}$$

式中，$w(C)_固$ 为固定碳的质量分数，%；$w(灰分)$ 为灰分的质量分数，%；$w(挥发分)$ 为挥发分的质量分数，%；$w(S)$ 为硫的质量分数，%。

焦炭灰分主要由酸性氧化物（SiO_2 和 Al_2O_3）构成，故在冶炼中必须配加与灰分数量大体相等的碱性氧化物来造渣。灰分含量高，渣量就会增加，就会导致焦比升高、产量下降。高炉冶炼实践证明，焦炭灰分增加 1%，焦比升高 2%，产量下降 3%。因此，要求焦炭灰分含量尽量低。我国焦炭灰分含量一般在 11% ~ 15% 之间。焦炭中的灰分来自原煤，因此炼焦前应洗煤并进行合理配煤以降低灰分含量。

（2）硫　一般焦炭带入的硫量占入炉料总硫量的 80%，因此，降低焦炭硫含量对提高生铁质量极为重要。实践证明，焦炭中硫含量提高 0.1%，焦比升高 1.2% ~ 2%。在炼焦过程中能够去除一部分硫，但是仍有大部分硫留在焦炭中，因此，降低焦炭硫含量的基本途径是通过洗煤和合理配煤。

（3）水分　焦炭成分与性能波动会导致高炉冶炼过程不稳定，特别是水分波动会引起入炉焦炭重量波动，从而影响炉温，导致热制度波动。湿法熄焦含水量一般为 2% ~ 6%，要求焦炭中的水分含量要稳定。

（4）挥发分　挥发分是指炼焦过程中未分解挥发完的有机物（H_2、CH_4、N_2 等），是鉴别焦炭成熟程度的主要标志。正常情况下，挥发分含量一般为 0.7% ~ 1.2%；含量过高，表明焦炭成熟程度差，生焦多，强度不够，在冶炼过程中易碎裂产生粉末而影响料柱透气性；含量过低，表明焦炭结焦过高且易碎，故要求挥发分含量适当。

（5）机械强度与粒度　焦炭在机械力和热应力作用下抵抗碎裂和磨损的能力，即为机械强度。焦炭在入炉前要经过多次转运，在炉内下降过程中受高温和炉料间重力及摩擦力的作用，如果强度不好会产生大量的粉末，进入初渣会导致炉渣变得黏稠，造成炉况不顺。常通过小转鼓试验测定焦炭强度。我国规定采用小转鼓（米库姆转鼓），它是一个直径和长度均为 1000mm 的封闭转鼓，内壁焊有四条 100mm×50mm×10mm 的角钢挡板，互成 90° 布置。进行试验时，取粒度大于 60mm 的焦炭 50kg 装入转鼓内，以 25r/min 的速度旋转4min，然后将试样用 ϕ40mm 和 ϕ10mm 的孔筛筛分，大于 40mm 的焦炭占试样质量的百分数称为焦炭的抗冲击强度（破碎强度）指标，用 M_{40} 表示；而小于 10mm 的碎焦所占的质量百分数称为焦炭的抗摩擦强度（磨损强度）的指标，用 M_{10} 表示。我国规定焦炭强度转鼓指标为：一级品，$M_{40} \geqslant 75\%$，$M_{10} \leqslant 9.0\%$；二级品，$M_{40} = 64\% \sim 68\%$，$M_{10} \leqslant 11.5\%$。焦炭的粒度要求均匀、大小合适，大型高炉为 $40 \sim 60mm$，中型高炉为 $25 \sim 40mm$，小型高炉为 $15 \sim 25mm$。

（6）焦炭的反应性和燃烧性　反应性是指焦炭在一定温度下与 CO_2 作用生成 CO 的速度，反应式为：$C + CO_2 \Longrightarrow 2CO$。燃烧性是指焦炭在一定温度下与氧反应生成 CO_2 的速度，反应式为：$C + O_2 \Longrightarrow CO_2$。若上述反应速度快，则表明焦炭的燃烧性和反应性好。一般认为，为了扩大燃烧带，使炉缸温度和煤气流分布更为合理以及炉料顺利下降，希望焦炭的燃烧性差一些；为了提高炉顶煤气中的 CO_2 含量，改善煤气利用程度，在温度较低时希望焦炭的反应性差一些。

2.5　烧结矿生产

烧结是将粉状物料（如粉矿和精矿）进行高温加热，在不完全熔化的条件下烧结成块的方法。所得产品称为烧结矿，外形为不规则多孔状。烧结所需热能由配入烧结料内的碳与通入过剩的空气经燃烧提供，故又称氧化烧结。烧结矿主要依靠液相烧结（又称熔化烧结），固相黏结仅起次要作用。

2.5.1　烧结矿种类

（1）非熔剂性烧结矿（酸性烧结矿、低碱度烧结矿）　烧结配料中不加熔剂或只加少量熔剂，烧结矿的碱度 $R < 0.5$。高炉用酸性烧结矿时需要大量加石灰石。

（2）自熔性烧结矿　烧结混合料中添加较多数量的熔剂，使烧结矿碱度控制在 $R = 1.0 \sim 1.3$。高炉使用自熔性烧结矿时可不加或只加少量石灰石。

（3）高碱度烧结矿　烧结混合料中加入过量熔剂，使烧结矿碱度远高于正常高炉渣碱度。高碱度烧结矿的碱度（R）通常为 $1.6 \sim 2.5$，其高低取决于：①高炉中球团矿和块矿等酸性炉料的入炉比例；②烧结矿本身的冶金性能。

目前，大、中型高炉炼铁生产基本上都使用高碱度烧结矿＋酸性球团矿＋块矿或高碱度烧结矿＋酸性球团矿的炉料结构。

2.5.2　烧结机结构

烧结矿生产有鼓风烧结和抽风烧结两种方法，但目前大量采用的是带式抽风烧结法。烧结机的大小（或生产能力）可用烧结机的有效烧结面积表示，如 $90m^2$、$130m^2$、$290m^2$ 和 $450m^2$ 等。图 2-3 为带式抽风烧结机结构示意图。

2.5.3　烧结原理

由于烧结过程是由料层表面开始逐渐向下进行的，沿料层高度方向有明显的分层性。按照烧结料层中温度的变化和烧结过程中所发生物理化学变化的不同，可以将正在烧结的料层自上而下分为五层，依次出现烧结矿层、燃烧层、预热层、干燥层、过湿层。点火后五层相继出现，不断向下移动，最后全部变为烧结矿层。烧结过程各料层分布及主要反应见图 2-4。

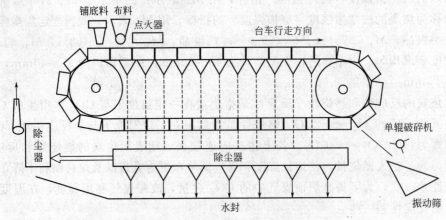

图 2-3 带式抽风烧结机示意图

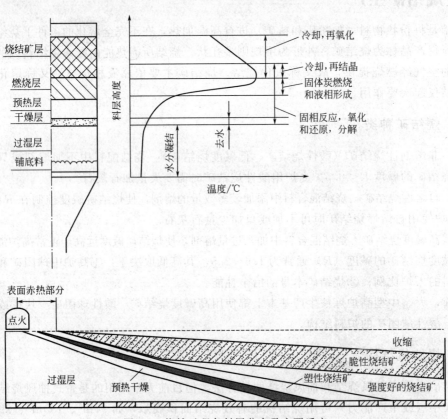

图 2-4 烧结过程各料层分布及主要反应

（1）烧结矿层 烧结矿层中燃料燃烧已结束，形成多孔的烧结矿饼。此层的主要变化是：高温熔融物凝固成烧结矿，伴随着结晶和析出新矿物。同时，抽入的冷空气被预热，烧结矿被冷却，与空气接触的低价氧化物可能被再氧化。这一层的温度在 1100℃ 以下，随着燃烧层的下移和冷空气的通过，物料温度逐渐下降，熔融液相被冷却，凝固成多孔结构的烧结矿。烧结矿层逐渐增厚，使整个料层透气性变好，真空度变低。该层厚度为 40~50mm。

（2）燃烧层 被烧结矿层预热的空气进入此层，与固体碳接触时发生燃烧反应，放出大量的热，产生 1300~1500℃ 的高温，形成一定成分的气相组成。在此条件下，料层中发生一系列复杂的变化，主要有：低熔点物质继续生成并熔化，形成一定数量的液相；部分氧化物分解、还原、氧化，硫化物、硫酸盐和碳酸盐分解等。燃烧层有一定厚度，一般为 15～50mm。因燃烧层出现液相熔融物并有很高的温度，所以对烧结过程有多方面的影响。燃烧层过宽，料层透气性差，导致产量下降；燃烧层太薄，则液相黏结不好、强度低。

（3）预热层　受到来自燃烧层产生的高温废气的加热作用，温度很快升高到接近固体燃料着火点，从而形成预热层。由于热交换很剧烈，废气温度很快降低，所以此层很薄，其所处的温度在 150～700℃ 之间。该层发生的主要变化有：部分结晶水、碳酸盐分解，硫化物、高价铁氧化物分解、氧化，部分铁氧化物还原以及发生固相反应等。此层厚度一般为 20～40mm。

（4）干燥层　从预热层下来的废气将烧结料加热，料层中的游离水迅速蒸发。由于湿料的导热性好，料温很快升高到 100℃ 以上，升至 120～150℃ 时水分完全蒸发。由于升温速度太快，干燥层和预热层很难截然分开，所以有时又统称为干燥预热层，其厚度只有 20～40mm。当混合料中料球的热稳定性不好时，会在剧烈升温和水分蒸发过程中产生破坏现象，影响料层透气性。

（5）过湿层　从表层烧结料烧结开始，料层中的水分就开始蒸发成水汽。大量水汽随着废气流动，若原始料温较低，废气与冷料接触时其温度降到与之相应的露点（一般为 60～65℃）以下，则水蒸气凝结下来，使烧结料的含水量超过适宜值而形成过湿层。烧结时发现在烧结料下层有严重的过湿现象，这是由于在强大的气流和重力作用下，而且烧结水分比较高，烧结料的原始结构被破坏和料层中的水分向下机械转移，特别是那些湿容量较小的物料容易发生这种现象。水汽冷凝使得料层的透气性大大恶化，对烧结过程产生很大的影响。所以，必须采取措施减少或消除过湿层。

2.5.4　烧结过程主要物理化学反应

烧结过程中会发生一系列复杂的物理化学反应。

（1）固体燃烧反应　烧结过程中固体燃烧反应是一定的温度和热量需求条件，而创造这种条件的是混合料中固体碳的燃烧。烧结过程所用的固体碳主要是焦粉和无烟煤，它们燃烧所提供的热量占烧结所需总热量的 90% 左右。

烧结料中燃料所含的固体碳在温度达 700℃ 以上时即着火燃烧，发生如下反应：

$$2C+O_2 === 2CO \tag{2-3}$$
$$C+O_2 === CO_2 \tag{2-4}$$
$$2CO+O_2 === 2CO_2 \tag{2-5}$$
$$CO_2+C === 2CO \tag{2-6}$$

式(2-3) 为不完全燃烧反应，在燃料局部集中的地方或燃料颗粒较大的地方会发生。式(2-4) 为完全燃烧反应，一般在空气过剩和充足的条件下发生，此反应是烧结燃烧发生的主要反应。式(2-5) 为 CO 的燃烧反应。式(2-6) 常称为歧化反应，也称布都尔反应或碳素沉积反应，一般在高温条件下的燃烧层中发生这个反应，但是由于燃烧层比较薄，废气温度降低很快，此反应受到一定的限制。

（2）固体分解反应　烧结混合料中的矿石、脉石和添加剂中往往含有一定量的结晶水，它们在预热层及燃烧层进行分解。除此以外，烧结混合料中通常含有碳酸盐，如石灰石、白云石、菱铁矿等，这些碳酸盐在烧结过程中必须分解后才能最终进入液相，否则就会降低烧结矿的质量。其中最常见的是 $CaCO_3$ 和 $MgCO_3$ 的分解反应：

$$CaCO_3 = CaO + CO_2$$
$$MgCO_3 = MgO + CO_2$$

石灰石的开始分解温度为530℃、沸腾分解温度为910℃，白云石的剧烈分解温度为680℃。它们在烧结料层内部都不难分解，一般在烧结预热层可以完成；但实际烧结过程中，由于各种原因，仍有部分石灰石进入高温燃烧层才能分解。当石灰石粒度较大时，其进入高温燃烧层分解，将降低燃烧带的温度，增加燃料的消耗。所以，一般要求石灰石和白云石的粒度在3mm左右。

（3）铁氧化物还原与氧化反应　在烧结矿中，铁氧化物以Fe_2O_3还是Fe_3O_4形态存在取决于铁氧化物在烧结过程中的氧化或还原，而成品烧结矿的亚铁含量则取决于烧结过程中铁氧化物氧化或还原的程度。

在烧结过程中，铁氧化物可能被固体C和CO还原，主要为CO的还原。铁的还原反应是逐级进行的，顺序为：高于570℃时，$Fe_2O_3 \rightarrow Fe_3O_4 \rightarrow FeO \rightarrow Fe$；低于570℃时，$Fe_2O_3 \rightarrow FeO \rightarrow Fe$

① Fe_2O_3的还原。用CO还原Fe_2O_3的反应式为：

$$3Fe_2O_3 + CO = 2Fe_3O_4 + CO_2$$

② Fe_3O_4的还原。Fe_3O_4还原在高温与低温下有不同的反应：

温度高于570℃　　　$Fe_3O_4 + CO = 3FeO + CO_2$

温度低于570℃　　　$1/4Fe_3O_4 + CO = 3/4Fe + CO_2$

③ FeO的还原。反应式为：

$$FeO + CO = Fe + CO_2$$

按照铁氧化物分解压与温度的关系（如图2-5所示），分解压越低，铁氧化物越稳定，还原就越困难。烧结过程中，一般烧结温度为1300～1500℃，在燃料附近还原气氛较强，远离燃料时氧化气氛较强。因此，在烧结中铁氧化物可能发生的变化为：Fe_2O_3很容易还原为Fe_3O_4，Fe_3O_4也可以被还原，而FeO还原成Fe是困难的。在一般烧结条件下，烧结矿中不会有金属铁存在。但在燃料用量很高（如生产金属化烧结矿）时，却可获得一定数量的金属铁。

铁氧化物的氧化反应实际上就是铁氧化物分解反应的逆反应，例如Fe_3O_4、FeO的氧化反应为：

$$4Fe_3O_4 + O_2 = 6Fe_2O_3$$
$$6FeO + O_2 = 2Fe_3O_4$$

（4）脱硫反应　黄铁矿（FeS_2）是烧结原料中主要的含硫矿物，其分解压较大，在烧结过程中易被分解、氧化和去除。去除途径是依靠热分解和氧化变成硫蒸气或SO_2、SO_3而进

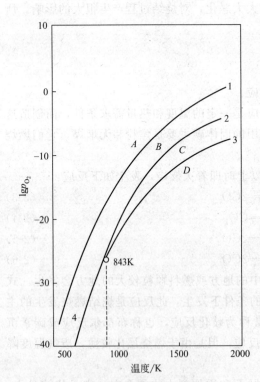

图 2-5　铁氧化物分解压与温度的关系

1—Fe_2O_3；2—Fe_3O_4；3—FeO；4—Fe；A—Fe_2O_3稳定区；B—Fe_3O_4稳定区；C—FeO稳定区；D—Fe稳定区

入废气中。

FeS_2 在较低温度下，如 $280\sim565℃$ 时，分解压较小。FeS_2 中的硫主要靠氧化去除，其反应式为：

$$2FeS_2+11/2O_2 \Longrightarrow Fe_2O_3+4SO_2$$
$$3FeS_2+8O_2 \Longrightarrow Fe_3O_4+6SO_2$$

在温度高于 $565℃$ 时，FeS_2 分解，分解生成的 FeS 及 S 燃烧：

$$FeS_2 \Longrightarrow FeS+S$$
$$S+O_2 \Longrightarrow SO_2$$
$$2FeS+7/2O_2 \Longrightarrow Fe_2O_3+2SO_2$$
$$3FeS_2+8O_2 \Longrightarrow Fe_3O_4+6SO_2$$

上述硫的氧化反应中，当温度低于 $1250\sim1300℃$ 时，以生成 Fe_2O_3 为主。当温度高于 $1250\sim1300℃$ 时，以生成 Fe_3O_4 为主。

在有催化剂 Fe_2O_3 存在的情况下，SO_2 可能进一步氧化成 SO_3：

$$2SO_2+O_2 \Longrightarrow 2SO_3$$

在 $500\sim1385℃$ 时，FeS_2、FeS 可与 Fe_2O_3 和 Fe_3O_4 直接反应，反应式为：

$$FeS_2+16Fe_2O_3 \Longrightarrow 11Fe_3O_4+2SO_2$$
$$FeS+10Fe_2O_3 \Longrightarrow 7Fe_3O_4+SO_2$$
$$FeS+3Fe_3O_4 \Longrightarrow 10FeO+SO_2$$

在有氧化铁存在时，$200\sim300℃$ 下，FeS_2 可被气相中的水蒸气氧化，反应式为：

$$3FeS_2+2H_2O \Longrightarrow 3FeS+2H_2S+SO_2$$

燃料中的有机硫也易被氧化，在加热到 $700℃$ 左右的焦粉着火温度时，有机硫燃烧成 SO_2 逸出：

$$S_{有机}+O_2 \Longrightarrow SO_2$$
$$FeS+H_2O \Longrightarrow FeO+H_2S$$

硫酸盐中的硫主要靠高温分解去除。但硫酸盐的分解温度很高，如 $BaSO_4$ 在 $1185℃$ 时开始分解，$1300\sim1400℃$ 时分解反应剧烈进行；$CaSO_4$ 在 $975℃$ 时开始分解，$1375℃$ 时分解反应剧烈进行，因此去除困难。反应式如下：

$$BaSO_4 \Longrightarrow BaO+SO_2+1/2O_2$$
$$CaSO_4 \Longrightarrow CaO+SO_2+1/2O_2$$

一般情况下，硫化物的脱硫率在 90% 以上，有机硫可达 94%，而硫酸盐脱硫率只有 $70\%\sim85\%$。

2.5.5　烧结生产工艺流程

按照烧结设备和供风方式的不同，烧结方法可分为鼓风烧结、抽风烧结和在烟气中烧结。

① 鼓风烧结。鼓风烧结采用烧结锅和平地吹方式，是小型厂的土法烧结，已逐渐被淘汰。

② 抽风烧结。抽风烧结分为连续式和间歇式。连续式烧结设备有带式烧结机和环式烧结机等。间歇式烧结设备有固定式烧结机和移动式烧结机，固定式烧结机如盘式烧结机和箱式烧结机，移动式烧结机如步进式烧结机。

③ 在烟气中烧结。在烟气中烧结包括回转窑烧结和悬浮烧结。

目前广泛采用带式抽风烧结机，因为它具有生产率高、原料适应性强、机械化程度高、劳动条件好和便于大型化、自动化等优点，所以世界上有 90％以上的烧结矿是采用这种方法生产的。

带式抽风烧结过程主要包括烧结原料的准备、配料与混合、烧结与产品处理等工序。烧结生产首先按生产质量要求，将各种含铁矿粉混匀成中和粉，将熔剂和燃料进行破碎、筛分以使粒度达到生产所需要求，根据原料化学成分进行配料计算。然后在配料室准备配料，配料方式是往运转的皮带上分层连续布料。分层的各种原料经两次加水混合后布在烧结机台车上，经抽风、点火后燃料燃烧，开始进行烧结。烧结矿在机尾排出，经冷却、破碎、筛分后获得成品烧结矿、返矿和铺底料，冷返矿和铺底料再返回参加烧结过程。烧结生产工艺流程如图 2-6 所示。

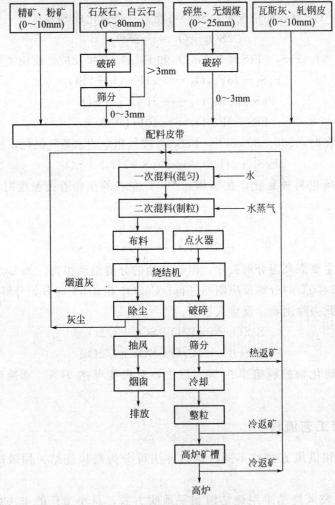

图 2-6 烧结生产工艺流程

2.5.5.1 烧结原料的准备

烧结生产所用原料品种较多，为了保证生产过程顺利进行以及保证烧结矿的产量和质量，对所用原燃料有一定的要求。

(1) 含铁原料 铁矿石和铁精矿是烧结的主要含铁原料。铁含量较高的矿石经破碎、筛分后，将合格矿直接送到高炉炼铁。将其筛下物小于 10mm 的这部分矿粉作为烧结的原料。

通常，含铁原料的来源有以下四个。

① 粉矿。开采、破碎过程中形成的 0～10mm 的铁矿石，常称为粉矿。

② 精矿。贫矿经过深磨细选后所得到的细粒铁矿石，常称为精矿。

③ 冶金杂料。冶金杂料包括冶炼或其他工艺过程形成的细粒以及含有价成分、可回收的粉末。

④ 烧结返矿。烧结矿在运输、破碎、整越过程中形成的小于 5mm 粒级的粉末返回烧结，返矿的化学成分基本上与烧结矿相同。

用于烧结生产的主要铁矿石有磁铁矿、赤铁矿、褐铁矿和菱铁矿，它们的烧结性能有较大差异。磁铁矿坚硬、致密、难还原，但可烧性良好，因其在高温处理时氧化放热，且 FeO 易与脉石成分形成低熔点化合物，所以造块节能和结块强度好。而赤铁矿颗粒内孔隙多，比磁铁矿易还原和破碎，但因其铁氧化程度高而难形成低熔点化合物，故其可烧性较差，造块时燃料消耗比磁铁矿高。褐铁矿因含结晶水和气孔多，用于烧结时收缩性很大，使产品质量降低，只有通过延长高温处理时间的方法才可使产品强度相应提高，但会导致燃料消耗增大、加工成本提高。菱铁矿在烧结时因收缩量大，导致产品强度降低和设备生产能力低，燃料消耗也因碳酸盐分解而增加。

一般要求含铁原料品位高，成分稳定，杂质少。除铁矿石外还有一些工业副产品，如高炉灰、轧钢皮、黄铁矿烧渣、钢渣等，也可作为烧结原料。

(2) 熔剂 一般要求熔剂中有效 CaO 含量高，杂质少，成分稳定，含水量在 3% 左右，粒度小于 3mm 的粒级占 90% 以上。随着精矿粒度的细化，熔剂粒度也要相对缩小。有的工厂在使用细精矿烧结时，将熔剂粒度控制在 2mm 以下，已收到了良好的效果。使用生石灰时粒度可以控制在 5mm 以内，以便于吸水消化。

在烧结料中加入一定量的白云石，使烧结矿含有适当的 MgO，对烧结过程有良好的作用，可以提高烧结矿的质量。

(3) 燃料 烧结所用燃料主要为焦粉和无烟煤。对燃料的要求是：固定碳含量高，灰分低，挥发分低，硫含量低，成分稳定，含水量小于 10%，粒度小于 3mm 的粒级占 95% 以上。

一般认为焦粉作烧结燃料较好，它既能满足上述要求，同时又利用了高炉焦炭筛分后的粉末。但不少厂家采用无烟煤作燃料的生产实践表明，无烟煤硬度小、易于破碎、着火点低、易燃，所以无烟煤也是可取的燃料。

① 焦粉。用于烧结作为燃料的主要是焦粉。它是炼铁厂和焦化厂焦炭的筛下物（即碎焦和焦粉），对焦粉质量的要求一般是固定碳含量高、灰分和硫含量低、粒度为 0～3mm，对其机械强度和灰分软熔温度没有明确要求。

② 无烟煤。当无烟煤用于烧结作燃料时，粒度一般破碎成 0～3mm，应选用固定碳含量高（70%～80%）、挥发分含量低（2%～8%）、灰分少（6%～10%）的无烟煤，其结构致密，呈黑色，具有明亮光泽，含水量很低。它常作为焦粉代用品以降低生产成本。应注意，烟煤绝不能在抽风烧结中使用。

2.5.5.2 配料与混合

(1) 配料 将铁矿粉（精矿、粉矿）匀矿，以及颗粒尺寸符合要求的其他含铁原料、熔剂、燃料等输送到各自的配料槽，通过皮带电子秤将各种原料按预定比例配料，并送入配料主皮带。主皮带上的原料经过转运进入圆筒混料机进行混料作业。

混料作业由圆筒混料机完成。混料作业分一次混料和二次混料。一次混料主要起均匀成分作用，二次混料主要作用是制粒和提高料温。通过混料作业，一方面将不同成分的烧结原料变成成分均匀的烧结混合料；另一方面将粉状物料制成 $\phi3\sim5mm$ 的松散料球，以保证烧结时烧结料层具有良好的透气性。二次混料筒混料时通入蒸汽的目的是将混合料温度提高到烧结条件下料层的露点温度以上，以避免烧结料层下部水蒸气凝结造成过湿。

（2）布料　布料器安装在烧结机头部，在布料器前面是铺底料机。烧结混合料入台车之前，先用铺底料机在台车算条上铺一层烧结矿返矿。底料铺好后，通过布料器将烧结混合料均匀布入烧结台车内。根据料层透气性和抽风负压的大小，台车上料层厚度可达到500～800mm。

（3）点火与烧结　点火器内煤气燃烧产生的高温将上部料层中的燃料点燃，并产生热量。在台车下风箱抽风产生的负压作用下，热量向下传递，使下部料层逐渐升温、燃烧，形成如图2-7所示的料层分布和温度分布。

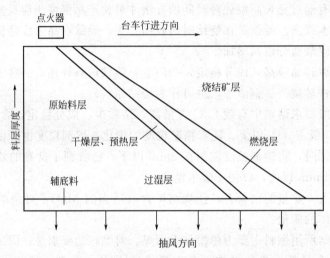

图 2-7　抽风烧结过程沿料层高度的分层情况

在点火后直至烧结完成的整个过程中，料层不断发生变化，为了使烧结过程正常进行，对于烧结风量、真空度、料层厚度、机速和烧结终点的准确控制很重要。

① 烧结风量和真空度。单位烧结面积的风量大小是决定产量高低的主要因素。当其他条件一定时，产量随风量的增加而提高。但风量过大会造成烧结速度过快，降低烧结矿的成品率。目前，平均每吨烧结矿所需风量为3200m³，按烧结面积计算为70～90m³/(cm²·min)。真空度大小取决于风机能力、抽风系统阻力、料层透气性和漏风损失情况。在其他条件一定时，真空度大小反映了料层透气性的好坏。同时，真空度的变化也是判断烧结过程的一种依据。

② 料层厚度与机速。料层厚度与机速直接影响烧结矿的产量和质量。一般来说，料层薄，机速快，则生产率高。但表面强度差的烧结矿数量相对增加会造成返矿和粉末增多，同时还会削弱料层"自动蓄热作用"，增加燃料用量，使烧结矿FeO含量增加，还原性变差。若为厚料层，虽然烧结速度有所降低，却可以较好地利用热量，减少燃料用量，降低FeO

含量，改善还原性；但料层厚度增加会使阻力增大，产量下降。因此，合适的料层厚度应将高产和优质结合起来考虑。若机速过慢，不能充分发挥烧结机的生产能力，并使料层表面过熔，FeO 含量增加，还原性变差；机速过快，则烧结时间缩短，导致烧结料不能完全烧结，返矿增多，烧结矿强度变差，成品率降低。合适的机速应保证烧结料在预定的烧结终点烧透、烧好。实际生产中，机速一般以控制在 1.5～4m/min 为宜。

③ 烧结终点的判断与控制。控制烧结终点，即控制烧结过程全部完成时台车所处的位置。准确控制烧结终点风箱的位置，是充分利用烧结机面积、确保优质高产和冷却效率的重要条件。中小型烧结机终点一般控制在倒数第二个风箱处，大型烧结机控制在倒数第三个风箱处。烧结终点的提前或滞后，都将给烧结生产带来不利影响。

从烧结机上卸下的烧结饼都夹带有未烧好的矿粉，且烧结饼块度大、温度高达 600～1000℃，对运输、储存及高炉生产都有不良的影响，因此需进一步处理。

（4）烧结矿处理　烧结厂大都采用冷矿流程，包括破碎、筛分、冷却和整粒。图 2-8 所示为烧结矿主要处理流程。

① 烧结矿的破碎和筛分。生产实践证明，不设置破碎和筛分作业时，大块烧结矿不仅堵塞矿槽，而且冶炼过程中在高炉的上、中部未能充分还原便进入炉缸，破坏了炉缸的热工制度，造成焦比升高。若不筛除粉末，不仅影响烧结矿的冷却，而且粉末进入高炉内会恶化料柱透气性，引起煤气分布不均，炉况不顺，风压升高，造成悬料、崩料，高炉产量下降。据统计，烧结矿中的粉末每增加 1%，高炉产量下降 6%～8%，焦比升高，大量炉尘吹出会加速炉顶设备的磨损和恶化劳动条件。据安钢生产经验，烧结矿中小于 5mm 的粉末每减少 10%，可降低焦比 1.6%，使产量增加 7.6%。因此，在烧结机尾设置破碎和筛分作业，对烧结厂和冶炼厂

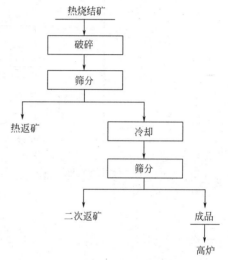

图 2-8　烧结矿主要处理流程

都是十分必要的。目前我国烧结厂普遍采用剪切式单辊破碎机，其具有如下优点。

破碎过程中的粉化程度小，成品率高；结构简单、可靠，使用及维修方便；破碎能耗低。热烧结矿的筛分，国内多采用筛分效率高的热矿振动筛，它能有效地减少成品烧结矿中的粉尘，可降低冷却过程中的烧结矿层阻力和减少扬尘；同时，所获得的热返矿可改善烧结混合料的粒度组成和预热混合料，对提高烧结矿的产量和质量有好处。但热矿筛也有缺点，因在高温下工作，振动筛事故多，降低了烧结机作业率。因此，近年来设计投产的大型烧结机取消了热矿筛，烧结矿自机尾经单辊破碎后直接进入冷却机冷却。

② 烧结矿的冷却。烧结矿的冷却方式主要有鼓风冷却、抽风冷却和机上冷却三种，目前主要采取鼓风冷却。

a. 鼓风冷却。鼓风冷却采用厚料层（厚度为 1500mm）、低转速，冷却时间长约 60min，冷却面积相对较小，冷却面积与烧结面积之比为 0.9～1.2。冷却后热废气温度为 300～400℃，比抽风冷却废气温度高，便于废气回收利用。鼓风冷却的缺点是所需风压较高，一般为 2000～5000Pa，因此必须选用密封性能好的密封装置。

b. 抽风冷却。带式冷却机和环式冷却机是比较成熟的抽风冷却设备，在国内外获得广

泛的应用。它们都有较好的冷却效果,两者相比较,环式冷却机具有占地面积较小、厂房布置紧凑的优点。带式冷却机则在冷却过程中能同时起到运输作用,对于有多于两台烧结机的厂房,工艺便于布置,而且布料较均匀,密封结构简单,冷却效果好。

c. 机上冷却。机上冷却是将烧结机延长后,使烧结矿直接在烧结机的后半部进行冷却的工艺。其优点是:单辊破碎机工作温度低,不需热矿筛和单独的冷却机,可以提高设备作业率,降低设备维修费,便于冷却系统和环境的除尘。国内首钢、武钢烧结厂等已有机上冷却的成功经验。

③ 烧结矿的整粒。从烧结机上卸下的热烧结矿经环式冷却机冷却后需要进行破碎和筛分分级。这一工序称为整粒,见图2-9。通过整粒,将烧结矿按粒度分成25~40mm、12~25mm和5~12mm三级送高炉矿槽。

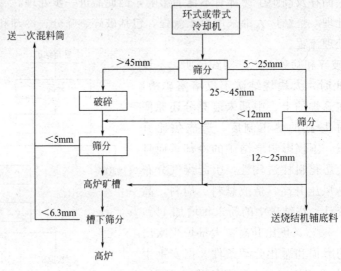

图 2-9　烧结矿整粒流程

2.5.6　烧结生产主要设备

烧结生产主要设备包括烧结机、抽风系统和供料系统等。

(1) 烧结机　目前烧结生产中主要采用带式烧结机,其结构如图2-10所示。它由台车、传动装置、点火装置、密封装置和机架等组成。

① 台车。台车是烧结机上非常重要的部件,它是载料并进行烧结的主要设备。带式烧结机是由许多台车组成的闭路循环运转的烧结链带,由本体、篦条和挡板、运行轮和卡辊等组成。

② 传动装置。烧结机的传动装置由调速电动机、减速器、传动齿轮和传动星轮组成,目前广泛采用柔性传动装置。烧结机头部的大星轮驱动是由台车组成的闭路烧结链带循环运转的传动机构。机尾有使台车返回的从动星轮。

③ 点火装置。烧结机的点火装置一般采用开放点火炉,它有半圆形或方形炉罩,在炉顶有数排烧嘴,每排10个左右。它的优点是沿台车宽度方向点火均匀;缺点是不能防止料面急冷,所以其后常设保温罩以防料面急冷。点火器内设有烧嘴,煤气和空气在其通道内混合燃烧,随之烧结过程开始。因炉内为高温区,其内必须用耐火材料砌筑。

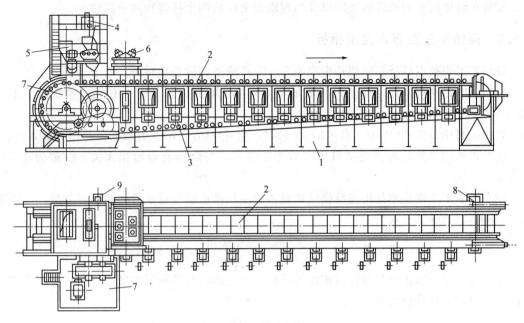

图 2-10 带式烧结机

1—烧结机的骨架；2—台车；3—抽风室；4—装料；5—装铺底料；6—点火器；

7—烧结机传动部分；8—卸料部分碎屑出口处；9—烧结机头部碎屑出口处

（2）抽风系统 烧结的抽风系统由风箱、大烟道、除尘装置和抽风机组成。

① 风箱。风箱呈方漏斗形，其上口与烧结机固定的密封滑道连接，下口与风箱支管相连。风箱的作用是集聚透过烧结料层的烟气，由抽风机排出。小型烧结机有一排风箱，大型烧结机设计有两排风箱，烟气从两侧排出。

② 大烟道。大烟道（主排气管）的主要功能是将烧结废气送往除尘设备和抽风机，另一功能是分离粉尘，较大的粉尘颗粒在重力作用下可被分离出来。由于大烟道很长，受到的热膨胀量较大，为了使管道和构架不受热应力破坏，管道安装在有滚柱支撑的拖架上，使之能自由伸缩。

③ 除尘装置。防尘装置按工作原理不同，主要分为多管除尘和电除尘装置。多管除尘装置由多个旋风子组成，含尘气体从开口进入，然后分别进入每个单体的旋风子中，经导向器产生旋转运动而使灰尘降下来。电除尘装置是利用带电灰尘在电场力作用下产生移动的原理工作。灰尘趋向收尘电极，放电后落下排出。多管除尘装置投资少，但检修复杂。电除尘投资高，但维修简单。

④ 抽风机。主抽风机（排风机）是烧结生产中最重要的工艺设备之一。随着烧结机的大型化和厚料层烧结操作的发展，对抽风机性能的要求越来越高，抽风机的性能受工作压力、工作温度和工质的状况等因素的影响。

（3）供料系统 供料系统主要包括料仓和混合机。

① 料仓。料仓是配料操作的关键设备之一。其容积与烧结机的生产能力相匹配，一般主原料仓要满足烧结机生产 6～7h 的需要。为了使原料顺利排出，要求排料口尽量大。料仓内壁设置光滑的衬板，以减少粘料。

② 圆筒混合机。圆筒混合机是混合料加水、混匀和制粒的设备。它主要包括圆筒形本

体、安装在筒体两头的圆环形辊圈以及与辊圈相对应的四个托辊和两个挡轮。

2.5.7 烧结矿主要技术经济指标

烧结矿主要技术经济指标包括生产能力、生产成本和能耗指标等。

（1）烧结机利用系数　烧结机利用系数是指单位时间内每平方米有效抽风面积的生产量，其计算公式为：

烧结机利用系数 $[t/(m^2 \cdot 台 \cdot h)]$＝台时产量 $[t/(台 \cdot h)]$/有效抽风面积（m^2）

烧结机利用系数是衡量烧结机生产效率的指标，与烧结有效面积无关，一般为 $1.5 \sim 2.0t/(m^2 \cdot h)$。

（2）成品率　成品率是指成品烧结矿量占成品烧结矿量与返矿量之和的百分数，一般为 $60\% \sim 80\%$，其计算公式为：

$$成品率（\%）＝\frac{成品烧结矿量}{成品烧结矿量＋返矿量}\times 100\%$$

（3）返矿率　返矿率是指烧结矿经过破碎、筛分所得到的筛下矿量占烧结混合料总消耗量的百分数，其计算公式为：

$$返矿率（\%）＝\frac{返矿量}{烧结混合料总消耗量}\times 100\%$$

（4）日历作业率　日历作业率是指烧结机年实际作业时间与日历时间的百分比，反映了烧结机连续作业的水平，一般为 90%，其计算公式为：

$$日历作业率（\%）＝\frac{烧结机年实际作业时间}{日历时间}\times 100\%$$

（5）烧结机生产能力　烧结机生产能力是指每台烧结机单位时间内生产的烧结矿数量，其计算公式为：

$$q＝60FV_{\perp}\gamma k$$

式中，q 为烧结机台时产量，$t/(台 \cdot h)$；F 为烧结机抽风面积，m^2；$V_{\perp}$ 为垂直烧结速度，mm/min；γ 为烧结矿堆积密度，t/m^3；k 为烧结矿成品率，$\%$。

（6）生产成本　生产成本是指生产每吨烧结矿所需的费用，由原料费和加工费两项组成。

（7）工序能耗　工序能耗是指在烧结生产过程中生产 $1t$ 烧结矿所消耗的各种能源之和（折算为标准煤），kg/t。各种能源在烧结总能耗中所占的比例为：一般固体燃耗约 70%，电耗 20%，点火煤气消耗约 5%，其他约 5%。

2.6　球团矿生产

高炉炼铁使用的球团矿是 $TFe>60\%$、粒度均匀、抗压强度高、还原性好的氧化球团。氧化球团的生产方法主要有竖炉工艺、链算机-回转窑工艺和带式焙烧工艺，目前，我国主要采用竖炉和链算机-回转窑生产氧化球团矿。

球团法是铁矿粉造块的另外一种主要方法。它是将准备好的原料（细磨物料、添加剂或黏结剂等）按一定的比例进行配料、混匀，在造球机上经滚动形成一定大小的生球，然后采用干燥和焙烧或其他方法使其发生一系列的物理化学变化而固结。这种方法生产的产品称为球团矿，其呈球形，粒度均匀，具有高强度和高还原性。

2.6.1 球团原理

球团的成球过程和焙烧固结是球团矿生产过程中两大重要的工序。

（1）成球原理 细磨物料造球分为连续造球和批料造球。生产中主要以连续造球为主，其分为如下三个阶段。

① 母球的形成。母球是造球的核心，是毛细水含量较高的紧密颗粒集合体。用于造球的混合料颗粒之间处于松散状态，矿粒被吸附水和薄膜水所覆盖，毛细水仅存在于各矿粒间的接触点上，其余空间被空气所充填，矿粒之间接触不紧密，薄膜水还不能够发挥作用。此外，由于毛细水含量较少，毛细孔过大，毛细压小，矿粒间结合力较弱，不能成球。此时对混合料进行不均匀的点滴润湿，并利用机械力的作用，使矿粉得到局部紧密，造成更小的毛细孔和较大的毛细压力，将周围矿粒拉向水滴中心，形成较紧密的颗粒集合体，从而形成母球。

② 母球的长大。母球的长大也是由于毛细效应。母球在造球机内滚动，原来结构不太紧密的母球压紧，内部过剩的毛细水被挤到母球表面，继续加水润湿母球表面，就会不断黏结周围矿粉。这种滚动压紧重复多次，母球便逐步长大至规格尺寸。

③ 生球的紧密。此阶段造球机的滚动和搓力的机械作用为决定因素。它们将使球内颗粒选择性地按接触面积最大化排列，将生球内部的毛细水全部挤出，被周围矿粉所吸收；同时，生球内的矿粒排列更紧密，使薄膜水层有可能相互接触迁移，形成众多矿粒共有的水化膜而加强水分结合力，生球强度大大提高。当生球达到一定粒度和强度后，依靠离心力作用从造球机自动滚出。

（2）球团焙烧原理 生球强度低、热稳定性差，因此制备好的生球还必须经过高温焙烧固结，使之具有足够的机械强度和热稳定性，并获得理想的矿物组成和显微结构，以满足运输和高炉冶炼的要求。

球团矿的焙烧固结是生产过程中最复杂的工序，许多物理化学反应在此阶段完成，并且对球团矿的冶金性能、强度、空隙率、还原性等有重大影响。

焙烧球团矿的设备有竖炉、带式焙烧机和链箅机-回转窑三种。不论采用哪一种设备，焙烧球团矿应包括干燥、预热、焙烧、均热和冷却五个阶段（见图 2-11）。对于不同的原料、不同的焙烧设备，每个阶段的温度水平、延续时间及气氛均不相同。

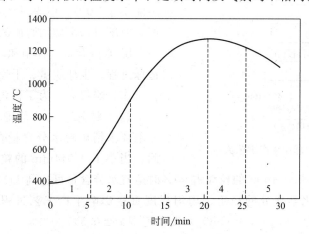

图 2-11 球团矿焙烧过程

① 干燥阶段（见图 2-11 中 1 段），温度一般为 200～400℃，这里进行的主要反应是蒸发生球中的水分，物料中的部分结晶水也可排除。

②预热阶段（见图 2-11 中 2 段），温度一般为 900～1000℃。干燥过程中尚未排除的水分在此阶段进一步被排除。该阶段中的主要反应是磁铁矿氧化成赤铁矿、碳酸盐矿物分解、硫化物分解和氧化以及某些固相反应。

③ 焙烧阶段（见图 2-11 中 3 段），温度一般为 1200～1300℃。预热阶段中尚未完成的反应，如分解、氧化、脱硫、固相反应等也在此阶段继续进行。这段的主要反应有铁氧化物结晶和再结晶、晶粒长大、固相反应以及由此而产生的低熔点化合物熔化、形成部分液相、球团矿体积及结构致密化。

④ 均热阶段（见图 2-11 中 4 段），温度水平应略低于焙烧温度。在此阶段保持一定时间，主要目的是使球团矿内部晶体长大，尽可能地使它发育完整，使矿物组成均匀化，消除一部分内部应力。

⑤ 冷却阶段（见图 2-11 中 5 段），应将球将矿的温度从 1000℃ 以上冷却到运输皮带可以承受的温度。冷却介质为空气，其氧含量较高，如果球团矿内部尚有未被氧化的磁铁矿，在这里可以得到充分的氧化。

2.6.2 球团生产工艺流程

球团生产工艺流程一般包括原料准备、配料、混合、造球、干燥和焙烧、冷却、成品和返矿处理等工序，如图 2-12 所示。

（1）原料准备

① 铁精矿 球团矿生产采用的原料主要是铁精矿粉，占造球混合料的 90% 以上。球团矿生产对铁精矿粉的质量要求比较严格，因为其对生球与成品球团矿的质量起着决定性的作用。具体质量要求有以下几方面。

a. 粒度。一般要求精矿粒度小于 0.074mm 的部分达 90% 以上或者小于 0.044mm 的部分在 60%～85%，尤其是小于 20μm 部分的比例不能小于 20%。但是并不是矿粉粒度越细越好，粒度过细会增加磨矿的能耗。

b. 水分含量。控制和调节精矿水分含量对造球过程、生球质量、干燥焙烧制度及造球设备工作影响很大。为了稳定造球，其水分含量波动越小越好，波动范围不应超过 ±0.2%。一般要求精矿粉水分含量在 7.5%～10.5% 之间，当小于 0.044mm 的粒级占 65% 时适宜水

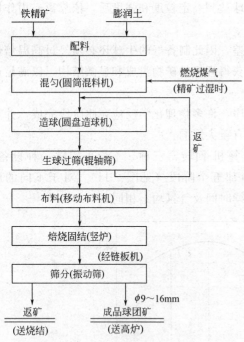

图 2-12 竖炉球团生产工艺流程

分含量为 8.5%，当 0.044mm 的粒级占 90% 时适宜水分含量可达到 11%。

c. 化学成分。化学成分的稳定、均匀程度直接影响生产工艺过程和产品质量，要求 $w(TFe)$ 波动范围为 ±0.5%，$w(SiO_2)$ 波动范围为 ±0.5%。

当用于生产球团矿的精矿粉不能满足上述要求时，需进行加工处理。

② 添加剂 在造球物料中加入添加剂是为了强化造球过程和改善球团矿质量。添加剂主要为黏结剂和熔剂。球团矿使用的黏结剂有膨润土（皂土）、消石灰、水泥等，球团矿常用的熔剂有石灰石、白云石、消石灰等。

a. 黏结剂。膨润土使用较广泛，效果最佳。在精矿造球时加入适量（一般占混合料质量分数的 1%～2%）的膨润土可提高生球的强度，调剂原料中的水分含量，提高物料的成球率，并使生球粒度小而均匀。并且它能提高生球的爆裂温度，使干燥速度加快，缩短干燥时间，提高球团矿质量，对成品球的固结强度也有促进作用。膨润土是以蒙脱石为主要成分的黏土矿物，它是一种具有膨胀性能、呈层状结构的含水硅酸盐。膨润土的理论化学分子式为 $Si_8Al_4O_{20}(OH)_4 \cdot nH_2O$，化学成分为 SiO_2 66.7%、Al_2O_3 28.3%，维氏硬度为 1～2HV，因吸水量不同其密度变化较大，一般为 1～2g/cm^3。膨润土实际成分为 $w(SiO_2)=$ 60%～70%、$w(Al_2O_3)=15\%$，还含有一些其他杂质，如 Fe_2O_3、Na_2O、K_2O 等。

b. 熔剂。添加熔剂的目的是调剂球团矿的成分，提高还原度、软化温度，降低还原粉化率和还原膨胀率等。消石灰具有粒度细、比表面积大、亲水性好、黏结力强的特点。它在球团生产中既作为黏结剂又是熔剂。但当消石灰的用量过多时会降低成球速度，导致生球表面不规则，引起生球爆裂温度降低，再加上石灰消化制备困难，限制了它的使用。石灰石也是一种亲水性较强的物料。因共颗粒表面粗糙，能增加生球内部颗粒间的摩擦力，使生球强度提高。在造球时加入的石灰石粉器经细磨，粒度小于 0.074mm 的部分应占 80% 以上。但其黏结力不如消石灰，所以加入石灰石的主要目的是提高球团矿的碱度。

（2）配料与混料 竖炉球团生产工艺流程如图 2-12 所示。使用的主要原材料是磁铁精矿粉，用膨润土或消石灰做黏结剂。膨润土的主要矿物是蒙脱石（SiO_2 66.7%，Al_2O_3 28.3%，H_2O 5%），具有良好的膨胀吸水和黏结能力，能提高精矿粉的成球能力，提高生球落下强度和爆裂温度。作为黏结剂的膨润土加入量一般为 0.8%～2.5%。

精矿粉与黏结剂的混匀在圆筒混料机内完成。由于精矿粉水分含量高于造球需要的最佳水分含量（8%～10%），需要在混料工序用煤气燃烧的高温废气对过湿精矿粉进行适度脱水。

（3）造球 造球作业用圆盘造球机完成。混合料用皮带机连续送入造球盘后通过滚动形成母球，并逐渐长大形成生球。生球达到一定尺寸后自动滚出造球盘，再经皮带机输送到辊轴筛，筛除直径偏小的不合格生球。

（4）焙烧固结 球团焙烧在竖炉中完成。球团竖炉的大小用矩形炉口的面积表示，如 8m^2、10m^2、16m^2 等。一座 10m^2 竖炉的年产量可达到 50 万吨。竖炉内气流如图 2-13 所示。生球用布料器从炉口布料，经烘床干燥，进入氧化带、高温焙烧固结带和冷却带完成球团矿的焙烧固结过程。

干燥带主要完成生球水分的蒸发和干燥。竖炉炉口废气温度达到 400～650℃，生球内部水分快速蒸发并向外迁移。在球团内部水分快速蒸发过程中形成很高的蒸汽压力，当蒸汽压力大于球壳抗张强度时生球发生爆裂。当用消石灰做球团黏结剂时，爆裂温度小于 400℃，炉口爆裂严重，炉顶产生大量粉尘，炉内产生大量碎片，竖炉内气体阻力大，产量低，球团矿质量差；用膨润土代替消石灰作球团黏结剂后，生球抵抗爆裂的温度大幅度提高，生球在炉口基本不爆裂，竖炉内气体阻力小，产量大，球团矿质量好。

氧化带温度 950～1100℃。在这一区域 Fe_3O_4 氧化成 Fe_2O_3，保持足够氧化时间，使整个球团充分氧化。

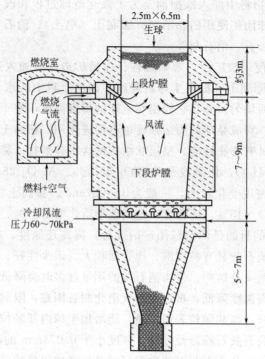

图 2-13　球团竖炉尺寸、气流分布

焙烧固结带温度 1150～1300℃。由 Fe_3O_4 氧化而来的新生态 Fe_2O_3 晶体发生再结晶长大，形成强大的晶桥，球团强度迅速提高。球团经高温焙烧固结后进入冷却带，被下部鼓入的冷风冷却。

球团焙烧生产应用较为普遍的方法有竖炉、带式焙烧机和链箅机-回转窑球团法。竖炉球团法发展最早，速度发展很快。出于原料和产量的要求，设备大型化，相继发展了带式焙烧机和链箅机-回转窑球团法。三种球团焙烧设备生产球团的比较见表 2-4。

表 2-4　三种球团焙烧设备生产球团的比较

设备	竖炉	带式焙烧机	链箅机-回转窑
优点	(1)结构简单； (2)材质无特殊要求； (3)炉内热利用好	(1)便于操作、管理和维护； (2)可以处理各种矿石； (3)焙烧周期短,各段长度易控制	(1)设备结构简单； (2)焙烧均匀,产品质量好； (3)可处理各种矿石； (4)不需耐热合金材料
缺点	(1)焙烧不够均匀； (2)单机生产能力受限制； (3)处理矿石单一	(1)上下层球团质量不均； (2)台车、算条需用耐高温合金； (3)铺边、铺底料流程复杂	(1)窑内易结圈； (2)维修工作量大
生产能力	单机生产能力小,最大为2000t/d,适于中小型企业生产	单相生产能力大,最大为6000～6500t/d,适于大型企业生产	单机生产能力大,最大为6000～12000t/d,适于大型企业生产
产品质量	稍差	良好	良好
基建投资	低	较高	较高
经营费用	一般	稍高	低
电耗	高	中	稍低

2.6.3　球团生产主要设备

球团生产使用的主要设备有造球设备和焙烧设备。

(1) 造球设备　圆盘造球机是目前国内外广泛采用的造球设备，按结构可分为伞齿轮传动的圆盘造球机和内齿圈传动的圆盘造球机。伞齿轮传动的圆盘造球机的构造见图 2-14，它主要由圆盘、刮刀、刮刀架、大伞齿轮、小圆锥齿轮、主轴、倾角调节机构、减速机、电动机、底座等组成。该造球机的转速和圆盘倾角可调。

圆盘造球机的优点是：造出的生球粒度均匀，没有循环负荷；采用固体燃料焙烧时，在圆盘边缘加一环形槽就能向生球表面附加固体燃料，不必另置专门设备；另外，设备重量轻，电能消耗少，操作方便。其缺点是单机产量低。

(2) 焙烧设备　目前，球团矿的焙烧设备主要有竖炉、带式焙烧机和链篦机-回转窑三种。

2.6.4　球团矿主要技术经济指标

球团矿主要技术经济指标包括球团矿合格率、球团矿一级品率、设备有效面积利用系数、台时产量、球团设备日历作业率等。

(1) 球团矿合格率　球团矿合格率是指被检验的球团矿中，化学成分和物理性能均符合国标（部标）或有关规定的产量占检验总量的百分比，其计算公式为：

$$球团矿合格率（\%）=\frac{球团矿检验合格量（t）}{球团矿检验总量（t）}$$

(2) 球团矿一级品率　球团矿一级品率是指被检验的球团矿个，化学成分和物理性能全部符合国标（部标）或有关规定中一级品标准的产量占合格量的百分比，其计算公式为：

$$球团矿一级品率（\%）=\frac{球团矿检验一级品量（t）}{球团矿检验合格量（t）}\times100\%$$

(3) 球团矿成品率　球团矿成品率是指球团矿总产量占原料配料总量的百分比，其计算公式为：

$$球团矿成品率（\%）=\frac{球团矿总产量（t）}{原料配料总量（t）}\times100\%$$

(4) 球团设备有效面积利用系数　球团设备有效面积利用系数是指球团设备每平方米有效面积每小时生产球团矿的量。它是反映一个厂（车间）操作、管理、工艺技术水平和设备利用程度的综合指标，共计算公式为：

$$球团设备有效面积利用系数 [t/(m^2 \cdot 台 \cdot h)]=\frac{球团矿产量（t）}{有效面积（m^2）\times实际作业时间（台 \cdot h）}$$

计算说明：有效面积是指实际抽风焙烧面积（带式焙烧机）或球团设备炉膛的横截面积（竖炉和回转窑）。

(5) 台时产量　台时产量是指球团设备每作业台时所生产的球团矿的量其计算公式为：

$$台时产量 [t/(台 \cdot h)]=\frac{球团矿产量（t）}{实际作业时间（台 \cdot h）}$$

(6) 球团设备日历作业率　球团设备日历作业率是指球团设备的实际作业时间占日历时间的百分比。它反映球团设备的生产利用程度，共计算公式为：

$$球团设备日历作业率（\%）=\frac{实际作业时间（台·h）}{日历时间（台·h）}$$

思 考 题

1. 我国铁矿资源有什么特点？高炉炼铁常用的铁矿有哪几种？各有什么特点？
2. 高炉冶炼对铁矿石的要求是什么？
3. 高炉冶炼为什么要加入熔剂？常用的熔剂有哪些？对其有什么要求？
4. 焦炭在高炉冶炼中起什么作用？高炉对其质量有何要求？
5. 粉矿造块的意义及其方法有哪些？
6. 用示意图说明烧结过程沿料层断面高度的变化规律。
7. 简述带式烧结机的结构及烧结台车的运行过程原理。

第3章 高炉炼铁

本章介绍了高炉炼铁的基本原理、高炉炼铁设备结构及其作用，同时还介绍了现代高炉炼铁新技术——非高炉炼铁的方法。

高炉炼铁在现代钢铁联合企业中占据极为重要的地位。首先，高炉冶炼的产品——生铁是炼钢的原料；其次，高炉冶炼产生的煤气是钢铁联合企业中的二次能源。高炉是铁矿石、焦炭和能源的巨大消耗者，一座日产1万吨生铁的高炉，每天需要消耗铁矿石约1.6万吨、焦炭约3000t、煤粉约2000t，产生炉渣3000t左右，每天要将0.15亿立方米左右的空气由鼓风机加压至0.4MPa左右鼓入炉内。从炉顶放出约0.19亿立方米高炉煤气。由此可见，高炉炼铁对整个联合企业的均衡生产有着举足轻重的作用。高炉炼铁的一般生产工艺流程如图3-1所示。

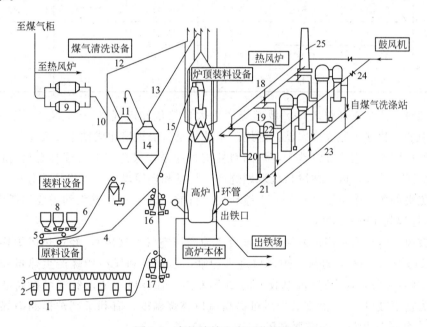

图 3-1　高炉炼铁生产工艺流程

1—矿石输送皮带机；2—称量漏斗；3—储矿槽；4—焦炭输送皮带机；5—给料机；6—粉焦输送皮带机；7—粉焦仓；8—储焦槽；9—电除尘器；10—调节阀；11—文氏管除尘器；12—净煤气放散管；13—下降管；14—重力除尘器；15—上料皮带机；16—焦炭称量漏斗；17—矿石称量漏斗；18—冷风管；19—烟道；20—蓄热室；21—热风主管；22—燃烧室；23—煤气主管；24—混风管；25—烟囱

高炉炼铁过程发生在高炉本体封闭体系，大致冶炼过程为：铁矿石、焦炭和熔剂从高炉炉顶装入，热风从高炉下部风口鼓入，随着风口前焦炭的燃烧，炽热的煤气流高速上升，下降的炉料受到上升煤气流的加热作用，首先吸附水蒸发，然后被缓慢加热至800~1000℃。铁矿石被炉内煤气CO还原，直至进入1000℃以上的高温区，转变成半熔融的黏稠状态，在1200~1400℃的高温下进一步还原，得到金属铁。金属铁吸收焦炭中的碳，进行部分渗碳之后，熔化成铁水。铁水中除含有4%左右的碳以外，还含有少量的Si、Mn、P、S等元素。铁矿石中的脉石也逐步熔化成炉渣。铁水和炉渣穿过高温区焦炭之间的间隙滴下，积存于炉缸，再分别由铁口和渣口排出炉外。

3.1 原料

(1) 铁矿石 烧结矿、球团矿和块矿的典型化学成分见表 3-1。在大型高炉炉料结构中，高碱度烧结矿一般占 70%～80%、酸性的球团矿和块矿占 20%～30%。熔剂通常为石灰石，用来调节炉渣碱度。高炉渣的碱度 ($R=CaO/SiO_2$) 在 1.0～1.25 之间，当碱性炉料（高碱度烧结矿）与酸性炉料（球团矿和块矿）比例合适时，高炉中可不加或只加少量石灰石。根据入炉综合品位，冶炼 1t 生铁需要消耗铁矿石 1.5～1.7t。

表 3-1 几种铁矿石化学成分

品种	$w(TFe)/\%$	$w(FeO)/\%$	$w(SiO_2)/\%$	$w(CaO)/\%$	$w(MgO)/\%$	$w(Al_2O_3)/\%$	R
宝钢烧结矿	59.47	7.55	4.25	8.20	1.27	1.09	1.93
鞍钢烧结矿	58.49	7.90	4.60	9.70	2.30	0.50	2.11
巴西球团矿	65.81	1.61	3.67	0.47	0.73	0.49	0.13
国产球团矿	63.21	0.17	6.01	1.22	0.48	0.76	0.20
巴西块矿	66.62	4.23	7.94	0.70	0.23	1.11	0.09
南非块矿	62.89	2.11	6.49	0.59	0.03	2.36	0.09

(2) 燃料 焦炭在高炉风口区域燃烧产生大量热量和煤气（$CO+N_2$）。煤气中的 CO 将铁矿石中的氧化铁还原成金属铁，燃烧产生的热量将渣铁熔化成铁水和液态炉渣。焦炭在高炉内始终呈固态，它能够将整个高炉的料柱支撑起来，保持高炉内部具有良好的透气性。煤粉从高炉风口喷入炉内，在风口区域燃烧产生热量和还原煤气，可代替部分焦炭。但煤粉无法代替焦炭的领一个重要作用——支撑料柱。目前，冶炼 1t 生铁大约需要消耗焦炭 250～350kg，消耗煤粉 150～250kg。

(3) 鼓风 空气通过高炉鼓风机加压后成为高压空气（鼓风），经过热风炉换热，将温度提高到 1100～1300℃，再从高炉风口进入炉缸，与焦炭和煤粉燃烧产生热量和煤气。鼓风带入高炉的物理热占高炉热量总收入的 20% 左右。在鼓风中加入氧气可提高鼓风中的氧含量（称为富氧鼓风）。采用富氧鼓风可提高风口燃烧温度，有利于高炉提高喷煤量和高炉利用系数。冶炼 1t 生铁大约需要鼓风 1400～1700m³。

3.2 高炉炼铁的产品

高炉炼铁的主要产品是生铁，副产品是炉渣、高炉煤气及其带出的炉尘。

(1) 生铁 生铁可分为炼钢生铁和铸造生铁。炼钢生铁供转炉、电炉炼钢使用，约占生铁产量的 90%；铸造生铁主要用于生产耐压铸件，约占生铁产量的 10%。高炉也可用来生产特殊生铁，如锰铁、硅铁等。目前，炼钢生铁、铸造生铁的国家标准见表 3-2。

(2) 高炉炉渣 出于铁矿石品位、焦比及焦炭灰分的不同，高炉冶炼每吨生铁产生的渣量差异很大。一般每吨生铁的渣量在 0.2～0.5t 之间，原料条件差、技术水平低的高炉每吨生铁的渣量甚至超过 0.6t。高炉渣中含 CaO、SiO_2、MgO、Al_2O_3 等，一般通过急冷粒化成水渣，用于制造水泥和建筑材料；也可用蒸汽吹成渣棉，作隔声、保温材料。

表 3-2　我国生铁产品国家标准（GB/T 717—1998、GB/T 718—2005）　单位：％

铁种		炼钢生铁			铸造生铁					
牌号		炼 04	炼 08	炼 10	铸 34	铸 30	铸 26	铸 22	铸 18	铸 14
代号		L04	L08	L10	Z34	Z30	Z26	Z22	Z18	Z14
$w(Si)$		≤0.45	>0.45 −0.85	>0.85 −1.25	>3.20 −3.60	>2.80 −3.20	>2.40 −2.80	>2.00 −2.40	>1.60 −2.00	>1.25 −1.60
$w(Mn)$	一组	≤0.4					≤0.50			
	二组	0.4~1.0					0.50~0.90			
	三组	1.0~2.0					0.90~1.30			
$w(P)$	特级	≤0.10								
	一级	0.10~0.15					≤0.060			
	二级	0.15~0.25					0.060~0.10			
	三级	0.25~0.40					0.100~0.20			
	四级						0.200~0.40			
	五级						0.400~0.90			
$w(S)$	特类	≤0.02								
	一类	0.02~0.03					≤0.030			
	二类	0.03~0.05					0.040			
	三类	0.05~0.07					≤0.050			

（3）高炉煤气　冶炼每吨生铁可产生 $1600\sim3000m^3$ 的高炉煤气，化学成分为 CO、CO_2、N_2、H_2 及 CH_4 等，其中 CO（20％～25％）、CO_2（15％～25％）、H_2（1％～3％）及少量 CH_4 为可燃性气体。经除尘处理后的高炉煤气发热值为 $3350\sim4200kJ/m^3$，是良好的气体燃料，主要作为热风炉燃料，也可供动力、炼焦、烧结、炼钢、轧钢等部门使用。

3.3　高炉生产主要技术经济指标

高炉生产主要技术经济指标是用来衡量高炉生产技术水平和经济效果的重要参数，主要有以下几项。

（1）高炉有效容积利用系数 η_u $[t/(m^3\cdot d)]$　高炉有效容积利用系数是指 $1m^3$ 高炉有效容积一昼夜生产的生铁吨数，即高炉每昼夜产铁量 P（t/d）与高炉有效容积 V_u（m^3）之比：

$$\eta_u=\frac{P}{V_u}$$

高炉有效容积利用系数是高炉冶炼的一个重要指标，η_u 越大，高炉生产率越高。目前高炉的有效容积利用系数一般为 $2.00\sim2.50t/(m^3\cdot d)$，一些先进的高炉可达到 $3.5t/(m^3\cdot d)$。

（2）焦比 K（kg/t）　焦比是指冶炼每吨生铁所消耗的焦炭量，即高炉每昼夜消耗的干焦量 Q_k（kg/d）与每昼夜产铁量 P（t/d）之比：

$$K=\frac{Q_k}{P}$$

我国高炉的焦比一般为 $400\sim500kg/t$，喷吹燃料可以有效降低焦比。

（3）煤比 $Y/(kg/t)$　煤比是指冶炼每吨生铁所消耗的煤粉量，即高炉每昼夜消耗的煤粉量 Q_y（kg/d）与每昼夜产铁量 P（t/d）之比：

$$Y=\frac{Q_y}{P}$$

将焦比与煤比之和称为燃料比。目前，大型和超大型高炉冶炼 1t 生铁的燃料比在 470～520kg 之间，喷煤量可达到 150～250kg。

（4）喷煤率　将煤比占燃料比的比值称为喷煤率（％）。我国某些大型和超大型高炉的喷煤率可达 35％～50％。

（5）冶炼强度 I [t/(m³·d)]　冶炼强度是指 1m³ 高炉有效容积每昼夜平均消耗的焦炭量，即高炉每昼夜消耗的干焦量 Q_k（kg/d）与高炉有效容积 V_u（m³）之比：

$$I = \frac{Q_k}{V_u}$$

高炉有效容积利用系数 η_u、焦比 K 和冶炼强度 I 三者的关系如下：

$$\eta_u = \frac{I}{K}$$

（6）生铁合格率　化学成分符合国家标准的生铁称为合格生铁，合格生铁产量占生铁总产量的百分数称为生铁合格率。

（7）生铁成本　生产 1t 合格生铁所消耗的所有原料、燃料、材料、水电、人工等一切费用的总和，称为生铁成本。

（8）休风率　休风率是指高炉休风时间占规定作业时间（即日历时间减去计划大、中修时间）的百分数。它反映高炉设备维护和高炉操作水平的高低。先进高炉的休风率在 1％ 以下。

（9）高炉寿命　高炉一代寿命是指从点火开炉到停炉大修之间的冶炼时间，或指高炉相邻两次大修之间的冶炼时间。大型高炉一代寿命为 10～15 年。

3.4　高炉炼铁基本原理

3.4.1　高炉内各区域的炉料形态及进行的主要反应

矿石和焦炭分批装入炉内，因此，矿石与焦炭在高炉内呈有规律的分层分布。鼓风在风口区域与焦炭和煤粉燃烧产生高温煤气，高温煤气在向高炉上部流动过程中将氧化铁还原成金属铁，使铁矿石实现 Fe-O 分离；煤气携带的热量将铁和渣熔化并过热，实现铁与渣的分离。在这一过程中，高炉内部形成如图 3-2 所示的炉料分布状态，可以分为五个区域（或称五个带）。

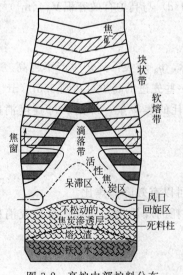

图 3-2　高炉内部炉料分布

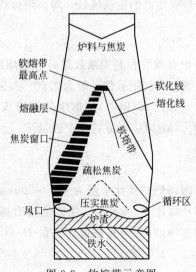

图 3-3　软熔带示意图

（1）块状带 在该区域炉料明显地保持装料时的分层状态（矿石层和焦炭层），没有液态渣铁。随着炉料下降，其层状逐渐趋于水平，而且厚度逐渐变薄。

（2）软熔带 矿石从开始软化到完全熔化的区间称为软熔带。它由许多固态焦炭层和黏结在一起的半熔矿石层组成。焦炭与矿石相间，层次分明。由于矿石呈软熔状，透气性极差，煤气主要从焦炭层通过，像窗口一样，因此称其为"焦窗"。软熔带的上沿是软化线（即固相线），软熔带的下沿是熔化线（即液相线），如图 3-3 所示。

（3）滴落带 由焦炭和不断向下滴落的液态渣铁组成，焦炭起到支撑料柱的作用。整个滴落带包括活性焦炭区和呆滞区。

（4）风口回旋区 温度为 1100～1300℃的鼓风从炉缸周围的风口以 100～200m/s 风速吹入炉缸，在鼓风动能作用下，风口前端形成一个回旋区向炉缸中心延伸，在回旋区内，焦炭燃烧产生大量热量和气体还原剂 CO，同时产生空间使炉料下降。风口回旋区内燃烧掉的焦炭主要由活性焦炭区补充，也使活性焦炭区变得比较松动。

（5）死料柱 风口回旋区以下填充在炉缸内的焦炭，由于很少更新，固称为死料柱。在上部料柱和鼓风压力作用下，死料柱浸渍在渣铁液中，甚至直接接触炉底炭砖。

高炉内各区域的主要反应及特征见表 3-3。

表 3-3 高炉内各区域的主要反应及特征

功能 区域	相向运动	热交换	反应
块状带	固体（矿、焦）在重力作用下下降，煤气在强制鼓风作用下上升	上升的煤气对固体炉料进行预热和干燥	矿石间接还原，炉料中水分蒸发、分解
软熔带	影响煤气流分布	上升煤气对软化半熔层进行传热熔化	矿石直接还原和渗碳，焦炭的气化反应 $CO_2 + C \Longrightarrow 2CO$
滴落带	固体（焦炭）、液体（铁水熔渣）下降，煤气上升向回旋区供给焦炭	上升煤气使铁水、熔渣、焦炭升温，滴下的铁水、熔渣和焦炭进行热交换	非铁元素的还原、脱硫、渗碳，焦炭的气化反应 $CO_2 + C \Longrightarrow 2CO$
风口回旋区	鼓风使焦炭做回旋运动	反应放热，使煤气温度上升	鼓风中的氧和蒸汽使焦炭燃烧
死料柱	铁水、炉渣存放，出铁时，铁水和炉渣做环流运动，而浸入渣铁中的焦炭则随出渣出铁而做缓慢的沉浮运动，部分被挤入风口回旋区气化	铁水、熔渣和缓慢运动的焦炭进行热交换	最终的渣铁反应

3.4.2 炉料的蒸发、挥发与分解

从高炉上部装入高炉的炉料首先受到上升煤气流的加热作用，会发生水分的蒸发、结晶水的分解、挥发物的挥发和碳酸盐的分解。

（1）水分的蒸发及结晶水的分解 炉料中的水分包括吸附水（也称物理水）和结晶水（也称化合水）两种。吸附水以游离状态存在，加热到 105℃时迅速干燥和蒸发。吸附水的蒸发吸热使煤气体积缩小，煤气流速降低，减少了炉尘的吹出量，同时给炉顶装料设备及其维护带来好处。

结晶水以化合物形态存在，这种含有结晶水的化合物也称水化物，如褐铁矿（$nFe_2O_3 \cdot mH_2O$）和高岭土（$Al_2O_3 \cdot 2SiO_2 \cdot 2H_2O$）。褐铁矿中的结晶水在 200℃左右时开始分解，

400～500℃时分解速度激增。高岭土在 400℃时开始分解，但分解速度很慢，到 500～600℃时分解才迅速进行，其分解除与温度有关外，还与粒度和孔隙率有关。由于结晶水分解，使矿石破碎而产生粉末，炉料透气性变坏，对高炉稳定顺行不利。部分在较高温度下分解出的水汽还可以与焦炭中的碳反应，消耗高炉下部的热量，其反应如下：

500～1000℃　　　　$2H_2O+C_焦 === CO_2+2H_2-83134kJ/mol$　　　　(3-1)

1000℃ 以上　　　　$H_2O+C_焦 === CO+H_2-124450kJ/mol$　　　　(3-2)

这些反应大量耗热且消耗焦炭，因此，结晶水的分解对高炉冶炼有不利影响。

（2）挥发物的挥发　高炉内挥发物的挥发包括燃料挥发物的挥发和其他物质的挥发。燃料中挥发分的质量分数为 0.7%～1.3%。焦炭在高炉内到达风口前已被加热到 1400～1600℃，挥发分全部挥发。由于挥发分数量少，对煤气成分和冶炼过程影响不大。但在高炉喷吹燃料的条件下，由于煤粉中挥发分含量高，则引起炉缸煤气成分的变化，对还原反应有一定的影响。

除燃料中挥发物外，高炉内还有许多化合物和元素进行少量挥发（也称气化），如 S、P、As、K、Na、Zn、Pb、Mn、PbO、K_2O、Na_2O 等，这些元素和化合物的挥发对高炉炉况和炉衬都有影响。

（3）碳酸盐的分解　炉料中的碳酸盐常以 $CaCO_3$、$MgCO_3$、$FeCO_3$、$MnCO_3$ 等形态存在，以前两者为主。它们中很大部分来自熔剂（即石灰石或白云石），后两者来自部分矿石。这些碳酸盐受热时分解，其中大多数分解温度较低，一般在高炉上部已分解完毕，对高炉冶炼过程影响不大。但 $CaCO_3$ 的分解温度较高，对高炉冶炼有较大影响。

石灰石的主要成分是 $CaCO_3$，其分解反应为：

$$CaCO_3 === CaO+CO_2-178000kJ/mol \qquad (3-3)$$

在高炉内的开始分解温度为 740℃，化学沸腾温度高于 960℃。由于分解是由料块表面开始逐渐向内部进行的，所以石灰石的分解还与其粒度有关。因此，当石灰石粒度较大时，分解要在高温区（1000℃以上）才能进行完毕。其分解出的 CO_2 会与焦炭发生以下反应：

$$CO_2+C === 2CO-165800kJ/mol \qquad (3-4)$$

这个反应称为贝-波反应或碳的气化反应。据测定，正常冶炼情况下，高炉中石灰石分解后大约有 50%的 CO 参加碳的气化反应，要消耗一定的碳，对高炉的热量消耗和碳消耗都十分不利。因此，目前高炉都不直接添加石灰石，而是通过采用熔剂性烧结矿（或球团矿）的方式来避免。

3.4.3　还原过程与生铁的形成

高炉炼铁的目的是将铁矿石中的铁和一些有用元素还原出来，所以还原反应是高炉内最基本的化学反应。

（1）还原反应的基本理论　金属与氧的亲和力很强，除个别的金属能从其氧化物中分解出来外，几乎所有金属都不能靠简单加热的方法从氧化物中分离出来，必须依靠某种还原剂夺取氧化物的氧，使之变成金属元素。高炉冶炼过程基本上就是铁氧化物的还原过程。除铁的还原外，高炉内还有少量硅、锰、磷等元素的还原。炉料从高炉顶部装入后开始直至到达下部炉缸（除风口区域），还原反应几乎贯穿整个高炉冶炼的始终。

金属氧化物的还原反应通式可表示为：

$$MeO+B === Me+BO \qquad (3-5)$$

式中，MeO 为被还原的金属氧化物；Me 为还原得到的金属；B 为还原剂，可以是气体或固体，也可以是金属或非金属；BO 为还原剂夺取金属氧化物中的氧后被氧化得到的产物。

从式(3-5) 可以看出，MeO 失去 O 被还原成 Me，B 得到 O 而被氧化成 BO。哪种物质可以充当还原剂以夺取金属氧化物中的氧，可以通过物质与氧的化学亲和力的大小来判断。凡是与氧的亲和力比与金属元素的亲和力大的物质，都可以作为该金属氧化物的还原剂。很明显，还原剂与氧的亲和力越大，夺取氧的能力越强，或者说还原能力越强。而对被还原的金属氧化物来说，其金属元素与氧的亲和力越强，该氧化物越难还原。某物质与氧亲和力的大小又可用该物质氧化物的分解压来衡量，氧化物分解压越大，说明该物质与氧的亲和力越小，氧化物越不稳定，越易分解，反之则相反。

目前，高炉冶炼常遇到的各种金属元素还原的难易顺序（由易到难）为：Cu，Pb，Ni，Co，Fe，Cr，Mn，V，Si，Ti，Al，Mg，Ca。从热力学角度来讲，彼此顺序排列的各元素中，排在铁后面的各元素均可作为铁氧化物的还原剂。但是，根据高炉生产的特定条件，在高炉生产中作为还原剂的是焦炭中的固定碳和焦炭燃烧后产生的 CO，以及鼓风水分和喷吹物分解产生的 H_2，因为它们储量丰富、易于获取、价格最低廉。

由上还可得出，在高炉冶炼条件下，Cu、Pb、Ni、Co、Fe 为易被全部还原的元素，Cr、Mn、V、Si、Ti 为只能被部分还原的元素，Al、Mg、Ca 为不能被还原的元素。

(2) 铁氧化物的还原顺序　在炉料中，铁的氧化物有三种存在形式：Fe_2O_3、Fe_3O_4 和 FeO，其中 FeO 在温度低于 570℃时会分解成 α-Fe 和 Fe_3O_4。也就是说 FeO 只有在温度高于 570℃的区域才能稳定存在。因此，各种铁氧化物的还原顺序与分解顺序相同，当温度高于 570℃时为：$Fe_2O_3 \rightarrow Fe_3O_4 \rightarrow FeO \rightarrow Fe$。此时各阶段的失氧量为：

$$3Fe_2O_3 \rightarrow 2Fe_3O_4 \rightarrow 6FeO \rightarrow 6Fe$$
$$1/9 \qquad 2/9 \qquad 6/9$$

可见，第一阶段（$Fe_2O_3 \rightarrow Fe_3O_4$）失氧数量少，因而还原是容易的，越到后面失氧量越多，还原越困难。有一半以上的氧是在最后阶段，即从 FeO 还原到 Fe 的过程中被夺取的，所以铁氧化物中 FeO 的还原具有最重要的意义。

当温度低于 570℃时，由于 FeO 不稳定，会立即按下式分解：

$$4FeO == Fe_3O_4 + Fe \qquad (3-6)$$

此时的还原顺序为：$Fe_2O_3 \rightarrow Fe_3O_4 \rightarrow Fe$。

(3) 用 CO 还原铁氧化物　矿石进入高炉后，在加热温度未超过 1000℃的高炉中部，铁氧化物中的氧是被煤气中 CO 夺取而产生 CO_2 的。这种还原过程不是直接用焦炭中的碳作还原剂，故称为间接还原。

当温度低于 570℃时，还原反应分为以下两步：

$$3Fe_2O_3 + CO == 2Fe_3O_4 + CO_2 + 27130kJ/mol \qquad (3-7)$$
$$Fe_3O_4 + 4CO == 3Fe + 4CO_2 + 17160kJ/mol \qquad (3-8)$$

当温度高于 570℃时，还原反应分为以下三步：

$$3Fe_2O_3 + CO == 2Fe_3O_4 + CO_2 + 27130kJ/mol \qquad (3-9)$$
$$Fe_3O_4 + CO == 3FeO + CO_2 - 20888kJ/mol \qquad (3-10)$$
$$FeO + CO == Fe + CO_2 + 13600kJ/mol \qquad (3-11)$$

以上各反应的前后都有气相，而且反应前后气体体积不变，在其他参加反应的物质为纯固态的条件下，则反应的平衡状态不受系统总压力的影响。化学反应建立平衡后的平衡

常数表示为 $k_p = \dfrac{p(CO_2)}{pCO}$。由于与总压无关，若 $\varphi(CO) + \varphi(CO_2) = 100\%$，则 $k_p = \dfrac{\varphi(CO_2)}{\varphi(CO)}$，即 $\varphi(CO) = \dfrac{1}{k_p+1} \times 100\%$ \hfill (3-12)

由于不同温度和不同铁氧化物的 k_p 是不同的，所以上述各反应达到平衡时，其温度与气相组成的关系如图 3-4 所示。

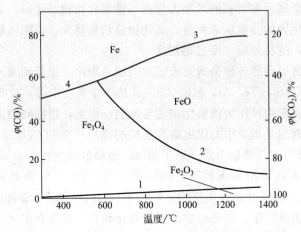

图 3-4 用 CO 还原铁氧化物的平衡气相成分与温度的关系

图 3-4 中，曲线 1 为反应 $3Fe_2O_3 + CO \rightleftharpoons 2Fe_3O_4 + CO_2$ 的平衡气相成分与温度系曲线；曲线 2 为反应 $Fe_3O_4 + CO \rightleftharpoons 3FeO + CO_2$ 的平衡气相成分与温度的关系线；曲线 3 为反应 $FeO + CO \rightleftharpoons Fe + CO_2$ 的平衡气相成分与温度的关系线；曲线 4 为反应 $Fe_3O_4 + 4CO \rightleftharpoons 3Fe + 4CO_2$ 的平衡气相成分与温度的关系线。它表明，要使铁氧化物还原反应进行，除了需要参加反应的 CO 外，还需要过量的 CO 来维持化学反应的平衡；否则，还原反应不但不能进行，甚至可能出现已还原的物质被 CO_2 氧化的情况。同时，不同温度下各种铁氧化物还原反应维持化学平衡所需的 CO 浓度是不一样的。图 3-4 中的四条曲线划分出了 Fe_2O_3、Fe_3O_4、FeO、Fe 各自的稳定存在区域，即只有温度和气相组成条件处于各自稳定区域的范围内，该物质（铁氧化物或金属铁）才能稳定存在，否则将发生还原反应的逆反应。

（4）用 H_2 还原铁氧化物 在不喷吹燃料的高炉上，煤气中的 H_2 含量只有 $1.8\% \sim 2.5\%$，它主要由鼓风中的水分在风口的高温分解产生。在喷吹燃料的高炉内，煤气中的 H_2 含量显著增加，可达 $5\% \sim 8\%$，氢与氧的亲和力很强，所以氢也是高炉冶炼中的还原剂。用 H_2 还原铁氧化物与用 CO 一样，也可称为间接还原。

当温度低于 570℃时，还原反应分为以下两步：

$$3Fe_2O_3 + H_2 \rightleftharpoons 2Fe_3O_4 + H_2O + 21800kJ/mol \tag{3-13}$$

$$Fe_3O_4 + 4H_2 \rightleftharpoons 3Fe + 4H_2O - 146650kJ/mol \tag{3-14}$$

当温度高于 570℃时，还原反应分为以下三步：

$$3Fe_2O_3 + H_2 \rightleftharpoons 2Fe_3O_4 + H_2O + 21800kJ/mol \tag{3-15}$$

$$Fe_3O_4 + H_2 \rightleftharpoons 3FeO + H_2O - 63570kJ/mol \tag{3-16}$$

$$FeO + H_2 \rightleftharpoons Fe + H_2O - 27700kJ/mol \tag{3-17}$$

反应建立化学平衡时，$k_p = \dfrac{p(\mathrm{H_2O})}{p(\mathrm{H_2})} = \dfrac{\varphi(\mathrm{H_2O})}{\varphi(\mathrm{H_2})}$，其平衡气相与温度的关系如图 3-5 所示。

　　用 $\mathrm{H_2}$ 与 CO 还原铁氧化物有相同点也有不同点，为便于比较，将图 3-4 与图 3-5 叠加得到图 3-6。$\mathrm{H_2}$ 与 CO 的还原相比有以下特点。

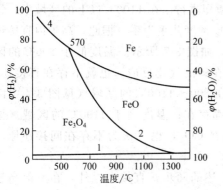

图 3-5　$\mathrm{H_2}$ 还原铁氧化物气相成分与温度的关系　　　图 3-6　Fe-O-C 与 Fe-O-H 系气相平衡成分比较

　　① 与 CO 还原一样，均属于间接还原。反应前后气相体积（$\mathrm{H_2}$ 与 $\mathrm{H_2O}$）没有变化，即反应不受压力影响。

　　② 除 $\mathrm{Fe_2O_3}$ 的还原外，$\mathrm{Fe_3O_4}$、FeO 的还原均为可逆反应，在一定温度下有固定的平衡气相成分，为了使铁氧化物还原彻底，都需要过量的还原剂。

　　③ 反应为吸热过程，随着温度升高，$\mathrm{H_2}$ 的还原能力增强。温度低于 810℃ 时，CO 的还原能力比 $\mathrm{H_2}$ 强；温度高于 810℃ 时，$\mathrm{H_2}$ 的还原能力比 CO 强。

　　④ 在高炉冶炼条件下，用 $\mathrm{H_2}$ 还原铁氧化物时还可促进 CO 和 C 还原反应的加速进行，反应如下：

$$\mathrm{FeO + H_2 \Longrightarrow Fe + H_2O} \tag{3-18}$$

$$+)\quad \mathrm{H_2O + C \Longrightarrow CO + H_2} \tag{3-19}$$

$$\overline{\mathrm{FeO + C \Longrightarrow Fe + CO}} \tag{3-20}$$

反应结果表明，$\mathrm{H_2}$ 只起传输氧的作用，本身不消耗，可促进 CO 和 C 的还原。

　　（5）用固体碳还原铁氧化物　　用固体碳还原铁氧化物，生成的气相产物是 CO，这种还原称为直接还原，如 FeO+C ══ Fe+CO。在高炉内，铁矿石在自上而下地缓慢运动中先进行间接还原，这是由于高炉煤气的还原能力在高炉下部并未得到充分利用，上升的煤气流仍具有相当的还原能力，可参加间接还原。因此，矿石在到达高温区之前已受到一定程度的还原，残存下来的铁氧化物主要以 FeO 形式存在。由于矿石在软化和熔化之前与焦炭的接触面积很小，反应速度很慢，所以高炉内固体碳参加的直接还原是通过两步来完成的。

第一步，间接还原：

$$\mathrm{Fe_3O_4 + CO \Longrightarrow 3FeO + CO_2} \tag{3-21}$$

$$\mathrm{FeO + CO \Longrightarrow Fe + CO_2} \tag{3-22}$$

第二步，产物 $\mathrm{CO_2}$ 与固体碳发生碳的气化反应：

$$\mathrm{CO_2 + C \Longrightarrow 2CO} \tag{3-23}$$

以上两步反应的最终结果是：

$$FeO+CO \Longrightarrow Fe+CO_2 \tag{3-24}$$
$$+) \quad CO_2+C \Longrightarrow 2CO \tag{3-25}$$
$$\overline{\qquad\qquad\qquad\qquad\qquad\qquad}$$
$$FeO+C \Longrightarrow Fe+CO-152190kJ/mol \tag{3-26}$$

所以，固体碳还原铁氧化物受碳的气化反应所控制。据测定，一般冶金焦炭在 800℃时

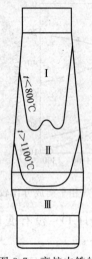

开始气化反应，到 1100℃时激烈进行。在 1100℃以上的区域中，气相 CO 浓度几乎达到 100%，CO_2 浓度几乎为零。据此，高炉内直接还原和间接还原是划分了区域的，如图 3-7 所示。温度低于 800℃的区域（见图 3-7 中区域Ⅰ）内不存在碳的气化反应，也就不存在直接还原，故称为间接还原区域；温度在 800～1100℃的区域（见图 3-7 中区域Ⅱ）内间接还原和直接还原都存在；温度高于 1100℃的区域（见图 3-7 中区域Ⅲ）内气相中不存在 CO_2，也可认为不存在间接还原，所以称为直接还原区域。

图 3-7 高炉内铁的
还原区分布示意图

高炉内的直接还原除了上述的两步式直接还原外，在下部高温区还存在以下方式的还原：

$$(FeO)+C_焦 \Longrightarrow [Fe]+CO(g) \tag{3-27}$$
$$(FeO)+[Fe_3C] \Longrightarrow 4[Fe]+CO(g) \tag{3-28}$$

一般情况下，只有 0.2%～0.5% 的 Fe 进入炉渣中，如遇到炉况失常，渣中 FeO 较多，造成直接还原增加，而且由于发生大量吸热反应，会引起温度剧烈波动。

直接还原与间接还原相比，间接还原以气体作还原剂，是可逆反应，还原剂不能全部利用，需要有一定过量的还原剂，但反应本身多为放热反应，热量消耗不大，而直接还原刚好相反。因此，高炉内全部为直接还原或全部为间接还原都不好，只有直接还原和间接还原在适宜的比例范围内，才能降低燃料消耗，取得最佳效果。高炉内冶炼每吨生铁需要的总热量主要消耗于直接还原反应的吸热和熔化渣铁并使之过热所需要的热量。而高炉的热收入主要来自风口前燃料（焦炭和煤粉）的燃烧和鼓风带入炉缸的物理热。因此，降低铁的直接还原度，可降低高炉炼铁的燃料比（或焦比）。采取稳定高炉操作，减少炉况波动，提高铁矿石的还原性，富氧喷吹烟煤等措施都能降低铁的直接还原度。

（6）铁的复杂化合物的还原 高炉原料中的铁氧化物常常与其他物质结合为复杂化合物，例如烧结矿中的硅酸铁（Fe_2SiO_4）、钒钛磁铁矿中的钛铁矿（$FeTiO_3$）和钛铁晶石（Fe_2TiO_4）以及菱铁矿（$FeCO_3$）和褐铁矿（$2Fe_2O_3 \cdot 3H_2O$）等。这些以复杂化合物存在的铁氧化物一般都比自由的铁氧化物难还原，首先它们必须分解成自由的铁氧化物，然后再被还原剂还原，因此还原比较困难，还原温度高，多数通过直接还原的方式进行，会消耗更多的燃料。以 Fe_2SiO_4 的还原为例，反应如下。

$$Fe_2SiO_4 \Longrightarrow 2FeO+SiO_2-47490kJ/mol \tag{3-29}$$
$$2FeO+2CO \Longrightarrow 2Fe+2CO_2+27200kJ/mol \tag{3-30}$$
$$+) \quad 2CO_2+2C \Longrightarrow 4CO-331600kJ/mol \tag{3-31}$$
$$\overline{\qquad\qquad\qquad\qquad\qquad\qquad}$$
$$Fe_2SiO_4+2C \Longrightarrow 2Fe+SiO_2+2CO-351890kJ/mol \tag{3-32}$$

在高炉条件下，如有 CaO 存在则有助于铁复杂化合物的还原，因为 CaO 可将 Fe_2SiO_4 中的 FeO 置换出来，使其成为自由氧化物并放出热量，其反应式为：

$$Fe_2SiO_4+2CaO = Ca_2SiO_4+2FeO+91800kJ/mol \tag{3-33}$$

$$+) \quad 2FeO+2C = 2Fe+2CO-304380kJ/mol \tag{3-34}$$

$$Fe_2SiO_4+2CaO+2C = Ca_2SiO_4+2Fe+2CO-212580kJ/mol \tag{3-35}$$

可见，这比从 Fe_2SiO_4 直接还原铁耗热要少。

（7）非铁元素的还原 高炉内除铁元素外，还有硅、锰、磷等其他元素的还原。根据各氧化物分解压的大小可知，铜、砷、钴、镍在高炉内几乎全部还原；锰、硅、钒、钛等较难还原，只有部分还原进入生铁。

① 锰的还原 锰是高炉冶炼中常遇到的金属，高炉中的锰主要由锰矿石带入，一般铁矿石中也都含有少量的锰。高炉内锰氧化物的还原也是从高价到低价逐级进行的，其顺序为：

$$MnO_2 \rightarrow Mn_2O_3 \rightarrow Mn_3O_4 \rightarrow MnO \rightarrow Mn$$

气体还原剂（CO、H_2）把 MnO_2 还原成低价 MnO 比较容易，但 MnO 只能由直接还原方式还原为 Mn，其开始还原温度在 1000～1200℃ 之间，反应式如下：

$$MnO+CO = Mn+CO_2-121500kJ/mol \tag{3-36}$$

$$+) \quad CO_2+C = 2CO-165800kJ/mol \tag{3-37}$$

$$MnO+C = Mn+CO-287300kJ/mol \tag{3-38}$$

与铁的还原相比，还原 1kg Mn 的耗热量是还原 1kg Fe 的两倍，其比铁更难还原，所以高温是锰还原的首要条件。

由于 Mn 在还原之前已进入液态炉渣，在 1100～1200℃ 时能迅速与炉渣中的 SiO_2 结合成 $MnSiO_2$，此时要比自由的 MnO 更难还原。当渣中 CaO 含量高时，可将 MnO 置换出来，使还原变得容易些：

$$MnSiO_3+CaO = CaSiO_3+MnO+58990kJ/mol \tag{3-39}$$

$$+) \quad MnO+C = Mn+CO-287300kJ/mol \tag{3-40}$$

$$MnSiO_3+CaO+C = Mn+CaSiO_3+CO-228310kJ/mol \tag{3-41}$$

在冶炼普通生铁时，有 40%～60% 的 Mn 还原进入生铁，5%～10% 的 Mn 挥发进入煤气，其余的 Mn 进入炉渣。

② 硅的还原 生铁中的硅由炉料中的 SiO_2 还原得到。SiO_2 是较稳定的化合物，生成热大，分解压小，比 Fe、Mn 难还原。硅开始还原温度在 1300℃ 左右，必须在高炉下部高温区以直接还原形式进行：

$$SiO_2+2C = Si+2CO-627980kJ/mol \tag{3-42}$$

由于 SiO_2 在还原时要吸收大量的热量，所以硅在高炉中只有少量被还原。还原出的硅可溶于生铁或生成 FeSi 再溶于生铁。较高的炉温和较低的炉渣碱度便可获得含硅较高的铸造生铁。

由 SiO_2 还原得到 1kg 硅比由 FeO 还原得到 1kg 铁的热量消耗高 8 倍。硅的还原与炉温密切相关，所以铁水中硅的含量可作为炉温水平的标志。生铁中硅含量高，则炉温水平高，反之，则炉温水平低。

③ 磷的还原 炉料中的磷主要以磷酸钙 $(CaO)_3 \cdot P_2O_5$（又称磷灰石）的形态存在，有时也以磷酸铁 $(FeO)_3 \cdot P_2O_5 \cdot 8H_2O$（又称蓝铁矿）的形态存在。以磷酸钙为例，它是很稳定的化合物，在高炉内首先进入炉渣，被炉渣中的 SiO_2 置换出自由态 P_2O_5，在 1100～1300℃ 用碳作还原剂还原磷，还原反应为：

$$2Ca_3(PO_4)_2 + 3SiO_2 \Longrightarrow 3Ca_2SiO_4 + 2P_2O_5 - 917340kJ/mol \tag{3-43}$$

$$+)\quad\quad\quad 2P_2O_5 + 10C \Longrightarrow 4P + 10CO - 1921290kJ/mol \tag{3-44}$$

$$2Ca_3(PO_4)_2 + 3SiO_2 + 10C \Longrightarrow 3Ca_2SiO_4 + 4P + 10CO - 2838630kJ/mol \tag{3-45}$$

还原 1kg P 的耗热量相当于还原 1kg Fe 的 8 倍，所以磷的还原耗热大。

由于高炉内有非常好的利于磷还原的各种条件，可以说在冶炼普通生铁时，磷能全部还原进入生铁。由于磷对钢材有害，应控制生铁中的磷含量，这只有通过控制原料带入的磷量来实现。

④ 铅、锌、砷的还原　铅的熔点为 327℃，到 1550℃ 可以沸腾，在高炉的条件下，部分铅挥发上升，而后又被氧化，随炉料下降，再次被还原，在炉内形成循环富集。

锌在矿石中以 ZnS 状态存在，有时也以碳酸盐或硅酸盐状态存在。ZnS 能借助铁的作用而得到还原，也可被 CO、H_2、C 所还原。还原的锌很易挥发，挥发的锌到高炉上部，被 CO_2 或 H_2O 重新氧化成为 ZnO，部分被煤气带出炉外，部分随炉料下降，再被还原，在炉内循环富集。部分锌蒸气渗入炉衬，在炉衬中冷凝，并被氧化成 ZnO，体积膨胀，破坏炉墙。凝结在炉墙内壁上的，若长久的聚集则易形成炉瘤。

砷（As）是有害元素，它能降低生铁和钢的性能，使钢冷脆，特别能降低钢材的焊接性能。砷易还原，进入生铁。

当高炉使用含铅、锌、砷的炉料时，一般都先在炉外进行氯化焙烧，把 As、Pb、Zn 等回收后，再进行高炉冶炼。

（8）还原反应动力学　铁矿石的还原属于气-固两相反应，其反应过程模型如图 3-8 所示。根据动力学研究，各反应相之间有明显的界面，还原气体包围着铁矿石，还原反应是由矿石颗粒表面向中心进行的。因此，提高还原气体浓度和温度、缩小矿石粒度、增大矿石孔隙率都有利于改善还原条件，加快还原反应速度。

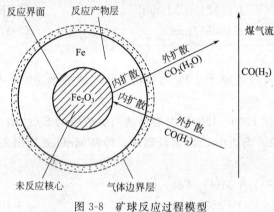

图 3-8　矿球反应过程模型

生铁的形成过程主要包括渗碳和已还原的元素进入生铁中，最终得到含 Fe、C、Si、Mn、P、S 等元素的合格生铁。

在高炉上部就已有部分铁矿石逐渐被还原成金属铁。刚还原出来的铁呈多孔海绵状，称为海绵铁。海绵铁在下降过程中，C、Si、Mn、P、S 等渗入其中，伴随着温度升高，最后变成液态生铁沉积于炉缸中，定期排出得到铁水。

3.5　炉渣与脱硫

高炉生产不仅从铁矿石中还原出金属铁，而且还原出的铁与未还原的氧化物和其他杂质都能熔化成液态并相互分开，最后以铁水和渣液的形态顺利流出炉外。炉渣的数量和性能直接影响高炉的顺行、生铁的产量和质量以及焦比，所以其对高炉生产有决定性的影响。要想炼好铁，必须造好渣。

（1）炉渣的成分、作用与要求

① 炉渣的成分　一般高炉渣主要由 SiO_2、Al_2O_3、CaO、MgO 等氧化物组成，此外还含有少量的其他氧化物和硫化物，其成分的大致范围如表 3-4 所示。

表 3-4 高炉渣成分范围

组成	SiO_2	Al_2O_3	CaO	MgO	MnO	FeO	CaS	K_2O+Na_2O
含量(质量分数)/%	30~40	8~18	35~50	<12	<3	<1	<2.5	0.5~1.5

这些成分及数量主要取决于原料的成分和高炉冶炼的生铁品种。冶炼特殊铁矿石时的高炉渣还会含有其他成分,例如,冶炼包头含氟铁矿石时,渣中 CaF_2 含量为 18% 左右;冶炼攀枝花钒钛磁铁矿时,渣中含有 20%~25% 的 TiO_2。

炉渣中的各种成分可分为碱性氧化物和酸性细化物两大类。通常以炉渣中碱性氧化物与酸性氧化物的质量分数之比来表示炉渣碱度,用 R 表示,具体有以下三种:

a. $R = \dfrac{w(CaO) + w(MgO)}{w(SiO_2) + w(Al_2O_3)}$,称为四元碱度,又称全碱度;

b. $R = \dfrac{w(CaO) + w(MgO)}{w(SiO_2)}$,称为三元碱度,又称总碱度;

c. $R = \dfrac{w(CaO)}{w(SiO_2)}$ 称为二元碱度,实际生产中的炉渣碱度通常以二元碱度来表示。

② 炉渣的作用与要求 由于炉渣具有熔点低、密度小和不溶于生铁的特点,所以高炉冶炼过程中渣、铁得以分离并从而获得纯净的生铁,这就是高炉造渣过程的基本作用。另外,炉渣对高炉冶炼还有以下几方面的作用。

a. 渣铁之间进行合金元素的还原及脱硫反应,起着控制生铁成分和质量的作用。比如高碱度渣能促进脱硫反应,有利于锰的还原,从而提高生铁质量;SiO_2 含量高的炉渣促进硅的还原,从而控制生铁含硅量等。

b. 初渣的形成造成了高炉内的软熔带和滴落带,对炉内煤气流分布及炉料的下降都有很大的影响。因此,炉渣的性质和数量,对高炉操作直接产生作用。

c. 炉渣附着在炉墙上形成"渣皮",起保护炉衬的作用,但是另一种情况下又可能侵蚀炉衬,起破坏性作用。因此,炉渣成分和性质直接影响高炉寿命。

(2) 高炉内的成渣过程 高炉造渣过程是伴随着炉料的加热和还原而产生的重要过程——物态变化和物理变化过程。

加入高炉的炉料在下降过程中,将发生如下变化。焦炭在风口以上保持固态直到风口才进行燃烧。燃烧后的灰分参与造渣。石灰石在 1000℃ 左右分解完毕,由于分解生成的 CaO 与矿石中的脉石接触不良,故初渣中 CaO 含量很少,直至大量初渣以滴状流过其表面时,才被溶解,参加造渣。矿石下降时,由块状带进入软化半熔区,通常初渣在此生成。

矿石的软化是由于固相反应生成了低熔点化合物(如 $CaO \cdot Fe_2O_3$、$2FeO \cdot SiO_2$ 等)。此时半熔层含有很多已还原的铁的"冰柱"沿着焦炭层的缝隙流下,炉渣从冰柱中分离出来。分离的炉渣是自然碱度。随后渣中 FeO 不断还原进入铁中,至滴落区,炉渣以滴状下落时,其中 FeO 已降至 2%~3%。当温度在 1400℃ 以上时,金属铁由于渗碳而熔点降低,也以滴状下落。

滴落的初渣随着部分 SiO_2 的还原、石灰的渣化并加入焦炭灰分,经过碱度的波动之后,形成终渣。

成渣过程中,软化半熔层对炉内的透气性影响最大,习惯上把这一带称为成渣带。成渣带位置在炉内不是一个平面,由于受炉内温度分布的控制,呈现复杂的曲面。如果边缘和中心两道气流均匀发展,成渣带呈 W 形;若中心气流发展,成渣带可呈陡峭的倒 V 形。

（3）炉渣脱硫　硫是生铁中的有害元素，保证获得硫含量合格的铁水是高炉冶炼中的重要任务。

① 硫在高炉中的变化及决定生铁硫含量的因素　高炉内的硫来自焦炭、喷吹燃料和矿石。冶炼每吨生铁时，由炉料带入的总硫量称为硫负荷，一般为 $4 \sim 8kg/t$。炉料中焦炭带入的硫量最多，占 $60\% \sim 80\%$，而矿石带入的硫量一般不超过总硫量的 $1/3$。

进入高炉的硫有三个大向，即进入生铁、进入炉渣和被煤气带走。硫的平衡计算如下：

$$m(S)_{料} = m[S] + m(S) + m(S)_{挥}$$

式中，$m(S)_{料}$ 为炉料带入的总硫量，kg/t；$m[S]$ 为进入生铁的硫量，kg/t；$m(S)$ 为炉渣带走的硫量，kg/t；$m(S)_{挥}$ 为随煤气挥发的硫量，kg/t。

由于随煤气挥发的硫量在一定冶炼条件下变化不大，因此，要降低生铁的硫含量，一是尽量控制炉料带入的总硫量；二是尽可能提高炉渣的脱硫能力，增加炉渣带走的硫量。

② 炉渣的脱硫能力　在一定冶炼条件下，生铁的脱硫主要通过提高炉渣的脱硫能力来实现。

炉渣中起脱硫作用的主要是碱性氧化物 CaO、MgO、MnO 等，其中 CaO 是最强的脱硫剂。高炉内渣-铁之间的脱硫反应在初渣生成后即开始，在炉腹或滴落带中较多地进行，在炉缸中最终完成。炉缸中的脱硫存在两种情况：一是当铁水穿过渣层时在渣中脱硫，二是在渣-铁界面上进行。脱硫反应分为以下三步：

生铁中的硫向渣中扩散　　　　$[FeS] \Longrightarrow (FeS)$　　　　　　　　　　（3-46）

与渣中 CaO 发生反应　　$(FeS) + (CaO) \Longrightarrow (CaS) + (FeO)$　　　（3-47）

生成的 FeO 被碳还原　　$(FeO) + C \Longrightarrow [Fe] + CO(g)$　　　　（3-48）

脱硫总反应可写成：

$$[FeS] + (CaO) + C \Longrightarrow (CaS) + [Fe] + CO - 149140kJ/mol \qquad (3-49)$$

提高炉渣脱硫能力的途径如下：a. 提高炉渣碱度，以利于将生铁中的硫转变为 CaS 或 MgS 而稳定转入炉渣；b. 提高炉缸（渣铁）温度。脱硫反应是吸热反应，提高温度有利于其进行；同时，高温可提高炉渣的流动性，增加硫在渣中的传递速度；c. 提供强烈的还原气氛，可使渣中的 FeO 不断被还原，有利于反应向脱硫方向进行。

3.6　燃料的燃烧及煤气在高炉内的变化

高炉冶炼的燃料主要是焦炭，其次是煤粉。焦炭中的碳除少部分参加直接还原和溶解于生铁（渗碳）外，大部分在风口前燃烧。从风口喷吹的燃料也是在风口前与鼓入的热风相遇而进行燃烧。

风口前燃料的燃烧是高炉内最重要的反应之一，它对高炉冶炼过程有着十分重要的作用。①燃料燃烧产生还原性气体 CO 和 H_2，并放出大量热，满足高炉对炉料的加热、分解、还原、造渣等过程的需要，是高炉冶炼热能和化学能的来源。②燃烧反应使固体碳不断气化，在炉缸内形成自由空间，为上部炉料不断下降创造了先决条件。风口前燃料的燃烧是否均匀有效，对炉料和煤气运动具有重大影响。没有燃料燃烧，高炉炉料和煤气的运动也就无法进行。

炉缸内除了燃料的燃烧外，直接还原、渗碳、脱硫等尚未完成的反应都要集中在炉缸内最后完成，最终形成铁水和炉渣，从炉内排出。因此，炉缸反应既是高炉冶炼过程的起点，又是高炉冶炼过程的终点。炉缸工作的好坏对高炉冶炼起决定性的作用。

（1）燃料的燃烧

① 燃烧反应　高炉炉缸内的燃烧反应不同于一般的燃烧过程，它是在充满焦炭的环境中进行的，即在空气量一定而焦炭过剩的条件下进行。

a. 在风口的氧气比较充足，最初完全燃烧和不完全燃烧反应同时存在，产物为 CO 和 CO_2，反应式如下。

完全燃烧（相当于 1kg C 放热 33390kJ）：

$$C+O_2+79/21N_2 \rightleftharpoons CO_2+79/21N_2+400660kJ/mol \qquad (3-50)$$

不完全燃烧（相当于 1kg C 放热 9790kJ）：

$$C+1/2O_2 \rightleftharpoons CO+117490kJ/mol \qquad (3-51)$$

b. 在离风口较远处，由于氧的缺乏和大量焦炭的存在，而且炉缸内温度很高，氧充足的地方产生的 CO_2 也会与固体碳进行碳的气化反应：

$$CO_2+C \rightleftharpoons 2CO-165800kJ/mol \qquad (3-52)$$

c. 干空气的成分为 $\varphi(O_2):\varphi(N_2)=21:79$，而 N_2 不参加反应，如果没有水分存在，则炉缸中的燃烧反应产物为 CO 和 N_2。实际在炉缸内发生的燃烧反应为：

$$2C+O_2+79/21N_2 \rightleftharpoons 2CO+79/21N_2+9781.2kJ/kg(碳) \qquad (3-53)$$

d. 鼓风中含有一定量的水分，水分在高温下与碳发生以下反应：

$$H_2O+C \rightleftharpoons CO+H_2-124450kJ/mol \qquad (3-54)$$

若鼓风湿分为体积分数 φ（％），则炉缸煤气成分与鼓风湿分的关系如图 3-9 所示。

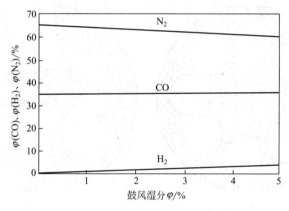

图 3-9　炉缸煤气成分与鼓风湿分的关系

高炉喷吹煤粉在风口的燃烧与焦炭类似，不同之处是煤粉挥发分中的碳氢化合物会分解产生 H_2。所以在实际生产条件下，风口前燃料燃烧的最终产物由 CO、H_2 和 N_2 组成。

② 炉缸煤气成分　当鼓风中没有水蒸气时，鼓入的风为干风，焦炭燃烧时炉缸煤气成分为：

$$\varphi(CO)=\frac{2}{2+\dfrac{21}{79}}\times 100\%=34.70\%$$

$$\varphi(N_2)=\frac{\dfrac{21}{79}}{2+\dfrac{21}{79}}\times 100\%=65.30\%$$

大气鼓风中含有一定的水分（自然湿度一般为 1％～3％），假设鼓风含水量 $\varphi(H_2O)=1\%$，

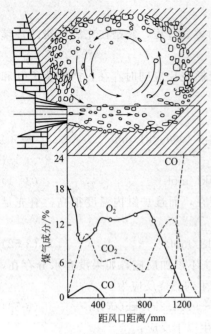

图 3-10 风口回旋区及煤气
成分变化示意图

则计算的炉缸煤气成分为：$\varphi(CO)=34.96\%$，$\varphi(N_2)=64.22\%$，$\varphi(H_2)=0.82\%$。

实际生产中，高炉采用喷吹燃料、富氧鼓风等措施，其炉缸煤气成分会发生变化。富氧鼓风时，炉缸煤气中 N_2 含量减少，CO 相对增加；喷吹燃料时，炉缸煤气中 H_2 含量显著增加，CO 和 N_2 的含量相对降低。这些措施都相对富化了还原性气体，对高炉冶炼有利。

③ 风口回旋区与燃烧带　炉缸燃烧反应发生在风口回旋区。由热风炉送至高炉的鼓风经热风围管、送风支管和直吹管均匀分送到炉缸四周的每个风口。

在现代高炉冶炼中，从风口鼓入的风以 100m/s 以上的速度喷射入高炉，使风口前形成一个近似球形的空腔，称为风口回旋区，如图 3-10 所示。燃烧带与风口回旋区的范围基本一致，但风口回旋区是指在鼓风动能的作用下焦炭做机械运动的区域；而燃烧带是指燃烧反应的区域，是根据煤气成分来确定的。燃烧带比风口回旋区略大一些。炉缸截面上燃烧带的分布如图 3-11 所示。

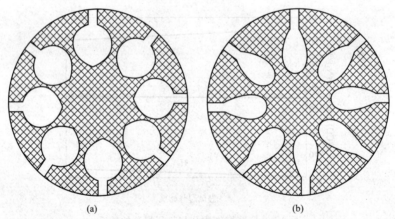

(a)　　　　　　　　　　(b)

图 3-11 炉缸截面上燃烧带的分布

（2）理论燃烧温度（$t_{理}$）　风口前燃烧所能达到的最高温度，即假定风口前焦炭燃烧放出的热量全部用来加热燃烧产物时所能达到的最高温度。风口前理论燃烧温度可达 1800～2400℃，它代表风口区最高温度，其数值表示了传热推动力的大小，但它并不代表炉缸铁水温度和生铁含硅量的高低。表 3-5 给出了不同容积的高炉要求的风口理论燃烧温度。

表 3-5　风口理论燃烧温度与高炉有效容积的关系

有效容积/m³		1000	2000	3000	4000	5000
$t_{理}$/℃	下限	2115	2170	2300	2300	2350
	上限	2240	2300	2420	2420	2470

（3）煤气在高炉内的变化　风口前燃料燃烧产生的煤气和热量，在上升过程中与下降的炉料进行一系列热量与物质的传递和输送。煤气的体积、成分、温度和压力等都发生了重大变化。

① 煤气体积和成分的变化 煤气在上升过程中体积、成分变化如图 3-12 所示。

煤气总的体积自下而上有所增大。通常，炉缸煤气量（体积分数）约为鼓风量的 1.21 倍，炉顶煤气量为鼓风量的 1.35～1.37 倍。喷吹燃料时，炉缸煤气量约为鼓风量的 1.3 倍，炉顶煤气量为鼓风量的 1.4～1.45 倍。煤气体积的增加主要是由于矿石中的 Fe、Si、Mn、P 等元素的直接还原生成一部分 CO，碳酸盐在高温区分解出的 CO_2 与 C 作用生成两倍体积的 CO，而中温区分解出的 CO_2 也直接增加了煤气体积。

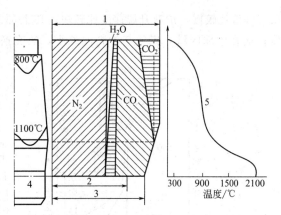

图 3-12 煤气上升过程中体积、成分、温度沿高炉高度的变化

1—炉顶煤气量 $V_顶$；2—风量 $V_风$；3—炉缸燃烧带煤气量 $V_燃$；4—风口中心线；5—煤气温度

煤气在上升过程中体积和成分的变化情况如下。

a. CO。高温区，CO 的体积逐渐增大，这是由于 Fe、Si、Mn、P 等元素的直接还原产生 CO；中温区，CO 参加间接还原又消耗一部分，所以，CO 的量是先增加后降低。

b. CO_2。高温区，没有间接还原，CO_2 不存在；中温区，间接还原产生 CO_2，同时碳酸盐分解放出 CO_2，CO_2 的量逐渐增加。

c. H_2。鼓风水分、焦炭挥发分、喷吹燃料等带入的 H_2，在上升过程中 1/3～1/2 参加间接还原，变成 H_2O。

d. N_2。大量的 N_2 由鼓风带入，少量是焦炭中的有机 N_2。N_2 不参加任何化学反应，故其绝对量不变。

e. CH_4。在高温区有少量的 C 与 H_2 生成 CH_4，煤气上升过程中又有焦炭挥发分中的 CH_4 加入，但数量均很少。

一般炉顶煤气中 CO 与 CO_2 的总量比较稳定，为 38%～42%。最后到达高炉炉顶的煤气成分范围如表 3-6 所示。

表 3-6 高炉炉顶煤气成分范围

组成	CO_2	CO	N_2	H_2	CH_4
含量（体积分数）/%	15～22	20～25	55～57	约 2.0	约 0.3

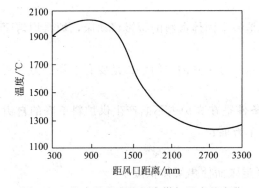

图 3-13 沿半径方向炉缸内煤气温度的变化

② 煤气温度的变化 煤气在炉缸内的温度分布如图 3-13 所示，其温度最高点在距风口前沿 1000mm 左右的地方，它也是高炉内的最高温度。

煤气在上升过程中，其温度高于炉料的温度，将热量传递给炉料，发生热交换，温度逐渐降低；与此同时，下降的炉料温度逐渐升高。由于不同区域的炉料发生的化学反应不同，所以沿高炉高度方向上炉料的升温速度与煤气的降温速度不同，如图 3-14 所示。在上部区域，煤气降温比较慢，炉料升温速度比较快；在下部区域，煤气降温比较快，炉料升温速度比较慢；而在中部区域，煤气与炉料温差小，热交换少，煤气降温和炉料升温幅度都很小。

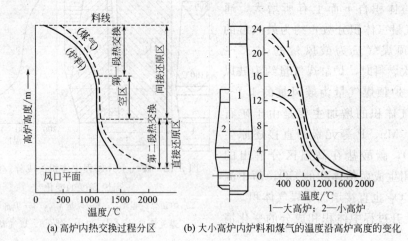

(a) 高炉内热交换过程分区　(b) 大小高炉内炉料和煤气的温度沿高炉高度的变化

1—大高炉；2—小高炉

图 3-14　高炉内热交换过程示意图

③ 煤气压力的变化　煤气从炉缸上升，穿过软熔带、块状带到达炉顶，其本身压力降低，而且上升过程中在高炉下部比在高炉上部压力降低要快。这主要是下部炉料软化熔融后对煤气通过的阻力增大所致，如图 3-15 所示。

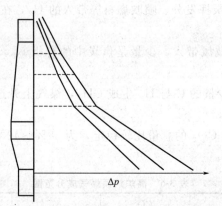

图 3-15　不同冶炼强度下高炉煤气静压力 Δp 分布示意图

3.7　炉料的运动

在高炉冶炼过程中，炉料在炉内的运动状态是一个固体散料的缓慢移动床，炉料均匀而有节奏地下降是高炉顺行的重要标志。

（1）炉料下降的条件　炉料下降的条件，一是要有下降的空间，二是要有下降的力，两者缺一不可。

① 炉料下降的空间条件　炉料下降的基本条件是在高炉内不断产生供炉料下降的自由空间。高炉内形成炉料下降空间的因素有以下四个方面：

a. 风口前焦炭燃烧，固体焦炭转化为气体；

b. 风口区以上，由于直接还原消耗焦炭的固定碳而使焦炭体积减小；

c. 矿石在下降过程中重新排列、压紧并熔化成液相，从而使体积缩小；

d. 炉缸不断放出渣、铁。

② 炉料下降的力学条件　具有了下降的空间，还必须具备下降的力。炉料下降依靠自身重力，但同时又受到炉料与炉料之间的摩擦阻力、炉料与炉墙之间的摩擦阻力以及上升煤气对炉料下降产生的阻力，即：

$$p = (w_{炉料} - p_{墙摩} - p_{料摩}) - \Delta p = w_{有效} - \Delta p$$

式中，p 为决定炉料下降的力；$w_{炉料}$ 为炉料在炉内的总重力；$p_{墙摩}$ 为炉料与炉墙之间的摩擦阻力；$p_{料摩}$ 为料块相互运动时颗粒之间的摩擦阻力；Δp 为上升煤气对炉料的阻力（支撑力或浮力）；$w_{有效}$ 为炉料的有效重力，$w_{有效} = w_{炉料} - p_{墙摩} - p_{料摩}$。

显然，炉料下降的力学条件是 $p > 0$，即 $w_{有效} > \Delta p$，p 值越大或者说 $w_{有效}$ 越大，Δp 越小，越有利于炉料顺行。$w_{有效}$ 接近或等于 Δp 时，炉料难行或悬料。

若 $\Delta p < 0$，由于上升煤气的支撑力大于炉料的有效重力，炉料不能下降，出现悬料或者管道行程。

值得注意的是，$p > 0$ 是炉料能否下降的力学条件，其值越大，越有利于炉料下降。但 p 值的大小对炉料下降的快慢影响并不大。影响下料速度的因素主要是单位时间内焦炭燃烧的数量，即下料速度与鼓风量成正比。

（2）影响炉料下降的因素　从 $p = w_{有效} - \Delta p$ 可以看出，凡是影响 $w_{有效}$ 和 Δp 的因素都会影响炉料下降。

① 影响 $w_{有效}$ 的因素如下。

a. 炉腹角和炉身角。炉腹角 α（炉腹与炉腰部分的夹角）增大，炉身角 β（炉腰与炉身部分的夹角）减小，则炉料与炉墙之间的摩擦力减小，$w_{有效}$ 增大。

b. 炉料的运动状态。运动炉料比静止炉料的 $w_{有效}$ 大。

c. 风口数目。风口数目多，扩大了燃烧带内炉料活动区域，所以有利于 $w_{有效}$ 的提高。

d. 料柱高度。矮胖型高炉比瘦高型高炉更有利于炉料下降。

e. 炉料堆积密度。堆积密度越大，越有利于 $w_{有效}$ 增大。

② 影响 Δp 的因素如下。

a. 鼓风量。鼓风量在一定范围内对 Δp 的影响不大，但当鼓风量过大、超过料柱透气性允许程度时，则会增大 Δp。

b. 温度。煤气温度升高，则其体积和流速增大，Δp 增大。

c. 压力。炉内煤气压力升高，体积缩小，流速降低，Δp 减小。

d. 炉料结构。炉料粒度均匀、粉末少，则孔隙率增大，有利于煤气通过，Δp 减小。炉料的机械强度好，则进入高炉后产生的粉末少，有利于改善透气性，Δp 减小。

3.8　高炉强化冶炼

高炉强化冶炼的主要目的是提高产量，其途径是提高冶炼强度 I 和降低焦比 K，措施有精料、高压操作、高风温、富氧鼓风、喷吹燃料等。

（1）精料　精料是高炉高产、低耗、优质的物质基础。随着资源的逐渐贫化，必须更加重视铁矿石的准备处理工作。精料的关键是使用高品位、低渣量、高还原性、高强度、低粉末、成分稳定，粒度均匀的自熔性人造富矿。目前我国许多高炉熟料（烧结矿和球团矿）率已达 90% 以上。

（2）高压操作　提高炉内煤气压力的操作称为高压操作，它是靠安装在高炉煤气系统管道上的调压阀组来调节的。炉顶压力低于 0.03MPa 的为常压操作，高于 0.03MPa 的称高压操作。

高炉采用高压操作后，使炉内煤气流速降低，从而减小煤气通过料柱的阻力，获得增加产量的效果，还减少炉尘吹出量，改善煤气净化质量，降低焦比。一般顶压提高 0.01MPa，可增产 2%，降焦 1%。我国宝钢高炉顶压已达 0.25MPa，国外先进高炉为 0.3MPa。

（3）高风温　提高风温可降低焦比。目前国外风温的先进水平达 1350～1450℃。我国目前平均风温为 1000℃左右。应当改进热风炉结构、材质，采取预热助燃空气、富化煤气等措施，以进一步提高风温。

（4）富氧鼓风　在鼓风中加入一定量工业用氧以提高风中氧的浓度（$O_2 > 21\%$）称为富氧鼓风。富氧鼓风可加速燃烧，减少煤气量，有利于风量的增加和炉况顺行。鼓风中富氧 1%，煤气量减少 3%～4%，理论燃烧温度可提高 40℃。

（5）喷吹燃料　从风口喷吹燃料的主要目的是用廉价的燃料（煤粉、重油、天然气等）部分代替价格昂贵的焦炭。国外一般喷吹燃料量占高炉消耗燃料的 10%～30%。目前我国喷吹粉煤量平均为 50～100kg/tFe，正在为突破 200kg/tFe 而努力。

3.9　高炉炼铁设备

高炉炼铁设备由一整套复合连续设备系统构成，如图 3-16 所示。其主体设备除了高炉本体以外，还包括炉后供料和炉顶装料系统、送风系统、煤气除尘系统、渣铁处理系统、喷吹系统等。

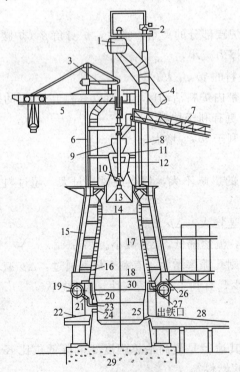

图 3-16　高炉炼铁设备总图

1—集合管；2—炉顶煤气放散阀；3—料钟平衡杆；4—下降管；5—炉顶起重机；6—炉顶框架；7—带式上料机；8—上升管；9—固定料斗；10—小料钟；11—密封阀；12—旋转溜槽；13—大料钟；14—炉喉；15—炉身支柱；16—冷却水箱；17—炉身；18—炉腰；19—围管；20—冷却壁；21—送风管（弯管）；22—风口平台；23—风口；24—出渣口；25—炉缸；26—中间梁；27—支承梁；28—出铁场；29—高炉基础；30—炉腹

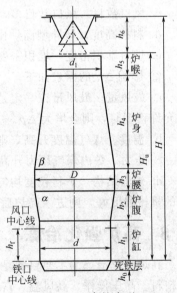

图 3-17　高炉内型

　　高炉本体是冶炼生铁的主体设备，包括炉基、炉衬、冷却设备、炉壳、支柱及炉顶框架等。其中，炉基为钢筋混凝土和耐热混凝土结构，炉衬由耐火材料砌筑而成，其余设备均为金属结构件。在高炉的下部设置有风口、铁口及渣口，上部设置有炉料装入口和煤气导出口。

　　(1) 高炉内型　高炉内型是用耐火材料砌筑而成的，供高炉冶炼的内部空间的轮廓。现代高炉都是五段式炉型（见图 3-17），从下至上分别为：炉缸、炉腹、炉腰、炉身、炉喉。$h_1 \sim h_5$ 分别表示炉缸至炉喉各部分的高度，h_0 为死铁层深度，h_f 为风口高度，H_u 为高炉有效高度；d_1、d 和 D 分别表示炉喉、炉缸和炉腰直径；α 和 β 分别表示炉腹角和炉身角。高炉大小用"有效容积"表示。高炉有效容积 V_u 为炉缸、炉腹、炉腰、炉身和炉喉五段容积之和。若用 $V_1 \sim V_5$ 分别表示炉缸至炉喉各部分的容积，则高炉有效容积 $V_u = V_1 + V_2 + V_3 + V_4 + V_5$。

　　高炉有效容积 V_u 代表高炉的大小或生产能力。一般将 $V_u > 3000 m^3$ 的高炉称为超大型高炉，$1500 \sim 2500 m^3$ 的高炉称为大型高炉，$600 \sim 1000 m^3$ 的高炉称为中型高炉，$300 m^3$ 以下的高炉称为小型高炉。我国第一座超大型高炉是 1985 年 9 月 15 日建成投产的宝钢 1 号高炉 $4063 m^3$。到目前为止，我国已经建成投产 $3200 \sim 4350 m^3$ 超大型高炉近 20 座，$5000 m^3$ 级超大型高炉有河北曹纪甸首钢京唐钢铁公司的 2 座 $5500 m^3$ 高炉、沙钢 $5300 m^3$ 高炉和宝钢新 1 号 $5000 m^3$ 高炉。一座 $4000 m^3$ 级高炉日产生铁量达到 10000t 以上。目前，世界上高炉有效容积最大的是 $6183 m^3$。

　　(2) 高炉炉衬　高炉炉衬由耐火砖砌筑而成，由于各部分内衬工作条件不同，采用的耐火砖材质和性能也不同。如炉身中上部炉衬主要考虑耐磨，炉身下部和炉腰主要考虑抗热震破坏和碱金属的侵蚀，炉腹主要考虑高 FeO 的初渣侵蚀，炉缸、炉底主要考虑抗铁水机械冲刷和耐火砖的差热膨胀。目前，大型高炉上部以碳化硅和优质硅酸盐耐火材料为主，中部以抗碱金属能力强的碳化硅砖或高导热的炭砖为主，高炉下部以高导热的石墨质炭砖为主。

　　高炉炉体各部位炉衬的工作条件及炉衬本身的结构都是不相同的，即各种因素对不同部位炉衬的破坏作用以及炉衬抵抗破坏作用的能力均不相同，因此各部位炉衬的破损情况也各异，如图 3-18 所示。目前我国建议采用的高炉炉衬耐火砖结构，见表 3-7。

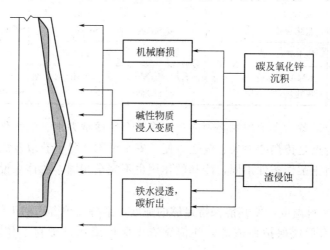

图 3-18　高炉炉衬的损伤结构

表 3-7 我国建议采用的高炉炉衬耐火砖结构

炉容/m³	炉底	炉缸	炉腹	炉腰	炉身		热面
	热面	热面		热面			冷面
	冷面	冷面		冷面	下部	上部	上部
300	高铝砖	铝炭砖	黏土砖或高铝砖	铝炭砖	铝炭砖	铝炭砖	高铝砖或黏土砖
	自焙炭砖	自焙炭砖		SiC 砖	SiC 砖	SiC 砖	
600	铝炭砖	半石墨化炭砖或半石墨化自焙炭砖	高铝砖或 SiC 砖	铝炭砖	铝炭砖	铝炭砖	高铝砖或磷酸浸渍黏土砖
	半石墨化炭砖或半石墨化自焙炭砖			SiC 砖	SiC 砖	SiC 砖	
1000	铝炭砖	刚玉莫来石或棕刚玉砖	SiC 砖或高铝砖	铝炭砖	铝炭砖	铝炭砖	高铝砖或 SiC 砖
	半石墨化炭砖或石墨化炭砖	石墨化炭砖		Si_3N_4-SiC 砖或 SiC 砖	Si_3N_4-SiC 砖或 SiC 砖	Si_3N_4-SiC 砖或 SiC 砖	
1500	铝炭砖	刚玉莫来石或棕刚玉砖	半石墨化 SiC 砖	铝炭砖	铝炭砖	铝炭砖	高铝砖或 SiC 砖
	NMA 炭砖或石墨化炭砖	石墨化炭砖或半石墨化 SiC 砖		Si_3N_4-SiC 砖或 SiC 砖	Si_3N_4-SiC 砖或 SiC 砖	Si_3N_4-SiC 砖或 SiC 砖	
2000	铝炭砖	刚玉莫来石砖	NMD 炭砖或半石墨化 SiC 砖	铝炭砖	铝炭砖	铝炭砖	高铝砖或 SiC 砖
	NMA 炭砖或石墨化炭砖	石墨化炭砖或半石墨化 SiC 砖		半石墨化 SiC 砖或 Si_3N_4-SiC 砖	SiC 砖或 NMD 炭砖	SiC 砖或 NMD 炭砖	
2500	铝炭砖	刚玉莫来石砖	NMD 炭砖或半石墨化 SiC 砖	铝炭砖	铝炭砖	铝炭砖	高铝砖或 SiC 砖
	NMA 炭砖或石墨化炭砖	NMA 炭砖或半石墨化 SiC 砖		Si_3N_4-SiC 砖或 SiC 砖	NMD 炭砖或 SiC 砖	NMD 类砖或 SiC 砖	
3000	铝炭砖	刚玉莫来石砖	NMD 炭砖或半石墨化 SiC 砖	铝炭砖	铝炭砖	铝炭砖	高铝砖或 SiC 砖
	NMA 炭砖或石墨化炭砖	NMA 炭砖或石墨化炭砖		Si_3N_4-SiC 砖或 SiC 砖	NMD 炭砖或 SiC 砖	NMD 炭砖或 SiC 砖	
4000	铝炭砖	刚玉莫来石砖	NMD 炭砖或半石墨化 SiC 砖	铝炭砖	铝炭砖	铝炭砖	高铝砖或 SiC 砖
	NMA 炭砖或石墨化炭砖	NMA 炭砖或石墨化炭砖		Si_3N_4-SiC 砖或 SiC 砖	NMD 炭砖或 SiC 砖	NMD 炭砖或 SiC 砖	

（3）高炉冷却设备 高炉炉衬必须冷却。冷却介质通常为水、汽水化合物及空气。这些冷却介质的共同特点是传热能力大、输送方便、安全可靠、易于获取及成本低等。

高炉各部位由于工作条件不同，冷却的作用也不完全相同，总体来说，高炉冷却有以下几方面的作用。

① 降低耐火砖衬温度，使其能保持足够的强度，维持高炉合理的工作空间。

② 使炉衬表面形成保护性渣皮，并依靠渣皮保护或代替炉衬工作，维持合理的操作炉型。

③ 保护炉壳及金属构件，使其不致在热负荷作用下遭到损坏。

④ 不影响炉壳的气密性和强度。

冷却的形式有炉外喷水冷却和冷却器冷却。高炉的主要冷却器有冷却板（见图 3-19）、冷却水箱（见图 3-20）。冷却壁分为光面冷却壁和镶砖冷却壁，如图 3-21 所示。光面冷却壁主要用于冷却炉缸和炉底炭砖，镶砖冷却壁主要用于冷却炉腹、炉腰、炉身各部位的炉衬。冷却器的工作原理是将自炉衬或构件传来的热量由冷却介质带走，使炉衬或构件得以冷却。

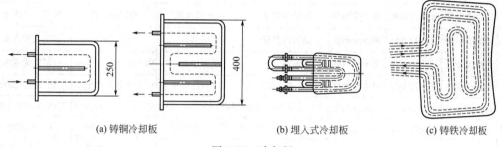

(a) 铸铜冷却板　　(b) 埋入式冷却板　　(c) 铸铁冷却板

图 3-19　冷却板

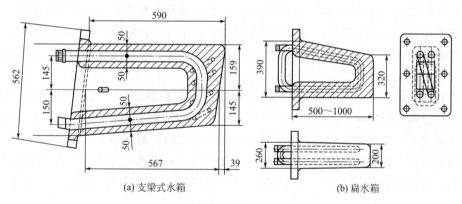

(a) 支梁式水箱　　(b) 扁水箱

图 3-20　冷却水箱

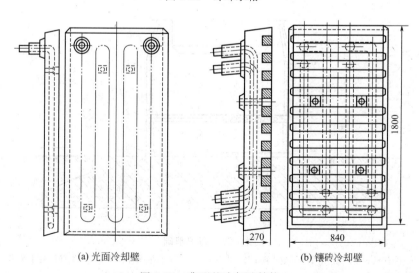

(a) 光面冷却壁　　(b) 镶砖冷却壁

图 3-21　典型的冷却壁结构

冷却器的结构不同，冷却效果也不问。目前我国高炉炉体冷却设备的使用如表 3-8 所示。

表 3-8 我国高炉炉体冷却设备的使用

炉容 /m³	炉底	炉缸	炉腹	炉腰	炉身		
					下部	中部	上部
300	光面冷却壁	光面冷却壁	镶砖冷却壁	带凸台镶砖冷却壁	带凸台镶砖冷却壁	带凸台镶砖冷却壁	三层支梁式水箱
633	光面冷却壁	光面冷却壁	镶砖冷却壁	镶砖冷却壁	镶砖扁水箱	镶砖扁水箱	三层支梁式水箱
883	光面冷却壁	光面冷却壁	镶砖冷却壁	镶砖冷却壁	镶砖扁水箱	镶砖扁水箱	四层支梁式水箱
970	光面冷却壁	光面冷却壁	镶砖冷却壁	镶砖冷却壁	板壁结合	板壁结合	三层支梁式水箱
1000	光面冷却壁	光面冷却壁	镶砖冷却壁	镶砖冷却壁	板壁结合	带凸台镶砖冷却壁	三层支梁式水箱
2580	光面冷却壁	光面冷却壁	镶砖冷却壁	第 3 代冷却壁	第 3 代冷却壁	第 3 代冷却壁	第 3 代冷却壁
	光面冷却壁	光面冷却壁	镶砖冷却壁	带凸台镶砖冷却壁	带凸台镶砖冷却壁	带凸台镶砖冷却壁	带凸台镶砖冷却壁
3250	光面冷却壁	光面冷却壁	镶砖冷却壁	第 3 代冷却壁	第 3 代冷却壁	第 3 代冷却壁	第 3 代冷却壁
4350	光面冷却壁	光面冷却壁	镶砖冷却壁	第 4 代冷却壁	第 4 代冷却壁	第 4 代冷却壁	第 4 代冷却壁

（4）高炉基础　高炉基础承受着高炉炉体、支柱及其他有关附属设施所传递的重力，并将这些重力均匀地传递给地层。高炉基础必须稳定，不允许发生较大的不均匀下沉，以免高炉与其周围设备的相对位置发生大的变化，从而破坏它们之间的联系并使之发生危险的变形。

高炉基础一般由埋在地下部分的基座和露在地面的基墩组成，如图 3-22 所示。基墩的作用是隔热和调节铁口标高，用来抵抗 900～1000℃的温度，由耐热混凝土制成。其形状为圆柱形，直径尺寸与炉底相适应，并要求能包于炉壳之内。基座的主要作用是将上面传来的载荷传递给地层。其底面积较大，以减小单位面积的地基所承受的压力。基座用普通钢筋混凝土制成，为减少热应力作用，最好将其制作成圆形；但考虑施工方便，一般都为正多边形。

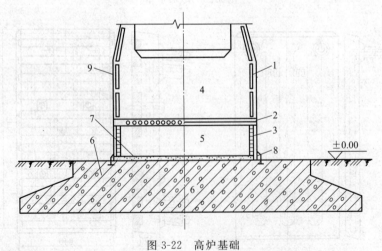

图 3-22　高炉基础

1—冷却壁；2—风冷管；3—耐火砖；4—炉底砖；5—耐热混凝土基墩；6—钢筋混凝土基座；
7—石墨粉或石英砂层；8—密封钢环；9—炉壳

（5）高炉钢结构　高炉钢结构包括炉体支承结构和炉壳。

炉体支承结构采用如图 3-23 所示的大框架自立式结构。其特点是大料斗、小料斗和旋转布料器的重量由炉壳支承，上升管、大小钟和受料漏斗等重量通过炉顶框架支承在炉顶平台上（第7层平台）。对无料钟炉顶，旋转溜槽、中心喉管等重量由炉壳支承。料罐、受料漏斗、密封阀、上升管等设备重量通过炉顶框架支承在炉顶平台上，炉顶平台的所有重量再由大框架传递给基础。大框架自立式结构的优点是风口平台宽敞，炉前操作方便，利于风口平台机械化作业。新建的大、中型和超大型高炉都采用这种结构。高炉炉壳用高强度钢板焊接而成，起承重、密封煤气和固定冷却器的作用。

高炉钢结构是指高炉本体的外部结构。在大中型高炉上采用钢结构的部位有炉壳、支柱、炉腰托圈（炉腰支圈）、炉顶框架、斜桥、各种管道、平台、过桥以及走梯等。对钢结构的要求是：简单耐用，安全可靠，操作便利，容易维修和节省材料。

① 高炉的结构形式。早期的高炉炉墙很厚，它既是耐火炉衬又是支撑高炉及其设备的结构。高炉

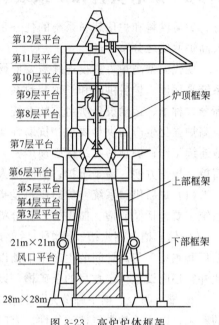

图 3-23　高炉炉体框架

的结构形式主要取决于炉顶和炉身载荷传递到基础的方式以及炉体各部位的内衬厚度和冷却方式。我国高炉基本上有四种结构形式，如图 3-24 所示。

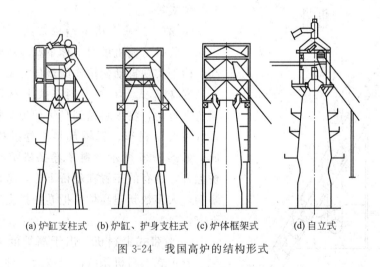

(a) 炉缸支柱式　　(b) 炉缸、护身支柱式　　(c) 炉体框架式　　(d) 自立式

图 3-24　我国高炉的结构形式

② 炉壳。炉壳的主要作用是承受载荷、固定冷却设备和利用炉外喷水来冷却炉衬，以保证高炉炉衬的整体坚固性和使炉体有一定的气密程度。炉壳除承受巨大的重力外，还受热应力和内部煤气压力的作用，有时还要抵抗煤气爆炸、崩料、坐料等突发事故的冲击，因此要求炉壳具有足够的强度。

③ 支柱。支柱可分为炉缸支柱、炉身支柱和炉体框架三种。

④ 炉顶框架。为了便于炉顶设备的检修和维护，在炉顶法兰水平面上设有炉顶平台。

炉顶平台上有炉顶框架，用来支撑大小料钟的平衡杆、安装大梁和受料漏斗等。

3.10 炉后供料和炉顶装料系统

炉后供料和炉顶装料系统的任务是保证连续、均衡地供应高炉冶炼所需原料，将炉料装入高炉并使之分布合理。

现代大型高炉每昼夜连续需要原燃料上万吨。原燃料的供应由高炉炉后供料和炉顶装料系统来保证。炉后供料和炉顶装料系统包括装料设备和上料胶带运输机以及槽下各种卸料、筛分、称量、运输设备所组成的系统，应当满足下列要求：生产能力大，能连续供料，能适应高炉强化生产的供料要求；抗磨性能好，机械强度高，并能在高温、多粉末条件下长时间地连续工作；炉顶密封结构必须严密、可靠，密封材料能在250℃温度下长时期正常；结构简单，操作方便，易于维护；应废除人工操作，全面实现机械化和自动化供料。

（1）炉后供料系统　炉后供料是指将原料从高炉车间运送到高炉炉顶的过程。炉后供料系统主要包括储矿槽、储焦槽、筛分机、称量设施、斜桥、料车和胶带输送机等。

① 储矿槽与储焦槽。高炉炉后储矿槽和储焦槽是用来接受和储存炉料的，用以缓冲烧结厂和焦化厂与高炉间的生产不平衡以及运料胶带运输机发生事故或检修时所带来的影响。此外，还应设置一定数目的杂矿槽，以储存熔剂和洗炉料等。

② 槽下筛分。槽下筛分是炉料在入炉前的最后一次筛分，其目的是进一步筛除炉料中的粉末，以改善炉内料柱透气性。有时筛子还起到给料的作用。

③ 称量。称量分为称量车和称量漏斗两种方式。称量车是一种带有称量和装卸机构的电动运输车辆。称量漏斗可以用来称量烧结矿、生矿、球团矿和焦炭等。

④ 槽下运输。槽下运输普遍采用胶带运输机供料。胶带运输机供料与称量漏斗称量相配合，是高炉槽下实现自动化操作的最佳方案。

⑤ 料车式上料机。料车式上料是利用料车在斜桥上行走，将炉料送到高炉炉顶。料车式上料机系统主要由料车、斜桥及料车卷扬机等几部分组成，如图3-25所示。料车卷扬机室有的布置在斜桥上方，也有的布置在斜桥下方，考虑多种因素的影响，大多数新建高炉都把卷扬机室布置在斜桥的下方。

⑥ 胶带式上料机。出于高炉的大型化和自动化，胶带式上料机系统已经成为一种主流配置，主要由胶带、驱动卷筒、驱动电动机及传动装置等组成。胶带式上料机的工作示意图如图3-26所示。

（2）炉顶装料系统　炉顶装料系统的主要任务是将炉料装入高炉并使之分布合理，其设备主要包括装料、布料、探料及均压几部分。装料系统的类型主要有钟式炉顶、钟阀式炉顶和无料钟炉顶。钟

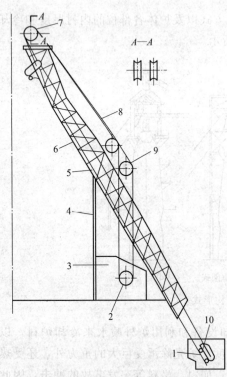

图3-25　料车式上料机系统

1—料车坑；2—料车卷扬机；3—卷扬机室；
4—支柱；5—轨道；6—斜桥；7,9—绳轮；
8—钢绳；10—斜车

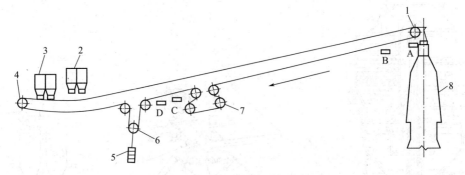

图 3-26　胶带式上料机的工作示意图

1—炉顶头轮；2—矿石漏斗；3—焦炭漏斗；4—尾轮；5—配重；6—胶带张紧装置；7—胶带传动装置；
8—高炉；A—原料到达炉顶检测；B—炉顶装料准备检测；C—矿石终点检测；D—焦炭终点检测

式炉顶主要包括受料漏斗、旋转布料器、大小料钟、大小料斗、大小料钟平衡杆机构、大小料钟电动卷扬机或液压驱动装置、探料装置及其卷扬机等。钟阀式炉顶还有储料罐及密封阀门。无料钟炉顶不设置料钟，并采用旋转溜槽布料，其他主要设备与钟阀式炉顶大体相同。

① 钟式与钟阀式炉顶装料设备。钟式炉顶分为双钟式、三钟式和四钟式。增加料钟个数的目的是为了加强炉顶煤气的密封，但会使炉顶装料设备的结构更加复杂。我国高炉普遍采用双钟式炉顶结构。钟阀式炉顶是在双钟式炉顶的基础上发展起来的，其主要目的也是为了加强炉顶煤气的密封。钟阀式炉顶按照储料罐个数的不同又分为双钟双阀式和双钟四阀式两种，目前这两种炉顶在我国高炉上均有采用。图 3-27 所示为钟式炉顶装料设备，图 3-28 所示为双钟双阀式炉顶装料设备。

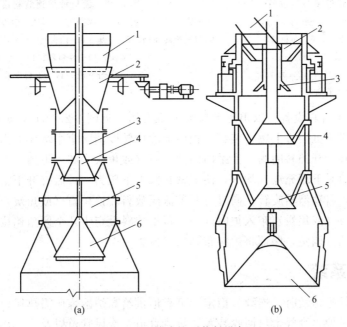

(a)　　　　　　　　(b)

图 3-27　钟式炉顶装料设备

（a）带有快速布料器的双钟炉顶：1—固定受料漏斗；2—快速布料器；3—小料斗；
4—小料钟；5—大料斗；6—大料钟

（b）三钟炉顶：1—受料漏斗；2—旋转溜槽；3—炉料分布器；4—小料钟；5—中料钟；6—大料钟

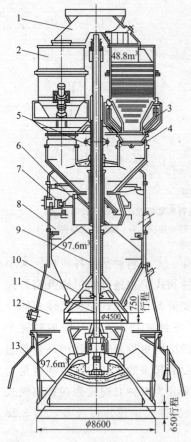

图 3-28　双钟双阀式炉顶装料设备

1—皮带溜槽；2—储料斗；3—闸门；4—盘
式阀；5—布料器传动装置；6—布料器；
7—挡辊；8—小料斗；9—小钟杆；
10—小料钟；11—大钟杆；12—大
料斗；13—大料钟

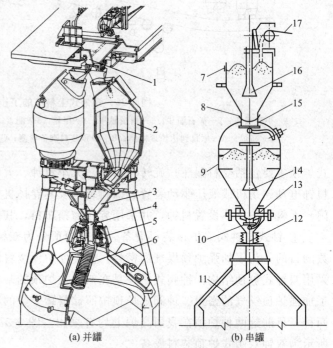

(a) 并罐　　　　　(b) 串罐

图 3-29　无料钟炉顶装料设备

1—受料斗；2—料罐；3—叉形管；4,12—中心喉管；5—气密箱；
6,11—旋转溜槽；7—上罐；8—挡料闸；9—下罐；10—下密封阀；
13—节流阀；14—导料器；15—上密封阀；
16—导料器；17—上料皮带

　　② 无料钟炉顶装料设备。以串罐无料钟炉顶为例［见图 3-29(b)］，炉料通过上料皮带机将铁矿石或焦炭分批装进上罐，装料过程中上罐旋转以消除集中塔尖。当接到下罐装料信号时，开上密封阀，开挡料闸阀，上罐内的铁矿石（或焦炭）卸入下罐。

　　关上密封阀后对下罐充煤气均压，使下密封阀上下压力一致后打开下密封阀。当接到向高炉布料信号后，启动溜槽旋转，同时打开节流阀放料，铁矿石（或焦炭）通过中心喉管和旋转溜槽将铁矿石（或焦炭）布入炉内。一般每批炉料设定十几个倾角档位，旋转溜槽的倾角可以按预定的档位调整，保证将炉料布到指定位置。

3.11　送风系统

　　送风系统的任务是及时、连续、稳定、可靠地供给高炉冶炼所需热风，其主要设备包括高炉鼓风机、热风炉、废气余热回收装置、热风管道、冷风管道以及冷、热风管道上的控制阀门等。

　　(1) 鼓风机　高炉鼓风机是高炉冶炼最重要的动力设备。它不仅直接为高炉冶炼提供所需要的氧气，而且还为炉内煤气流克服料柱阻力运动提供必需的动力。高炉鼓风机是高炉的心脏。

常用高炉鼓风机的类型有离心式、轴流式（见图 3-30）及定容式三种。

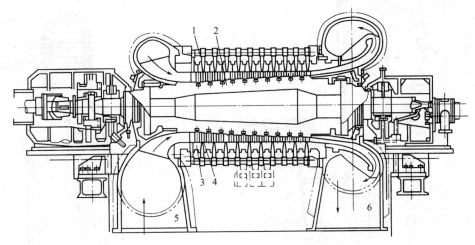

图 3-30 轴流式鼓风机

1—机壳；2—转子；3—工作叶片；4—导流叶片；5—吸气口；6—排气口

（2）热风炉 热风炉是高炉热风的加热设备，其实质是一个热交换器。现代高炉普遍采用蓄热式热风炉。由于燃烧和送风交替进行，为保证向高炉连续送风，通常每座高炉配置三座或四座热风炉。热风炉的大小及各部位尺寸取决于高炉所需的风温及风量。

根据燃烧室和蓄热室布置形式的不同，热风炉分为三种基本结构形式，即内燃式热风炉（见图 3-31）、外燃式热风炉（见图 3-32）和顶燃式热风炉（见图 3-33）。其工作原理以内燃式热风炉为例。燃烧室和蓄热室砌在同一炉壳内，它们之间设有隔墙；煤气和空气由管道经阀门送入燃烧器并在燃烧室内燃烧，燃烧的热烟气向上运动，经拱顶改变方向，向下穿过蓄热室，然后进入烟道，经烟囱排入大气。在热烟气穿过蓄热室时，将蓄热室内的格子砖加热。格子砖被加热并蓄存一定热量后，热风炉停止燃烧，转入送风。送风是指使冷风从下部冷风管道经冷风阀进入蓄热室。空气通过格子砖被加热，经拱顶进入燃烧室，再经热风出口、热风阀、热风总管送至高炉。

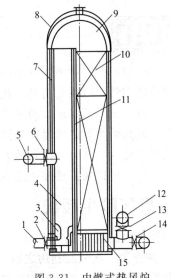

图 3-31 内燃式热风炉

1—煤气管道；2—煤气阀；3—燃烧器；4—燃烧室；5—热风管道；6—热风阀；7—大墙；8—炉壳；9—拱顶；10—蓄热室；11—隔墙；12—冷风管道；13—冷风扇；14—烟道阀；15—炉箅子和支柱

（3）蓄热式热风炉工作过程 蓄热式热风炉工作过程由燃烧期、换炉和送风期组成。

① 燃烧期：将煤气和助燃空气通过陶瓷燃烧器混合后在燃烧室内燃烧产生大量热量，高温烟气在通过蓄热室格子砖时将热量储存在格子砖中。当拱顶温度和烟道废气温度达到规定值（比如分别达到 1450℃和 250℃）时，燃烧期结束，转为送风期。

② 换炉：关闭各燃烧阀和烟道阀，打开冷风阀和热风阀，完成从燃烧期向送风期过渡。

③ 送风期：冷风从蓄热室下部进入，并向上流动通过蓄热室格子砖，格子砖放出储存

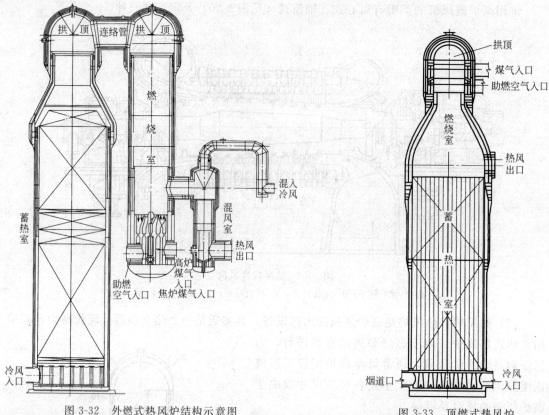

图 3-32 外燃式热风炉结构示意图 图 3-33 顶燃式热风炉

的热量将冷风加热，冷风变为热风从热风出口流出，通过热风总管送往高炉。当拱顶温度下降到规定值时，送风期结束。通过换炉操作转为燃烧期。送风期开始阶段的风温高于送风后期的风温，但高炉需要的风温在一段时间内希望是恒定的。因此，在实际操作中通常在送风初期往热风中兑入一部分冷风，随着送风时间的延长，兑入的冷风数量逐渐减少，直至关闭混风阀。这样，可以保证在整个送风期内热风炉送出的风温不变。

3.12 煤气除尘系统

从炉顶排出的煤气是一种高压（0.20～0.25MPa）荒煤气，含尘质量浓度达到 10～20g/m³。在作为二次能源利用之前，必须将含尘质量浓度降低到 10mg/m³ 以下。高炉煤气通过上升管和下降管，首先进入重力除尘器去除大颗粒灰尘（俗称瓦斯灰），然后再进行精除尘。精除尘有湿法除尘和干法除尘两种流程。

（1）湿法除尘 大型和超大型高炉炉顶煤气压力高达 0.2～0.25MPa，通常采用如图 3-34 所示的双文氏管串联除尘工艺。文氏管喉口直径可以调节，当煤气以 60～90m/s 的流速通过喉口时，强烈的紊流使煤气中细小的灰尘被水润湿、凝聚，最后沉降进入灰泥捕集器中。通过一级文氏管后，煤气含尘质量浓度可降低到 50mg/m³ 以下，这时的煤气称为半净煤气。二级文氏管在进一步将灰尘降低到 5～10mg/m³ 的同时，通过两层塑料环填料层对净煤气进行脱水（脱除机械水）。高压调压阀组的作用是将高压净煤气减压至常压，煤气的静压能转变为热量和噪声。为了回收煤气的静压能，可以在高压调压阀组上并联一套煤气余压发电透平（TRT），将煤气静压能转变为电能。

（2）干法除尘 干法除尘分为静电除尘和布袋除尘。在大型高炉上主要采用静电除尘，

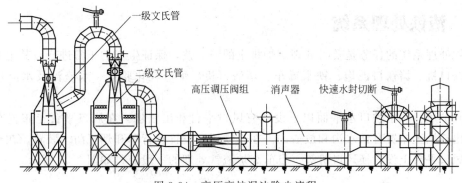

图 3-34　高压高炉湿法除尘流程

图 3-35 所示为高炉干式电除尘工艺流程，图 3-36 所示为干式电除尘器和蓄热缓冲器。该设备主要由蓄热缓冲器和卧式圆筒形电除尘器组成。蓄热缓冲器为格子砖蓄热体，其作用是减缓高炉煤气温度变化幅度和升温速度。卧式圆筒形电除尘器有三段电场、C 形集尘电极板（阳极）、芒刺形放电极（阴极）、轴回转式集尘电极捶打装置，以及旋转式刮灰器和螺旋输送排灰机等组成。

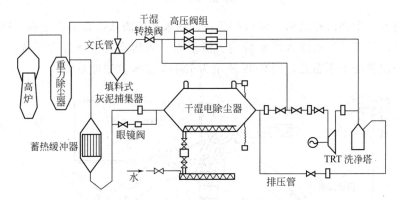

图 3-35　高炉干式电除尘工艺流程

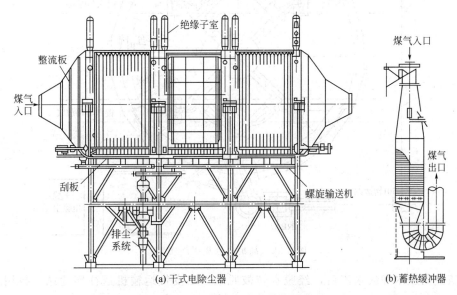

图 3-36　干式电除尘器和蓄热缓冲器

3.13 渣铁处理系统

渣铁处理系统的任务是及时处理高炉排出的渣、铁，保证生产的正常进行，其主要设备包括开铁口机、堵铁口泥炮、铁水罐车、堵渣口机、炉渣粒化验置、水渣池及水渣过滤装置等。

在高炉风口和出铁口水平面以下设置有风口平台和出铁场。在风口平台上布置有出渣沟，在出铁场上布置有铁水沟和放渣沟。在出铁场还设置有行车和烟气防尘装置。在热风围管下或风口平台上设有换风口机等。目前高炉渣铁处理的一般流程如图 3-37 所示。

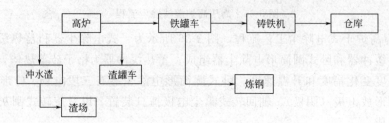

图 3-37　高炉渣铁处理系统流程图

高炉始终有一个铁口在出铁。铁口打开后，铁水和熔渣从铁口流入主沟，通过撇渣器使渣铁分离，铁水经摆动溜嘴流入铁水罐内。渣子则经渣沟流入水渣处理系统。图 3-38 所示为某钢厂高炉出铁场平面布置，图 3-39 所示为 INBA 法水渣处理系统。

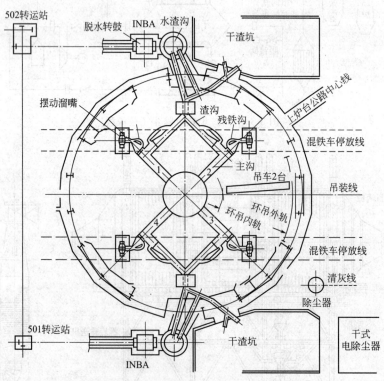

图 3-38　高炉出铁场平面布置

熔渣被高压水冲成水渣后，经脱水转鼓脱水，由皮带运输机送往转运站，再用汽车拉走。当水渣处理系统检修时，将熔渣临时放入备用干渣坑。

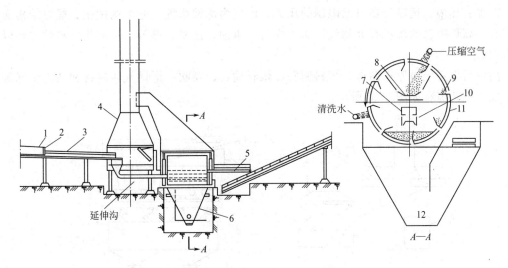

图 3-39 INBA 法水渣处理系统

1—熔渣沟；2—吹制箱；3—水渣沟；4—水渣槽；5—排料皮带；6,12—集水槽；

7—分配器；8—排料皮带；9—提升叶片；10—缓冲槽；11—脱水转鼓

（1）风口平台和出铁场　在高炉下部，沿高炉炉缸周围风口平面以下设置的工作平台为风口平台。操作人员要通过风口观察炉况、更换风口、放渣、维护渣口和渣沟、检查冷却设备以及操纵一些阀门等。为了操作方便，风口平台一般比风口中心线低 1150～1250mm，除上渣沟部位外应保持平坦，只留泄水坡度。

出铁场是布置铁沟和下渣沟、安装炉前设备、进行放渣和出铁操作的炉前工作平台。由于铁门、渣口标高不同，出铁场一般比风口低约 1500mm。出铁场的面积取决于渣沟的布置和炉前操作的需要，对于大中型高炉其长度为 40～60m，宽度为 15～25m，高度则要求能保证任何一个渣铁流嘴下沿不低于 5m，以便渣铁罐车通过。出铁场上面布置有出铁沟和下渣沟。在出铁场主铁沟区域应保持平坦，其余部分应保持由中心线向两侧和由出铁口向端部、与渣铁沟走向一致的坡度。中小型高炉一般只有一个出铁场，大型高炉有 2 个或 3 个出铁场。

（2）铁水处理　高炉生产的铁水绝大部分送往炼钢厂进行炼钢，小部分用于铸成铁块。铁水采用铁罐车进行运输。

（3）炉渣处理　高炉炉渣的处理方法取决于对其利用途径的选择。目前广泛采用的是水淬处理，其次是干渣块利用，此外还有少量炉渣用于生产渣棉及其他用途。

3.14　喷吹系统

在世界范围内，优质炼焦煤资源十分稀缺，而无烟煤、非结焦烟煤和褐煤资源十分丰富。我国煤炭资源结构中，炼焦煤占煤炭总储量的 27% 左右，优质炼焦煤资源不足煤炭总储量的 6%。高炉喷吹煤粉代替部分焦炭，一方面可以合理利用煤炭资源，另一方面降低了高炉生产成本。因此，高炉喷煤是现代高炉炼铁不可缺少的重要环节。

喷吹系统的主要任务是均匀、稳定地向高炉喷吹煤粉，促进高炉生产的节能降耗。高炉喷吹燃料是在采用高风温和富氧鼓风的同时，通过风口向炉缸喷吹燃料的技术。它的发展增强了高炉炼铁工艺与新型非高炉炼铁工艺竞争的力量，缓解了炼铁生产受到资源、投资、成本、能源、环境、运输等多方面限制的压力，已成为炼铁系统工艺结构优化、能源结构变化的核心。高炉喷吹的燃料有天然气、焦炉煤气、重油、焦粉、煤等。目前我国高炉主要以喷煤为主。

高炉喷煤系统由原煤储运、煤料制备、煤料输送、喷吹、干燥气体制备和动力供气等系统组成，工艺流程如图 3-40 所示。

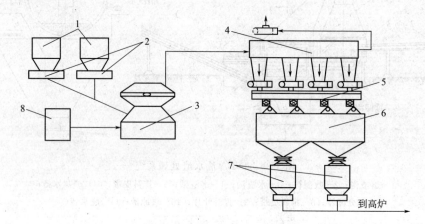

图 3-40　高炉喷煤系统工艺流程

1—原煤仓；2—皮带秤；3—磨煤机；4—气箱式布袋收粉器；5—刮板机；

6—煤粉仓；7—喷吹罐；8—烟气炉

① 原煤储运系统，是将原煤运至储煤场进行存放、控干、混匀等，然后用皮带机将其送入原煤仓内。

② 煤粉制备系统（制粉系统），是将原煤经过磨煤机制成干燥煤粉后，再将煤粉从干燥气中分离出来存入煤粉仓内。

③ 煤粉输送和喷吹系统，是通过在喷吹罐内加压，将煤粉经输送管道和喷枪喷入高炉。

④ 干燥气体制备系统，是将高炉煤气等送入燃烧炉内进行燃烧，生成的热烟气送入煤粉制备系统作为干燥气。

⑤ 动力供气系统，是指供给整个喷煤系统所需的压缩空气、氧气、氮气及蒸汽等。

生产中常采用无烟煤和烟煤混合喷吹，但烟煤是易燃易爆物质，其着火点低、爆炸性强，所以在整个制煤、喷煤系统中，必须采用严密和严格的防爆措施，以确保系统安全生产。

3.15　非高炉炼铁

高炉炼铁是炼铁生产的主体。经过长时期的发展，它的技术已经非常成熟。但它也存在着固有的不足，即其对冶金焦的强烈依赖，尤其对那些缺乏焦煤资源的地区影响格外突出。随着焦煤资源的日渐贫乏，冶金焦的价格越来越高。与此相反，蕴藏丰富的廉价非焦煤资源在炼铁生产中则得不到充分的利用。为了降低炼铁成本，人们一直在不懈地寻求其他燃料代替冶金焦的途径，其中煤粉喷吹、重油喷吹、天然气喷吹等都是较为有效的措施。但这些措施的效果毕竟是有限度的，不可能从根本上解决问题。

使炼铁生产彻底摆脱对冶金焦的依赖是开发非高炉炼铁技术的根本动力。非高炉炼铁法的主要优点是：不用焦炭，能源很容易解决；非高炉冶炼产品海绵铁是废钢极好的替代用品，铁水则可以直接装入转炉炼钢；非高炉炼铁法适于中小型生产，投资少。非高炉炼铁所生产的铁有三种用途，即作为炼钢原料、作为炼铁原料和制备铁粉。

非高炉炼铁法按产品形成特点划分，目前主要分为两大类：一类是铁矿石在低于熔化温度下还原成海绵铁的直接还原法；另一类是用铁矿石直接冶炼铁水的熔态还原法。

近年来，直接还原技术有了很大发展，到目前为止，直接还原法已超过 40 种，其中工业应用的有 20 多种。按还原剂不同，其可分为气基法和煤基法两大类。气基法是用天然气经裂化产生的 H_2 和 CO 气体作为还原剂，是直接还原炼铁的主要方法，其产量占直接还原铁总产量的 90%。煤基法是用煤作还原剂，其产量占直接还原铁总产量的 10%。

（1）韦伯法　韦伯法由瑞典的马丁·韦伯发明于 1918 年，1932 年在瑞典南福斯建造了第一座生产装置，是最早的直接还原法生产装置，其工艺流程如图 3-41 所示。

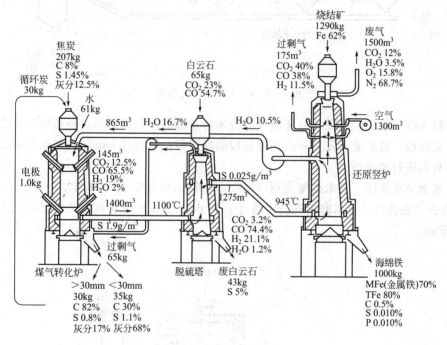

图 3-41　韦伯法工艺流程图

直接还原过程在内衬为耐火材料的还原竖炉内进行，而还原气由煤气转化炉产生，并经过脱硫塔处理后送入竖炉参与还原。

（2）希尔法　希尔（HYL）法由墨西哥希尔萨公司发明于 20 世纪 50 年代，是用 H_2 和 CO 或其他混合气体，将装于移动或固定容器内的铁矿石还原成海绵铁的一种方法，其工艺流程如图 3-42 所示。HYL 直接还原工艺一般采用富含 H_2 和 CO 的混合煤气作为还原煤气，这种还原煤气是将天然气或其他碳氢化合物在重整炉内裂化产生的。在进入重整炉之前，将天然气或其他碳氢化合物与水蒸气混合。重整炉由一套镀有镍催化剂的不锈钢管组成，用火焰直接加热。

HYL 工艺由四个还原装置组成，前三个连成一排，第四个用来装料和卸料。还原过程分两个阶段完成，每一阶段约为 3h。在第一阶段，刚刚入炉的矿石被加热并发生预还原，即一次还原。还原气来自另一个发生主要还原的还原装置。

完成第一阶段的预还原后，开始第二阶段的还原，其还原气中还原性成分含量丰富，完

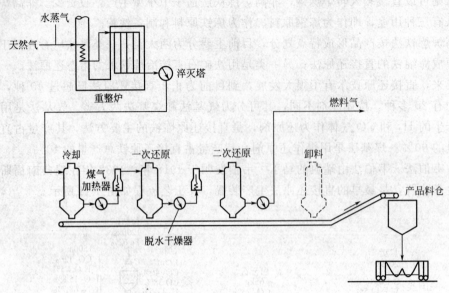

图 3-42　HYL 法工艺流程图

成还原后转入冷却和渗碳阶段，新还原气直接来自重整炉。也就是说，新还原气首先是用在冷却相渗碳阶段，然后流入发生一次还原阶段的反应器，最后进入刚刚上料的反应装置，用来加热物料和进行预还原。

（3）米德莱克斯法　对米德莱克斯（Midrex）法的研究始于 1936 年。1969 年，美国米德兰-罗斯公司在波特兰吉尔摩钢铁公司建造了 Midrex 直接还原装置。该方法的工艺流程如图 3-43 所示。

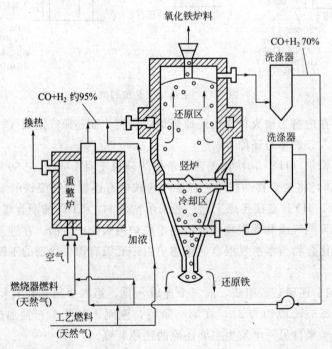

图 3-43　Midrex 法工艺流程图

Midrex 工艺的竖炉为圆筒形，分为上下两部分。上部分为预热和还原带。作为还原原料的氧化球团矿加入竖炉后，依次经过预热、还原、冷却三个阶段。还原得到的海绵铁冷却到 50℃后排出炉外，以防再氧化。还原气 $[\varphi(CO)+\varphi(H_2)=95\%]$ 是由天然气和炉顶循环煤气按一定比例组成的混合气，在换热器温度（900～950℃）条件下，经镍催化剂裂解获得。该气体组成不另外补充氧气和水蒸气，出炉顶循环煤气作为唯一的载氧体供氧。还原性气体温度（视矿石的软化程度）定在 700～900℃之间，由竖炉还原带下部通入。炉顶煤气回收后，部分用于煤气再生，其余用于转化炉加热和竖炉冷却。因此，该法的煤气利用率几乎与海绵铁还原程度无关，而热量消耗较低。

竖炉下部为冷却带。海绵铁被底部气体分配器送入的冷却气 $[\varphi(N_2)=40\%]$ 冷却到100℃以下，然后用底部排料机排出炉外。冷却带装有 3～5 个弧形断路器，调节弧形断路器和盘式给料装置可改变海绵铁的排出速度。冷却气由冷却带上部的集气管抽出炉外，经冷却器冷却净化后，再用抽风机送入炉内。为防止空气吸入和再氧化的发生，炉顶装料口、下部卸料口都采用气体密封，密封气是重整转化炉排出的 $\varphi(O_2)<1\%$ 的废气。

含铁原料除氧化球团矿外，还可用块矿或混合料，入炉粒度为 6～30mm，小于 6mm粒级的比例应低于 5%，并希望含铁原料有良好的还原性和稳定性。入炉原料的脉石和杂质元素含量也很重要。竖炉原料内 $w(SiO_2)+w(Al_2O_3)$ 最好在 5.0%以下，$w(TFe)=$ 65%～67%。

还原产品的金属化率通常为 92%～95%，$w(C)$ 按要求控制在 0.7%～2.0%范围内。产品耐压强度应达到 5MPa 以上，否则在转运中会产生较多粉末。产品的运输和储存应注意防水，因为海绵铁极易吸水而促进其再氧化。

（4）费尔法 费尔（Fior）法是由美国埃克松（Exxon）公司于 20 世纪 50 年代末开始研究的。从流化床在炼油工业中的应用转化到还原细粒铁矿石，称为流化床铁矿石还原法（fluid iron ore reduction，简称 Fior，即费尔法）。其工艺流程如图 3-44 所示。

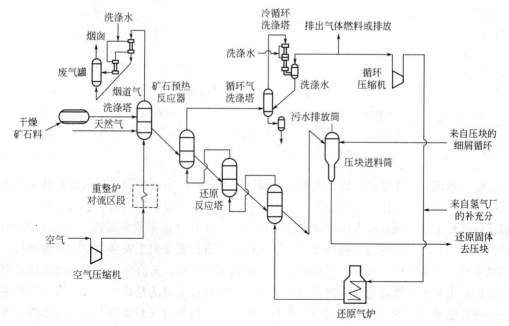

图 3-44 Fior 工艺流程图

精矿与加压后的还原气成对流方向加入流化床反应炉系统，在第一段中将矿石烘干，并使其与部分氧化产物接触而脱除一定量的硫。在下几个阶段中，借助于还原气进行还原。还原气由天然气或油等加水蒸气催化裂化制成，也可通过部分氧化法而制成。然后把还原铁粉热压成块，这一产品不会自燃并能抵抗再氧化。从还原反应炉中排除的气体经过冷却，除去水蒸气、二氧化碳和粉尘后再返回使用。

该法选用脉石含量小于 3% 的高品位铁矿粉作原料，可省去造块工艺。但由于矿粉极易黏结引起"失常"或矿粉沉积而失去流态化状态，要求入炉料含水量低、粒度小于 4 目（4.76mm），操作温度要求在 600~700℃ 范围内。

（5）SL-RN 法　SL-RN 法又称回转窑法，以回转窑、冷却筒为主体设备，用铁矿石或者球团矿以及非黏结性动力煤为原料来生产直接还原铁。该法由德国鲁奇（Lurgi）公司于 1964 年发明，是将 SL 法［由加拿大钢铁公司（Stelco）和鲁奇公司于 1960 年研制成功］与 RN 法［由美国共和钢铁公司（Republic Steel）及美国国家铅公司（National Lead）于 1920~1930 年间开发］结合，发挥它们的优点并加以改进，以该四家公司英文名称的第一个字母命名。其工艺流程如图 3-45 所示。

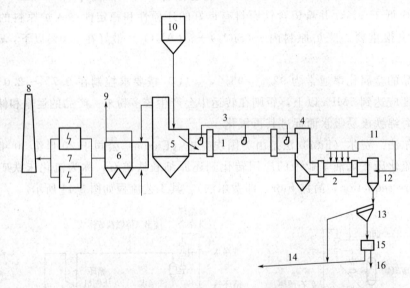

图 3-45　SL-RN 法工艺流程

1—回转窑；2—冷却回转筒；3—二次风；4—窑头；5—窑尾；6—余热锅炉；7—静电除尘；8—烟囱；
9—过热蒸汽；10—给料；11—间接冷却水；12—直接冷却水；13—磁选；
14—直接还原铁；15—筛分；16—废料

矿石（球团矿、烧结矿、块矿或矿粉）和还原剂（有时包括少量的脱硫剂）从窑尾连续加入回转窑，炉料随窑体转动并缓慢向窑头方向运动，窑头设燃烧喷嘴，喷入燃料加热。矿石和还原剂经干燥、预热进入还原带，在还原带铁氧化物被还原成金属铁。还原生成的 CO 在窑内上方的自由空间燃烧，燃烧所需的空气由沿窑身长度方向上安装的空气喷嘴供给。通过控制窑身空气喷嘴的空气量，可有效控制窑内温度和气氛。窑身空气喷嘴是直接还原窑的重要特征，由它供风燃烧是保证回转窑还原过程进行的最重要的基础之一。窑身空气喷嘴的控制是该方法最主要的控制手段之一。炉料还原后，在隔绝空气的条件下进入冷却器，使炉料冷却到常温。冷却后的炉料经磁选机磁选分离，获得直接还原铁。过剩的还原剂可以返回使用。

　　回转窑内的最高温度一般控制在炉料的最低软化温度之下 100～150℃。在使用低反应煤（无烟煤）时，窑内温度一般为 1050～1100℃；在使用高反应煤时，窑内温度可降低到 950℃。

　　SL-RN 法的产品是在高温条件下获得的，因而不易再氧化，一般不经特殊处理就能直接使用。生产的海绵铁的金属化率达 95%～98%，$w(S)$ 可达到 0.03% 以下，$w(C)=$ 0.3%～0.5%。

　　SL-RN 法对原燃料适应性强，可以使用各种类型和形态的原料，还可以使用各种劣质煤作还原剂；但回转窑填充率低，产量低，易产生结圈故障，炉尾废气温度高达 800℃ 以上，热效率低。

　　(6) 熔融还原法炼铁　到目前为止，提出的熔融还原方法达 90 多种，已开发的有 30 多种，归纳起来有以下两种主要形式。

　　① 一步法。用一个反应器完成铁矿石的高温还原及渣铁熔化，生成的 CO 排出反应器后再加以利用。

　　② 二步法。先利用富含 CO 的气体在第一个反应器内将铁矿石预还原，然后在第二个反应器内补充还原和熔化。

　　(7) 回转炉法　回转炉法生产液态生铁的优点是：把矿石还原反应及 CO 燃烧反应置于一个反应器进行，两个反应（还原与氧化）的热效应互相补充，化学能的利用良好。但其最大缺点是：①耐火材料难以适应十分复杂的工作条件，如还原和氧化及酸性渣和碱性渣的交替变化、生铁也剧烈地冲刷炉衬，使炉衬损坏严重，所以设备的作业率低；②煤气以高温状态排出，故热能的利用不好；③因反应器内还原气氛不足，损失于渣中的铁量不少。

　　最有名的回转炉法如 Dored 法，其原理如图 3-46 所示。

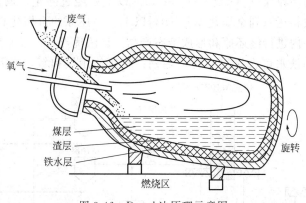

图 3-46　Dored 法原理示意图

　　(8) 电炉法　电炉炼铁用碳作还原剂，以电能供应反应过程所需的热量消耗。其优点除了不用焦炭或仅用少量焦粉外，由于炉体矮，高度仅有数米，因而不要求像高炉那样的原料强度，故原料的选择范围宽。但由于电耗高，电炉炼铁法的采用一直局限在水能资源丰富或电价低廉的地方。

　　(9) 川崎法　川崎法是由日本川崎（KMsaki）钢铁公司于 1972 年开始研究，已通过小规模试验确立的生产生铁或铬铁合金的一种新工艺。该法由预还原流化床及终还原炉两部分组成。预还原采用流化床还原精矿，预还原后的煤粉与矿粉一起用氧气喷入竖炉风口并燃烧还原，其工艺流程如图 3-47 所示。

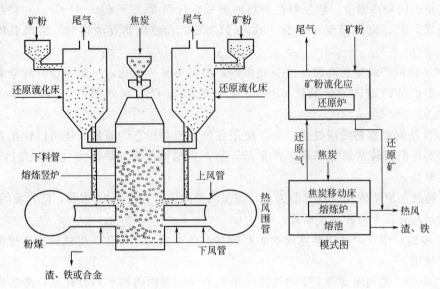

图 3-47　川崎法工艺流程图

川崎法的优点是：生产效率高，单位容积生产率达 $2\sim10t/(m^3\cdot d)$；以低质焦和煤为能源，可直接使用粉矿，设备投资低，仅为高炉的 67%；还可用于铁合金生产。

（10）科雷克斯法　科雷克斯（Corex）法是由德国科尔夫工程公司和奥地利奥钢联工业公司联合开发的一种无焦炼铁的熔融还原炼铁工艺。其原名为 KR 法，在科尔夫工程公司拥有的 Midrex 竖炉直接还原法的基础上发展起来。该法工艺流程如图 3-48 所示。Corex 工艺由预还原竖炉、熔融造气炉（终还原炉）以及还原煤气除尘和调温系统组成。煤块和氧在熔融造气炉内形成的还原煤气（$CO+H_2$ 占 95% 以上）经过除尘、调温后送入预还原炉，将装入其内的含铁块料还原到金属化率达 90% 以上。被还原的金属化料通过螺旋给料器均匀地输入熔融造气炉内进行终还原和形成液态产品。该法优点是：以非焦煤为能源，对原燃料适应性强；生产的铁水可直接用于转炉炼钢；直接使用煤和氧，不需要焦炉和热风炉设

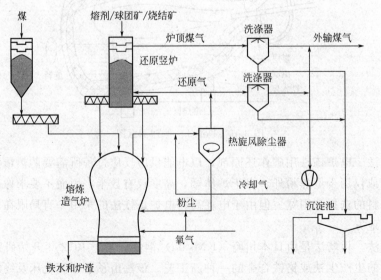

图 3-48　科雷克斯法工艺流程图

备，减少污染，降低基建投资，生产费用比高炉少 30％以上。其不足之处是精矿需要造块、氧耗多、不易冶炼低硅铁等。

思 考 题

1. 高炉冶炼产品和副产品有哪些？
2. 高炉生产主要技术经济指标有哪些？如何计算？
3. 提高利用系数的技术措施主要有哪些？
4. 高炉冶炼常用的铁矿石有哪几种？
5. 磁铁矿石主要有哪些特性？
6. 赤铁矿石主要有哪些特性？
7. 褐铁矿石与菱铁矿石中所含主要铁矿物分别是什么？
8. 高炉冶炼对铁矿石质量有哪些要求？
9. 贫矿入炉前准备处理主要包括哪些作业？
10. 矿石焙烧主要有哪些方法？
11. 含铁粉料造块主要有哪些方法？
12. 矿粉造块有何意义？
13. 何谓烧结法？
14. 绘出球团工艺过程。
15. 高炉冶炼使用的含铁辅助料有哪些？
16. 高炉使用熔剂有何作用？
17. 高炉常用哪种类型熔剂？
18. 高炉冶炼对碱性熔剂有何要求？
19. 高炉使用焦炭有何作用？
20. 高炉冶炼对焦炭质量有何要求？

第4章　炼　钢

本章摘要　本章介绍了炼钢概述、炼钢用原料、炼钢的基本原理、炼钢基本工艺流程及其附属设备的结构和作用、炼钢技术经济指标和当代炼钢新技术。

所谓炼钢，就是将铁水、废钢等炼成具有所要求化学成分的钢，并使其具有一定的物理化学性能和力学性能。为此，必须完成去除杂质（硫、磷、氧、氮、氢和夹杂物）、调整钢液成分和温度三大任务。炼钢过程实质上是许多非常复杂的高温物理化学转变的综合过程，涉及多种以不同聚集状态存在的组元，如固态（炉料、辅助材料及炉衬等）、液态（液体金属及炉渣）及气态（炉气、吹入金属内的空气或氧气等）。

现代炼钢工艺主要的流程有两种，即以氧气转炉炼钢工艺为中心的钢铁联合企业生产流程和以电炉炼钢工艺为中心的小钢厂生产流程。通常习惯上人们把前者称作长流程，把后者称作短流程，如图 4-1 所示。

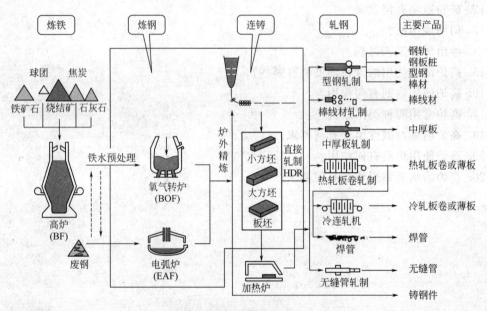

图 4-1　钢铁制造流程图

长流程工艺：从炼铁原燃料（如烧结矿、球团矿、焦炭等）准备开始，原料入高炉经还原冶炼得到液态铁水，经铁水预处理（如脱硫、脱硅、脱磷）兑入顶底复吹氧气转炉，经吹炼去除杂质，将钢水倒入钢包中，经二次精炼（如 RH、LF、VD 等）使钢水纯净化，然后钢水经凝固成形（连铸）成为钢坯，再经轧制工序最后成为钢材。由于这种工艺生产单元多，生产周期长，规模庞大，因此称为钢铁生产的长流程工艺。

短流程工艺：将回收再利用的废钢经破碎、分选加工后，经预热加入到电弧炉中，电弧炉利用电能作能源熔化废钢，去除杂质（如磷、硫）后出钢，再经二次精炼（如 LF/VD）获得合格钢水，后续工序同长流程工序。由于这种工艺流程简捷，高效节能，生产环节少，生产周期短，因此称为钢铁生产的短流程工艺。

4.1　炼钢发展史

（1）电弧炉的发明　1899年，法国人赫劳特（Heroult）研制炼钢用三相交流电弧炉获得成功。由于钢液成分、温度和炉内气氛容易控制以及品种适应性大，这种方法特别适用于冶炼高合金钢。电弧炉炼钢法一直沿用至今，炉容量不断扩大（目前最大的电弧炉容量已超过400t），铁水热装和电弧炉用氧技术的应用使其产能不断提高，是当前冶炼碳素钢的主要方法之一。

（2）氧气转炉时代　20世纪40年代初，大型空气分离机问世，可提供大量廉价的氧气，给氧气炼钢提供了物质条件。1948年，德国人罗伯特·杜勒（Robet Durrer）在瑞士成功地进行了氧气顶吹转炉炼钢试验。1952年在奥地利林茨城（Linz）、1953年在多纳维兹城（DonaWitz）先后建成了30t氧气顶吹转炉车间并投入生产，所以该法也称LD法。而在美国，一般称其为BOF（Basic Oxygen Furnace）或BOP（Basic Oxygen Process）法。这种方法一经问世即显示出强大的优越性和生命力，它的生产率很高，一座120t氧气顶吹转炉的小时钢产量高达160～200t，而同吨位平炉的小时钢产量在用氧的情况下为30～35t，不用氧时仅为15～20t；钢的品种多，可以熔炼全部平炉钢种和大部分电炉钢种；钢水质量好，转炉钢的气体和非金属夹杂物的含量低于平炉钢，深冲性能和延展性能良好；无需外来热源，原料适用性强，投资低而建设速度快，所以在很短时间内就在全世界得到推广。目前，转炉钢的产量已达到世界钢产总量的70%左右，氧气转炉炼钢是世界上最主要的炼钢方法。第二次炼钢技术革新是以氧气顶吹转炉代替平炉为标志的。

氧气顶吹转炉方法的出现启发人们在旧有炼钢法中用氧，使它们获得新生。氧气底吹转炉法于1967年由联邦德国马克希米利安（Maximilian）公司与加拿大莱尔奎特（Lellquet）公司共同协作试验成功。由于从炉底吹入氧气改善了冶金反应的动力学条件，脱碳能力强，此法有利于冶炼超低碳钢种，也适用于高磷铁水炼钢。1978年，法国钢铁研究院（IRSID）在顶吹转炉上进行了底吹惰性气体搅拌的试验并获得成功，并先后在卢森堡、比利时、英国、美国和日本等国进行了试验和半工业性试验。由于转炉复合吹炼兼有底吹和顶吹转炉炼钢的优点，促进了金属与渣、气体间的平衡，吹炼过程平稳，渣中氧化铁的含量少，减少了金属和铁合金的消耗，加之改造容易，因此该炼钢方法在各国得到了迅速推广。

（3）直接还原和熔融还原技术　传统的高炉-转炉流程具有生产能力大、品种多、成本低等优点，但这种流程无法摆脱对焦炭的依赖。而电炉炼钢以废钢为主要原材料，废钢的供应问题直接影响电炉炼钢的发展，作为废钢替代品的直接还原铁便应运而生。用直接还原铁作原料的电炉炼钢新工艺，比高炉-转炉传统工艺流程的投资、原料和能源费用均低。直接还原铁技术的新发展为电炉提供了优质原料，弥补了当前废钢数量不足的弊端；从长远来看，可使电炉摆脱对废钢的绝对依靠，实现炼钢工业完全不用冶金焦；另外，其生产灵活，可以利用天然气、普通煤作还原剂生产直接还原铁，这为缺乏炼焦煤而富产天然气的国家发展钢铁工业创造了条件。因此，无论是发展中国家（如委内瑞拉、墨西哥、印度、伊朗等）还是工业发达国家（如美国、德国、加拿大等）都根据本国资源和能源特点，建设了一批直接还原铁-电炉炼钢新型联合企业。

我国早期的块炼铁法实质就是直接还原炼铁法。现代意义上的直接还原技术以墨西哥希尔萨（HylSa）公司和美国米德兰-罗斯（Midland-Ross）公司分别于1957年发明的 HYL-Ⅰ（1980年开发出 HYL-Ⅲ）和1968年发明的 Midrex 法气基竖炉直接还原铁生产技术的诞生为标志，而隧道窑（Hoganas）、回转窑（DRC、SL/RN 等）、转底炉（InMetco、Midrex、Fastmet、Comet、Itmk3 等）、流化床（Circored、Finmet、Fior 等）等煤基直接还原铁生产技术则使缺乏天然气的国家和地区生产直接还原铁成为可能。

熔融还原技术的诞生真正实现了用煤直接冶炼获得铁水。目前，工业化生产的熔融还原技术主要有奥联（VAI）与德国料尔夫（Korff）工程公司联合开发的用块状铁矿石和非焦原煤为原料生产铁水的 Corex 熔融还原法，以及韩国浦项（POSCO）与奥韧联（VAI）联合开发的用粉状铁矿和非焦原煤为原料生产铁水的 Finex 熔融还原法。20 世纪 80 年代末，世界上第一座 C-1000 型 Corex 熔融还原炉在南非伊斯科（ISCOR）公司首次实现了工业化应用。目前，世界上最大的 Corex 熔融还原炉是 2007 年 11 月 24 日在我国宝钢集团浦钢公司罗泾丁程基地投产的 C-3000 型 Corex 熔融还原炉，设计年生产铁水 150 万吨。

4.2 钢液的物理性质

在冶金反应过程中，应用冶金反应热力学计算一定条件下反应变化的方向和限度以及将得到的最终产物问题，选择浓度、温度和压力等作为计算参数；应用冶金反应动力学研究反应过程的机理、速率以及其与各种因素的关系，确定强化冶金过程的措施。

4.2.1 钢液的密度

钢液的密度是指单位体积钢液所具有的质量，单位通常采用 kg/m^3。影响钢液密度的因素主要有温度和钢液的化学成分。总的来讲，温度升高，钢液密度降低，原因在于原子间距增大。固体纯铁的密度为 $7880kg/m^3$，$1550℃$ 时液态的密度为 $7040kg/m^3$，钢的变化与纯铁类似。

钢液密度随温度的变化可用下式计算：
$$\rho = 8523 - 0.8358(t+273) \tag{4-1}$$
式中，温度 t 的单位为 ℃。

各种金属和非金属元素对钢密度的影响不同，其中碳的影响较大且比较复杂。

4.2.2 钢的熔点

钢的熔点是指钢完全转变成液体状态时或是冷凝时开始析出固体的温度。它是确定冶炼和浇注温度的重要参数。纯铁的熔点约为 $1538℃$，当某元素溶入后，纯铁原子之间的作用力减弱，铁的熔点就降低。计算钢的熔点可采用以下经验式：
$$t_{熔} = 1536 - (90w[C] + 6.2w[Si] + 1.7w[Mn] + 28w[P] + 40w[S] + \\ 2.6w[Cu] + 2.9w[Ni] + 1.8w[Cr] + 5.1w[Al]) \tag{4-2}$$

4.2.3 钢液的黏度

黏度是钢液的一个重要性质，它对冶炼温度参数的制定、非金属夹杂物的上浮和气体的去除以及钢的凝固结晶都有很大影响。各种以不同速度运动的液体各层之间会产生内摩擦力，通常将内摩擦系数或黏度系数称为黏度，一般用符号 μ 表示动力强度，单位为 $Pa \cdot s$ [$N \cdot s/m^2$ 或 P（泊），$1P = 0.1Pa \cdot s$]；用符号 ν 表示运动黏度，单位为 m^2/s。

钢液的黏度比正常熔渣的黏度要小得多，$1600℃$ 时其值为 $0.002 \sim 0.003Pa \cdot s$；纯铁液在 $1600℃$ 时的黏度为 $0.0005Pa \cdot s$。

影响钢液黏度的因素主要是温度和成分。温度升高，黏度降低。钢液中的碳对黏度的影响非常大，这主要是因为碳含量使钢的密度和熔点发生变化，从而引起黏度的变化。同一温度下，高碳钢钢液的流动性比低碳钢钢液的好。

非金属夹杂物对钢液黏度的影响有：钢液中非金属夹杂物含量增加，则钢液黏度增加，流动性变差。钢液中的脱氧产物对流动性的影响也很大，当钢液分别用 Si、Al 或 Cr 脱氧时，初期由于脱氧产物生成，夹杂物含量高，黏度增大；但随着夹杂物不断上浮或形成低熔点夹杂物，黏度又会下降。因此，如果脱氧不良，钢液的流动性一般不好。

4.2.4　钢液的表面张力

使钢液表面产生缩小倾向的力，称为钢液的表面张力，单位为 N/m。实际上，钢液表面张力就是指钢液和它的饱和蒸汽或空气界面之间的一种力。

钢液的表面张力对新相的生成（如 CO 气泡的产生、钢液凝固过程中结晶核心的形成等）有影响，而且对相间反应（如夹杂物和气体从钢液中排除）、渣钢分离、钢液对耐火材料的侵蚀等也产生影响。影响钢液表面张力的因素很多，主要有温度、钢液成分及钢液的接触物。

钢液的表面张力是随着温度的升高而增大的，1550℃ 时，纯铁液的表面张力为 $1.7 \sim 1.9$ N/m。碳对钢液表面张力的影响出现复杂的关系，如图 4-2 所示。由于钢的结构和密度随着碳含量的增加而发生变化，所以它的表面张力也会随着碳含量的变化而发生变化。

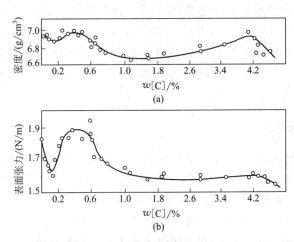

图 4-2　液相线以上 50℃ 时碳对铁碳熔体密度和表面张力的影响

4.2.5　钢的导热能力

钢的导热能力可用热导率来表示，即当体系内维持单位温度梯度时，在单位时间内流经单位面积的热量。钢的热导率用符号 λ 表示，单位为 W/(m·℃)。

影响钢热导率的因素主要有钢液的成分、组织、温度，非金属夹杂物的含量以及钢中晶粒的细化程度等。

通常，钢中合金元素越多，钢的导热能力就越差。在合金钢中，各种合金元素对钢导热能力影响的次序为：C、Ni、Cr 最大，Al、Si、Mn、W 次之，Zr 最小。合金钢的导热能力一般比低碳钢差，高碳钢的导热能力比低碳钢差。

各种钢的热导率随温度变化的规律不一样。800℃以下，碳钢的热导率随温度的升高而下降；800℃以上，则略有升高。图 4-3 所示为高、中、低三种不同碳含量的钢的热导率与温度的变化情况。

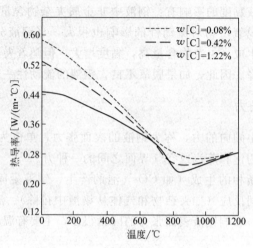

图 4-3　温度对钢热导率的影响

4.3　炉渣的物理化学性质

在炼钢过程中，炉渣起着极为重要的作用。为获得符合要求（成分和温度）的钢液，提高钢锭、钢坯的内部质量和表面质量，需要有符合一定要求的炉渣以保证炼钢全过程顺利进行。熔渣的结构决定着炉渣的物理化学性质，而熔渣的物理化学性质又影响着炼钢的化学反应平衡及反应速率。因此在炼钢过程中，必须控制和调整好炉渣的物理化学性质。

4.3.1　炉渣的作用与组成

炼钢炉渣主要是氧化物，还有少量氟化物、磷化物、硫化物。在炼钢过程中，熔融炉渣、金属铁液和炉气等三相之间进行着各种物理化学反应，以达到炼钢过程所预期的冶炼目的。炉渣是实现冶金反应的基本条件之一，其具体作用如下。

① 炉渣直接参与脱硫、脱磷等金属液与熔渣界面间的反应。

② 炉渣是氧的传递媒介，控制着金属熔池中各元素的氧化还原过程。

③ 炉渣是金属铁液中各种元素氧化产生的汇集体。这些元素氧化产物因密度较小而上浮到期液表面，进入炉渣。

④ 炉渣对钢液有保护作用。炉渣可以减缓合金元素在氧化气氛中的氧化烧损，可以减缓钢液吸收气体相减少钢液的热损失。

可见，炉渣是炼钢过程的必然产物，也是炼钢过程中不可缺少的媒介。如果没有炉渣，必要的物理化学反应难以完成，合格的钢液就难以保证，因此，"要炼钢必须先炼好渣"。

炉渣在炼钢过程中也有不利作用，主要表现在：侵蚀耐火材料，降低炉村寿命，特别是低碱度熔渣对炉衬的侵蚀更为严重；熔渣中夹带小颗粒金属及未被还原的金属氧化物，降低了金属的收得率。因此，造好渣是炼钢的重要条件。应造出成分合适、温度适当并且能够满足某种精炼要求的炉渣。

4.3.2 炉渣的化学性质

（1）炉渣的酸碱性 炉渣中碱性氧化物浓度的总和与酸性氧化物浓度的总和之比称为炉渣碱度，常用符号 R 表示，最常用的表示方式是 $R = \dfrac{w(\text{CaO})}{w(\text{SiO}_2)}$。炉渣碱度的大小，直接对渣-钢间的物理化学反应（如脱磷、脱硫、去气等）产生影响。

熔渣 $R<1.0$ 时为酸性渣，由于 SiO_2 含量高，高温下可拉成细丝，称为长渣，冷却后呈黑亮色玻璃状；$R>1.0$ 时为碱性渣，称为短渣。炼钢熔渣 $R \geqslant 3.0$。

炼钢熔渣中含有不同数量的碱性、中性和酸性氧化物，它们酸碱性的强弱程度可排列如下：$CaO>MnO>FeO>MgO>CaF_2>Fe_2O_3>Al_2O_3>TiO_2>SiO_2>P_2O_5$

$$\longleftarrow 碱性 \quad 中性 \quad 酸性 \longrightarrow$$

（2）炉渣的氧化性 炉渣的氧化性也称炉渣的氧化能力，它是炉渣的一个重要的化学性质。炉渣的氧化性是指炉渣向金属熔体传递氧的能力。通常用渣中最不稳定的氧化物（铁氧化物）的多少来代表炉渣氧化能力的强弱。

炉渣的氧化性通常是用 $\sum w(\text{FeO})$ 表示，$\sum w(\text{FeO})$ 包括（FeO）本身和（Fe_2O_3）折合成（FeO）两部分。将（Fe_2O_3）折合成（FeO）有两种方法。

① 全氧折合法：

$$\sum w(\text{FeO}) = w(\text{FeO}) + 1.35 w(\text{Fe}_2\text{O}_3)$$

② 全铁折合法（最常用）：

$$\sum w(\text{FeO}) = w(\text{FeO}) + 0.90 w(\text{Fe}_2\text{O}_3)$$

通常用全铁法将（Fe_2O_3）折合成（FeO），原因是取出的渣样在冷却过程中，渣样表面的低价铁有一部分被空气氧化成高价铁，即（FeO）氧化成（Fe_2O_3）。

在炼钢过程中，当氧化渣和钢液接触时，（FeO）将钢液中杂质元素氧化，如果在接触界面（FeO）未遇到钢液中杂质元素，则将遵循分配定律使氧进入钢液内部。

实际上，炉渣的氧化能力是个综合概念，其传氧能力还受炉渣黏度、熔池搅拌强度、供氧速度等因素的影响。

4.3.3 炉渣的物理性质

（1）炉渣的熔点 炼钢过程要求炉渣的熔点低于所炼钢种的熔点 $50 \sim 200℃$。除 FeO 和 CaF_2 外，其他简单氧化物的熔点都很高，它们在炼钢温度下难以单独形成炉渣，实际上它们是形成多种低熔点的复杂化合物。

炉渣的熔化温度是指固态渣完全转化为均匀液态时的温度，凝固温度是指液态炉渣开始析出固体成分时的温度，即熔点。炉渣的熔化温度与炉渣的成分有关，一般来说，炉渣中高熔点组元越多，熔化温度越高。

（2）炉渣的黏度 黏度是炉渣重要的物理性质，它对渣-钢间的反应、气体的逸出、热量的传递及炉衬的寿命均有影响，决定着电弧炉和转炉钢液脱碳、脱磷和脱氧反应的速度。流动性好的炉渣有保护钢液、减少外界氧化和减少吸气的作用。

影响炉渣黏度的因素主要有三个方面，即炉渣的成分、炉渣中的固体熔点和温度。一般来讲，在一定的温度下，凡是能降低炉渣熔点的成分，在一定范围内增加其浓度，可使炉渣黏度降低；反之，炉渣熔点增高，则使炉渣黏度增大。

在 1600℃炼钢温度下，合适炉渣的黏度为 0.02~0.05Pa·s，钢液的黏度在 0.0025Pa·s
左右，钢液的黏度约为炉渣黏度的 1/10。

(3) 炉渣的密度　炉渣的密度决定炉渣所占据的体积大小及钢液液滴在渣中的沉降速
度。1400℃时，炉渣的密度与组成的关系如下：

$$\frac{1}{\rho_渣^0} = [0.45w(SiO_2)_\% + 0.286w(CaO)_\% + 0.204w(FeO)_\% + 0.35w(Fe_2O_3)_\% +$$

$$0.237w(MnO)_\% + 0.367w(MgO)_\% + 0.48w(P_2O_5)_\% + 0.402w(Al_2O_3)_\%] \times 10^{-3}$$

$$(4-3)$$

炉渣的温度高于 1400℃时，可表示为：

$$\rho_渣 = \rho_渣^0 + 0.07 \times \frac{1400 - t}{100} \tag{4-4}$$

式中，$\rho_渣^0$ 为 1400℃时炉渣的密度，kg/m^3；$\rho_渣$ 为高于 1400℃时炉渣的密度，kg/m^3。

一般液态碱性渣的密度为 $3000kg/m^3$，固态碱性渣的密度为 $3500kg/m^3$，$w(FeO) >$
40% 的高氧化性渣的密度为 $4000kg/m^3$，酸性渣的密度一般为 $3000kg/m^3$。

(4) 炉渣的表面张力　炉渣的表面张力主要影响渣-钢间的物理化学反应及炉渣对夹杂
物的吸附等，它与炉渣的成分、温度有关，也与气氛的组成和压力有关。炉渣的表面张力一
般是随温度的升高而降低，但在高温冶炼时，温度的影响不明显。炼钢炉渣的表面张力普遍
低于钢液，电炉炉渣的表面张力一般高于转炉。纯氧化物的表面张力位于 0.3~0.6N/m
之间。

一些纯氧化物在熔融状态下的表面张力已经被研究者所测得，通常的炉渣都由两种以上
的物质组成，可以用表面张力因子近似计算炉渣体系的表面张力，即：

$$\sigma_{渣-气} = \sum x_i \sigma_i \tag{4-5}$$

式中，$\sigma_{渣-气}$ 为炉渣的表面张力，N/m；x_i 为炉渣组元 i 的摩尔分数；σ_i 为炉渣组元 i
的表面张力因子。

(5) 渣-钢间界面张力　炼钢炉渣与钢液间的界面张力在 0.2~1.0N/m 之间，与渣和钢
液的组成及温度有关。影响界面张力的炉渣组分可分为两类。

① 不溶或极微小溶于钢中的组分。如 SiO_2、CaO、Al_2O_3 等，不会引起渣-钢间界面张
力发生明显的变化。

② 能分配在炉渣与钢液之间的组分。如 FeO、FeS、MnO、CaC_2 等，对渣-钢间界面张
力的降低程度很大。影响界面张力的金属元素可分为以下几种：

a. 不转入渣相中的元素，如 C、W、Mo、Ni 等；

b. 以氧化物的形式进入渣中的元素，如 Si、P、Cr 等；

c. 表面活性很强的元素，如 O、S 等。

(6) 炉渣的起泡性　渣的泡沫虽然能增大气-渣-钢间反应的界面面积及反应速率，但其
导热性差，在某些条件下恶化了炉渣对钢液的传热。

在转炉冶炼中，泡沫渣能引起炉内渣、钢喷溅及从炉口溢出，并引起黏附氧枪头等
问题。

在电弧炉冶炼中，应在氧化期多采用埋弧泡沫渣工艺，泡沫渣包住电弧，加强了炉渣的
吸热，减少了电弧向炉顶、炉壁辐射的热量。其实质是通过碳氧反应生成 CO 气体，促使炉
渣泡沫化，有利于钢液提温和电效率提高。

4.4　钢液的脱碳

炼钢铁水是铁和碳以及其他一些杂质元素的合金溶液，一般炼钢生铁中的碳含量为 4%左右，高磷生铁中的碳含量则为 3.6%左右。脱碳反应是贯穿于炼钢始终的一个主要反应。炼钢的重要任务之一就是将熔池中的碳脱除到钢种所要求的程度，同时脱碳反应也是促进气体和夹杂物去除的有效手段之一。脱碳反应与炼钢过程中其他元素的氧化反应有密切的联系。

(1) 脱碳反应的热力学　现代大规模的炼钢生产，吹氧精炼是必不可少的步骤。综合熔池中的脱碳反应，反应存在如下三种基本形式：①在吹氧炼钢过程中，金属液中的一部分碳在反应区被气体氧化；②一部分碳与溶解在金属液中的氧进行氧化反应；③还有一部分碳与炉渣中的 (FeO) 反应，生成 CO。在高温下，[C] 主要氧化为 CO，[C] 与氧的反应如下。

① 一部分碳在气-金属界面上的反应区被气体氧直接氧化：

$$[C] + 1/2O_2 \Longrightarrow \{CO\} \tag{4-6}$$

② 当熔池中碳含量高时，CO_2 也是碳的氧化剂，发生下列反应：

$$[C] + \{CO_2\} \Longrightarrow 2\{CO\} \tag{4-7}$$

③ 一部分碳与金属中溶解的氧或渣中的氧发生反应，主要在渣-金属界面上发生：

$$[C] + (FeO) \Longrightarrow \{CO\} + Fe \tag{4-8}$$

$$[C] + [O] \Longrightarrow \{CO\} \tag{4-9}$$

在炼钢过程前期，炉内温度较低，钢中的硅、锰等元素大量氧化，碳也可能部分氧化，它们都在争夺钢中的氧。以后，钢中硅、锰含量减少，炉温升高，一直到脱氧前，钢液中的碳氧反应即成为控制钢中氧含量的主要反应。所以，实际炼钢过程中存在着 [C] 高则 [O] 低，[C] 低则 [O] 高的规律。

从以上分析可知，影响脱碳反应的因素如下。

① 温度。[C] 的直接氧化反应是放热反应，[C] 与 (FeO) 的间接氧化反应是吸热反应。当采用矿石脱碳时，由于矿石分解吸热和反应吸热，应在高温下加入矿石，即在 1480℃以上才可加入矿石；而采用吹氧脱碳时，对温度不做特殊要求。

② 气相中 CO 的分压。降低气相中 CO 的分压有利于 [C] 的进一步氧化，钢液真空脱碳就是依据这一原理进行的。

③ 氧化性。强的氧化性可以给脱碳反应提供氧源，有利于脱碳反应的进行。

(2) 脱碳反应的作用　脱碳反应产物 CO（在钢液含碳很低时，产物中有少量 CO_2）气泡穿过钢液排出，强烈搅动熔池，这种现象被称为"沸腾"。沸腾时，气泡中氢、氮等气体的分压极低，使钢液中溶解的氢、氮等有害杂质向气泡中转移，钢液中的非金属夹杂物也随着气泡上升而被除去。沸腾不仅使钢液温度和化学成分均匀，还增加气相-炉渣-钢液的接触面，加快各种反应的速度。脱碳引起的沸腾是保证钢品质的一个重要措施。

4.5　钢液的脱磷

脱磷是炼钢过程的重要任务之一。铁水的磷含量因铁矿原料条件的不同而不同，低磷铁水的磷含量在 0.12%以下，高磷铁水的磷含量则高达 2.0%以上。在绝大多数钢种中磷都属于有害元素，一般要求钢水磷含量低于 0.03%或更低，易切削钢中的磷含量也不得超过 0.08%～0.12%。炼钢过程中磷既可以被氧化又可以被还原，出钢时或多或少都会发生回磷现象，因此，控制炼钢过程中的脱磷反应是一项重要而又复杂的工作。

4.5.1 磷对钢材性能的影响

对绝大多数钢种来说，磷都是有害元素。磷在液态和固态铁中都能溶解。钢中残存的磷在固态时全部溶入铁素体中，虽能提高钢的强度和硬度，但塑性和韧性降低，在常温时韧性下降更为显著，这种现象叫冷脆性。当含磷量达到 0.1% 时，影响已很严重。一般钢中规定含磷量不超过 0.045%，优质钢要求含磷更少。生铁中的磷主要来自铁矿石中的磷酸盐。P_2O_5 和 FeO 的稳定性相近，在高炉的还原条件下，炉料中的磷几乎全部还原并溶入铁水。

国此，钢铁生产的脱磷任务主要靠碱性炼钢来完成。

磷的有益影响是：在某些钢中磷以合金元素的形式加入，如炮弹钢、耐蚀钢中，除含有 Cu 外，还可加入小于 0.1% 的 P，以增加钢的抗大气腐蚀的能力。

4.5.2 氧化脱磷

对绝大多数钢种来说，磷都是有害元素。磷在液态和固态铁中都能溶解。钢中残存的磷在固态时全部溶入铁素体中，虽能提高钢的强度和硬度，但塑性和韧性降低，在常温时韧性下降更为显著，这种现象叫冷脆性。当含磷量达到 0.1% 时，影响已很严重。一般钢中规定含磷量不超过 0.045%，优质钢要求含磷更少。生铁中的磷主要来自铁矿石中的磷酸盐。P_2O_5 和 FeO 的稳定性相近，在高炉的还原条件下，炉料中的磷几乎全部还原并溶入铁水。因此，钢铁生产的脱磷任务主要靠碱性炼钢来完成。

在炼钢温度下，脱磷反应是在炉渣与含磷铁水的界面上进行的。钢液中的磷和氧结合成气态 P_2O_5 的反应：

$$2[P]+5[O] \Longrightarrow \{P_2O_5\} \tag{4-10}$$

1600℃时的平衡常数非常小（$K_1 = 4.4 \times 10^{-10}$），要靠生成 P_2O_5 气体逸出而使钢液脱磷，显然是不行的。但如果钢液和碱性渣接触，P_2O_5（强酸性氧化物）就会与渣中的（CaO）结合成稳定的 $3CaO \cdot P_2O_5$ 或 $4CaO \cdot P_2O_5$，总反应是：

$$2[P]+5[O]+3(CaO) \Longrightarrow (3CaO \cdot P_2O_5) \tag{4-11}$$

1600℃时，$K_2 = 1.7 \times 10^8$

或

$$2[P]+5[O]+4(CaO) \Longrightarrow (4CaO \cdot P_2O_5) \tag{4-12}$$

1600℃时，$K_3 = 3.5 \times 10^8$

平稳常数如此大，说明碱性渣的脱磷能力是很强的。

增大渣量，或将含磷多的炉渣放出，另造新的碱性渣，都是使钢液脱磷的有效措施。渣中含有足够量的 FeO 不仅可以向钢液传送氧，还能使加入炉内的固体石灰更快地溶入渣中（形成低熔点化合物 $2CaO \cdot Fe_2O_3$），从而提高炉渣的脱磷能力。

4.5.3 还原脱磷

在还原气氛（低氧化性）下，将钢水中磷还原为 P^{3-}，使其以磷酸盐的形式进入炉渣或气化逸出，称为还原脱磷。

还原脱磷时，需要加入比 Al 更强的脱氧剂，使钢液达到深度还原。通常加入 Ca、Ba 或 CaC_2 等强还原剂进行还原脱磷，其反应为：

$$3Ca+2[P] \Longrightarrow (Ca_3P_2) \tag{4-13}$$

$$3Ba+2[P]\Longrightarrow(Ba_3P_2) \tag{4-14}$$

$$3CaC_2+2[P]\Longrightarrow(Ca_3P_2)+6[C] \tag{4-15}$$

常用的脱磷剂有金属 Ca、Mg、RE 以及含钙的合金（如 CaC、CaSi）等。

为增加脱磷产物 Ca_3P_2、Mg_3P_2 在渣中的稳定性，在加入强还原剂的同时还需加入 CaF_2、$CaCl_2$、CaO 等熔剂造渣，以吸收还原的脱磷产物。还原脱磷后的渣应立即去除，否则渣中的 P^{3-} 又会重新氧化成 PO_4^{3-} 而造成回磷。常见的脱磷剂组成有 Ca-CaF_2、CaC_2-CaF_2 和 $Mg(Al)$-CaF_2 等。

4.6 钢液的脱硫

硫是钢中主要的有害元素之一。硫在钢中与铁化合物生成 FeS。FeS 与铁形成共晶体，其熔点为 910℃，多存在于晶界。当钢在 1000～1200℃进行压力加工时，由于共晶体的熔化易使钢沿晶界开裂，这种现象叫热脆性。

大多数钢种中允许的含硫量为 0.015%～0.045%。近年来，由于对钢质量提出更高要求，对于小于 0.015%、甚至 0.002% 的极低硫钢的需要量大为增加，因此，对脱硫提出了更严格的要求。

（1）铁水脱硫　采用铁水炉外脱硫可简化炼钢工艺过程，弥补转炉氧化渣脱硫能力低的不足。铁水脱硫的有利因素有如下三方面：

① 铁水中 C、Si、P 等元素的含量高，有利于提高硫在铁水中的活度系数；

② 铁水中碳含量高而氧含量低，有利于进行脱硫反应 $FeS+Mo+C\Longrightarrow Fe+CO+MS$（式中 MO 代表起脱硫作用的金属氧化物）；

③ 没有强的氧化性气氛，有利于直接使用一些强脱硫剂，如 CaC_2、金属 Mg 等。

（2）钢液中元素的脱硫　目前对钢液中硫含量提出了越来越高的要求，强化脱硫势在必行。在充分发挥炉渣脱硫作用的基础上，可加锰继续降低硫的危害。一般钢中锰含量为 0.4%～0.8%。冶炼过程中使用的钙和稀土元素，除使钢中硫含量降得很低外，还能改变硫化物夹杂的形状，从而提高钢的质量。一般应在钢液脱氧良好之后再用元素脱硫，否则元素的消耗量大，对强脱氧元素 [Ca]、[Ce]、[Mg] 的影响尤为突出，主要原因是元素与氧生成化合物的能力比元素生成硫化物的能力高。

（3）炉渣脱硫　钢液的脱硫主要是通过两种途径来实现的，即炉渣脱硫和气化脱硫。在一般炼钢操作条件下，炉渣脱硫占主导，是降低钢中硫含量、使之达到规格要求的主要手段，其脱硫量占总脱硫量的 90%，而气化脱硫仅占 10% 左右。

根据炉渣的分子理论，渣-钢间的脱硫反应如下：

$$[S]+(CaO)\Longrightarrow(CaS)+[O] \tag{4-16}$$

$$[S]+(MnO)\Longrightarrow(MnS)+[O] \tag{4-17}$$

$$[S]+(MgO)\Longrightarrow(MgS)+[O] \tag{4-18}$$

根据熔渣的离子理论，脱硫反应为：

$$[S]+(O^{2-})\Longrightarrow(S^{2-})+[O] \tag{4-19}$$

在酸性渣中几乎没有自由的 O^{2-}，因此酸性渣的脱硫作用很小；而碱性渣则不同，具有较强的脱硫能力。

影响钢-渣间脱硫的因素主要有熔渣成分、熔池温度等，具体如下。

① 炉渣碱度的影响。由脱硫反应方程式可知，高碱度渣有利于脱硫。但脱硫是在钢渣

界面进行的反应，在炼钢温度下，若炉渣碱度过高，炉渣黏度增大，从而增加了反应物 [FeS] 通过钢渣界面的阻力，亦降低了脱硫产物（CaS）离开反应区的扩散速度。因此，在提高碱度的同时，必须保证炉渣具有良好的流动性。

② 渣中氧化铁含量的影响。从脱硫反应方程式可知，降低氧化铁有利于脱硫反应的进行，(FeO) 含量越低，Ls 越大。如碱性转炉渣和电弧炉氧化渣，其（FeO）含量一般大于 l0%，而电弧炉还原渣和高炉渣的（FeO）含量一般小于 1%，所以电炉炼钢还原期和高炉炼铁时炉渣脱硫能力强。

③ 温度的影响。脱硫是较弱的吸热反应，温度对反应影响不大，重要的影响是高温能促进石灰的渣化和提高炉渣的流动性，从而增加脱硫效果。

④ 渣量的影响。炉渣的多少对脱硫率有明显影响，对 100kg 钢作平衡计算的结果表明，渣量自 10kg 增至 20kg 时，脱除炉料中的硫量从 1/2 上升为 2/3。

综上所述可见，炉渣脱硫的条件是：炉渣碱度高，炉渣（FeO）含量低、温度高、渣量大、炉渣流动性好。

（4）气化脱硫 气化脱硫是指将金属液中的硫以气态 {SO$_2$} 的形式去除。在炼钢过程中，金属液和熔渣常与含氧的气相或含氧和硫的气相接触，在炼钢废气中发现有 SO$_2$ 存在，同位素 [35]S 检测表明，SO$_2$ 也来自炉料。研究表明，气化脱硫主要通过炉渣中硫的气化来实现，即：

$$(S^{2-}) + 3/2\{O_2\} \Longrightarrow \{SO_2\} + (O^{2-}) \tag{4-20}$$

或
$$6(Fe^{3+}) + (S^{2-}) + 2(O^{2-}) \Longrightarrow 6(Fe^{2+}) + \{SO_2\} \tag{4-21}$$
$$6(Fe^{2+}) + 3/2\{O_2\} \Longrightarrow 6(Fe^{3+}) + 3(O^{2-})$$

式(4-21) 表明，渣中的铁离子充当了气化脱硫的媒介。

需要指出的是，气化脱硫是以炉渣脱硫为基础的。就气化脱硫而言，要求炉渣有高的氧化铁含量，这就意味着铁耗增大。所以对转炉炼钢来说，应以实行高碱度熔渣脱硫操作为主，而不应过分期望气化脱硫。在转炉炼钢中，约有 1/3 的硫是以气化脱硫的方式去除的。

4.7 钢液的脱氧

炼钢一般都经历氧化和还原过程，对其进行研究是各国冶金工作者最主要的课题之一。

（1）脱氧目的 在 1600℃ 温度下，氧在钢液中的溶解度为 0.23%。在炼钢终了时，氧在钢液中的实际含量主要取决于钢水含碳量，一般含氧量为 0.01%～0.08%。然而，氧在固体钢中的溶解度很低，仅为 0.002%～0.003%。在浇铸后的钢水凝固过程中，过剩的氧便以 FeO 形式析出，分布在晶界上，会降低钢的塑性；晶界上的 FeO 和 FeS 还会形成低熔点物质，使钢产生"热脆"；另外钢中过剩氧与碳继续发生反应，生成 CO 气体，使钢锭内部产生气泡，严重时会发生"冒涨"现象。因此，氧也是钢中的有害元素。

脱氧是炼钢过程的最后步骤。按照脱氧程度的不同，钢可分为：镇静钢，即完全脱氧钢（含氧≤0.002%）；沸腾钢，即不完全脱氧钢（含氧量约为 0.01%）；半镇静钢，其脱氧程度介于镇静钢与沸腾钢之间。

（2）脱氧方法 脱氧是指向炼钢熔池或钢水中加入脱氧剂进行脱氧反应，脱氧产物进入渣中或成为气相排出。根据脱氧发生地点的不同，脱氧方法分为沉淀脱氧、扩散脱氧和真空脱氧。

① 沉淀脱氧。沉淀脱氧又称为直接脱氧，它是将块状脱氧剂加入钢液中，使脱氧元素在钢液内部与钢中的氧直接反应，生成的脱氧产物上浮进入渣中的脱氧方法。出钢时，向钢包中加入硅铁、锰铁、铝铁或铝块就属于沉淀脱氧。这种脱氧方法的特点是：脱氧反应速度快，一般为放热反应，但脱氧产物有可能难以全部上浮排除而成为钢中的夹杂物，需要控制一定的条件。

② 扩散脱氧。扩散脱氧又称为间接脱氧，它是将粉状脱氧剂（如 C 粉、Fe-Si 粉、Ca-Si 粉、Al 粉）加到炉渣中，降低炉渣中的氧势，使钢液中的氧向炉渣中扩散，从而降低钢液中氧含量的脱氧方法。在电炉的还原期和炉外精炼中，向渣中加入粉状脱氧剂进行的脱氧就属于扩散脱氧。其特点是：脱氧反应在渣中进行；钢液中的氧向渣中转移，脱氧速度慢，脱氧时间长；不会在钢中形成非金属夹杂物。

③ 真空脱氧。真空脱氧是指利用降低系统的压力来降低钢液中氧含量的方法。其只适用于脱氧产物为气体的脱氧，如 [C]-[O] 反应。RH 真空处理、VAD、VD 等精炼方法就属于真空脱氧。真空脱氧不会造成非金属夹杂物的污染，但需要专门的设备。

（3）脱氧剂和元素的脱氧特性　钢液中元素的脱氧能力决定了钢液脱氧效果的好坏。元素的脱氧能力用一定温度下与一定浓度的脱氧元素相平衡的残余氧量来表示。显然，与一定浓度脱氧元素平衡存在的氧含量越低，该元素的脱氧能力越强。钢液中合金元素含量一定时，脱氧能力由强到弱的次序为：

Ca、Mg、Re(Ce、La)、Al、Ti、Si、V、Mn、Cr

脱氧能力只能表示合金元素含量一定时的脱氧状态，而钢液中实际的氧含量取决于脱氧制度，即由脱氧剂的种类、数量、加入时间、加入顺序、炉渣性能等来决定。

常用脱氧元素有 Mn、Si、Al。Mn 和 Si 常以铁合金的形式作脱氧剂。

① 锰。锰的脱氧产物并不是纯 MnO，而是 MnO 与 FeO 的熔体，其脱氧反应为：

$$[Mn]+[O]=\!=\!=(MnO) \tag{4-22}$$

$$[O]+Fe(l)=\!=\!=(FeO) \tag{4-23}$$

$$[Mn]+(FeO)=\!=\!=(MnO)+Fe(l) \tag{4-24}$$

当金属锰含量增加时，与之平衡的脱氧产物中 $w(MnO)$ 也是随之增大的。当 $w(MnO)$ 增加到一定值时，脱氧产物开始有固态的 $FeO \cdot MnO$ 出现。

在炼钢生产中，锰是应用最广泛的一种脱氧元素，这是因为：

a. 锰能提高铝和硅的脱氧能力；

b. 锰是冶炼沸腾钢不可替代的脱氧元素；

c. 锰可以减轻硫的危害。

② 硅。硅的脱氧生成物为 SiO_2 或硅酸铁（$FeO \cdot SiO_2$），其脱氧反应为：

$$[Si]+2[O]=\!=\!=SiO_{2(S)} \tag{4-25}$$

炉渣碱度越高，残余氧量越低，硅的脱氧效果越好。各种牌号的 Fe-Si 合金是常用的脱氧剂。

③ 铝。铝是强脱氧剂，常用于镇静钢的终脱氧，其脱氧反应为：

$$Al_2O_3(S)=\!=\!=2[Al]+3[O] \tag{4-26}$$

图 4-4 所示为钢液中 $w[Al]$ 与 $w[O]$ 的关系。从图中可以看出，铝具有非常强的脱氧能力，在生产过程中被绝大多数钢种所采用。

上述反应的平衡常数 $K_{Al}>K_{Si}>K_{Mn}$，Al 的脱氧能力最强，Mn 的脱氧能力最弱。Si、

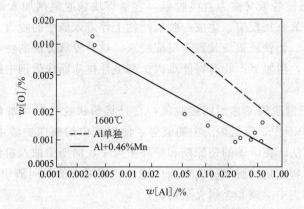

图 4-4　钢液中 $w[Al]$ 与 $w[O]$ 的关系

Al 常用于终脱氧和镇静钢脱氧，Mn 常用于预脱氧和沸腾钢脱氧。三种元素脱氧能力的比较见表 4-1。

表 4-1　三种元素脱氧能力的比较

脱氧元素	Mn	Si	Al
钢中平衡氧的质量分数/%	0.10	0.017	0.007

注：条件为 1600℃，钢中脱氧元素的质量分数为 0.1%。

（4）脱氧剂的选择原则　脱氧剂的选择应满足下列原则：

① 具有一定的脱氧能力，即脱氧元素与氧的亲和力比铁和碳大；

② 脱氧剂的熔点比钢水温度低，以保证其熔化且均匀分布，进而均匀脱氧；

③ 脱氧产物不溶于钢水中，并易于上浮排除；

④ 残留于钢中的脱氧元素对钢的性能无害；

⑤ 来源广，价格低。

在生产中常用的脱氧剂为铝、硅、锰及由它们组成的硅锰、硅铝合金等，其脱氧能力次序为：Al＞Si＞Mn。

4.8　氢、氮的反应

（1）气体对钢的危害

钢中气体包括氢、氮和氧，但主要指溶解在钢中的氢和氮。钢液中氮来自进入炼钢炉内的空气，氢则来自冶金原材料的水分、浇铸设备表面吸附的水分及空气中的水蒸气。

钢中氢危害很大。随着钢中含氢量的增加，钢的强度特别是塑性和韧性将显著下降，使钢变脆，称为"氢脆"；氢还是钢中"白点"产生的根本原因。所谓"白点"又称发裂，是热轧钢坯和大型锻件中比较常见一种内部破裂缺陷。

钢中的氮引起碳钢的淬火时效和变形时效，从而对碳钢性能发生影响。时效是指金属材料的性能随时间延长而改变的一种现象。时效过程常伴随着钢的硬度、强度的升高，塑性、韧性的显著降低。

a. 氢。氢以原子的形式固溶于钢中，与铁形成间隙式固溶体。氢使钢产生白点，又称发裂，导致脆断，在使用过程中将造成极为严重的意外事故。氢在冷凝过程中因溶解度降低而析出，产生点状偏析。具有点状偏析的钢材质量极差，不能使用而报废。随氢含量的增加，钢的抗拉强度下降，塑性和断面收缩率急剧降低。

b. 氮。氮固溶于铁中，形成间隙式固溶体。氮在 α-Fe 中的溶解度于 590℃ 时达到最大值，约为 0.1%；在室温时则降至 0.001% 以下。氮含量高的钢从高温快速冷却时，铁素体会被氮饱和，此种钢在高温下，氮将以 Fe_4N 的形式逐渐析出，使钢的强度和硬度上升、塑性和韧性下降，该现象称为时效硬化。氮是导致钢产生蓝脆现象的主要原因，钢中的氮易形成气泡和疏松，与钢中的 Ti、Al 等元素形成脆性夹杂物。

氮有时也作为合金元素使用。普通低合金钢中，氮和钒形成氮化钒，可以起到细化晶粒和沉淀强化的作用。渗氮用钢中，氮与钢表层中的铬、铝等合金元素形成氮化物，可增加钢表层的硬度、强度、耐磨性及抗蚀性；氮还可代替部分 Ni 用于不锈耐酸钢中。

(2) 炼钢过程中氢、氮的溶解　氢、氮在纯铁液中的溶解度是指在一定温度和 100kPa 气压条件下，氢、氮在纯铁液中溶解的数量，它服从西华特定律，即在一定温度下，气体的溶解度与该气体在气相中分压的平方根成正比。氢、氮在铁液中的溶解是吸热反应，故温度升高时溶解度增加。钢液中气体以单原子存在，溶解反应式如下：

$$1/2H_2 \rightleftharpoons [H] \qquad w[H] = K_H \sqrt{p_{H_2}} \tag{4-27}$$

$$1/2N_2 \rightleftharpoons [N] \qquad w[N] = K_N \sqrt{p_{N_2}} \tag{4-28}$$

式中，$w[H]$，$w[N]$ 分别为氢、氮在铁液中的溶解度，用质量分数（%）表示；p_{H_2}，p_{N_2} 分别为铁液外面的氢气、氮气分压，kPa；K_H，K_N 分别为氢、氮在铁液中溶解反应的平衡常数。

在钢的冶炼过程中，由于钢液成分的变化，钢中气体的活度也变化。与气体亲和力较强的元素减小了气体的活度系数，增加了气体的溶解度；与气体亲和力较弱的元素增加了气体的活度系数，减小了气体的溶解度。

① 钢液成分对氢溶解度的影响 (1600℃)。在通常操作的真空度 $[(1.33 \sim 6.65) \times 10^{-2} kPa]$ 条件下，$w[H]$ 可达 7×10^{-7} 以下，这个值是在不考虑合金元素对于氢活度的影响时得出的结果。因为钢液中有合金成分，所以实际上氢的溶解度为不同的值。在实际生产过程中，由于受到大气湿度、燃料燃烧产物、加入炉内各种原材料的干燥程度、炉衬材料（特别是新炉体或新钢包）中水分含量的影响，实际炉气中的水蒸气分压较高。炉气中的 H_2O 可与钢液进行如下反应：

$$H_2O \rightleftharpoons 2[H] + [O] \tag{4-29}$$

即使在冬天干燥期 $[p_{H_2O} = 0.304kPa (2.28mmHg)]$，脱氧后钢液中的氢含量也会接近 0.001%，夏天 ($p_{H_2O} = 5.066kPa$) 则很容易达到饱和值 ($w[H] = 0.0022\%$)。从钢液氧含量的分析来看，钢中氧含量越高，氢溶解的数量越少。

② 钢液成分对氮溶解度的影响。钢中的残余元素和合金元素随浓度提高而不同程度地改变着氮的溶解。由于元素与氧的亲和力大于其与氮的结合力，所以氮化物只能在脱氧良好的钢液中生成。钢液中能否生成氮化合物由浓度积决定，但是钢液中氮的活度系数越低，越易形成氮化物，增大钢中氮含量。

(3) 影响氢和氮在钢中溶解度的因素　气体在钢中的溶解度取决于温度、金属成分、与钢液相平衡的气相中该气体的分压以及相变。

① 温度。温度升高，气体在钢中的溶解度提高。炼钢时，要尽量避免高温出钢。

② 分压。气相中 H_2、N_2 的分压越大，气体在钢中的溶解度越高，可通过降低分压来降低钢液中的气体含量。真空下的脱氢效果较好，脱氮效果则不理想。这是出于氢在钢中以单原子存在，原子半径小，在钢中有较大的扩散系数（$DH=2.5\times10^{-2}$ cm/s）；氮在钢中易与合金元素形成氮化物，降低了氮的活度系数，而且氮的原子半径大，扩散系数小（$DH=6.0\times10^{-4}$ cm/s），并且钢液中的氧、硫等表面活性元素也会降低脱氮速度。

③ 金属成分。气体在钢中的活度系数小，则其溶解度高。气体在钢中的活度系数受合金元素的影响，表 4-2 和表 4-3 所示为常见合金元素对氢和氮的活度系数及溶解度的影响。

表 4-2　常见合金元素对氢的活度系数 f_H 及溶解度 $w[H]$ 的影响

合金元素	对 f_H 及 $w[H]$ 的影响
Ti、V、Cr、Nb	降低 f_H，增加 $w[H]$
C、Si、B、Al	提高 f_H，降低 $w[H]$
Mn、Co、Ni、Mo	对 f_H、$w[H]$ 影响不大

表 4-3　常见合金元素对氮的活度系数 f_N 及溶解度 $w[N]$ 的影响

合金元素	对 f_N 及 $w[N]$ 的影响
V、Nb、Cr、Ti	显著降低 f_N，增加 $w[N]$
Mn、Mo、W	对 f_N、$w[N]$ 影响不大
C、Si	显著提高 f_N，降低 $w[N]$

④ 相变。从图 4-5 可以看出，固态纯铁中气体的溶解度低于液态；在 910℃ 时发生 α-Fe 向 γ-Fe 的转变，在 1400℃ 时发生 γ-Fe 向 δ-Fe 的转变，溶解度也发生突变。

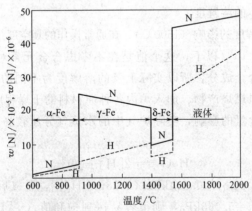

图 4-5　氢和氮分压为 100kPa 时两者在纯铁中的溶解度

4.9　炼钢原材料

原材料是炼钢的重要物质基础，其质量好坏对炼钢工艺和钢的质量有直接影响。采用精料并保证其质量稳定，是提高炼钢各项技术经济指标的重要措施之一，是实现冶炼过程自动化的先决条件。

按性质分类，炼钢原材料分为金属料、非金属料和气体。金属料包括铁水（生铁）、废钢、铁合金、直接还原铁及碳化铁（电炉使用），非金属料包括石灰、白云石、萤石、合成造渣剂，气体包括氧气、氮气、氩气等。按用途分类，炼钢原材料可分为金属料、造渣剂、化渣剂、氧化剂、冷却剂、增碳剂等。

4.9.1 金属料

(1) 铁水 铁水是转炉炼钢的主要原材料，一般占装入量的 70%~100%。铁水的物理热和化学热是转炉炼钢的主要热源，因此，对入炉铁水的温度和化学成分有一定的要求。

① 铁水温度 应努力保证兑入转炉的铁水温度大于 1200~1300℃，且保持稳定，以利于炉子热行，迅速成渣，减少喷溅。

② 铁水化学成分

a. 硅。Si 是转炉炼钢的重要发热元素之一，铁水含 Si 高，转炉热量来源增加。有人根据热平衡计算，认为 [Si] 每增加 0.1%，废钢比可增加 1.3%~1.5%。但铁水含 Si 过高，则将增大渣量，引起喷溅，使石灰耗量和吹损增加。同时，由于渣中 SiO_2 的增加，加剧了对炉衬的侵蚀作用，使炉龄下降，还将使高炉焦比增加。

铁水含硅量也不宜过低，这不仅会因此少用废钢，而且不易成渣。渣量小，对去除硫、磷也不利。所以，为了快速成渣，并能保持适当渣量，要求铁水有适当的 Si 含量。根据铁水中磷含量的不同，我国铁水中的 [Si] 一般在 0.4%~0.8% 范围内。

b. 锰。锰是弱发热元素，一般认为锰在铁水中是有益元素。铁水中的锰氧化后生成的 MnO 能促进石灰溶解，加速成渣，减少助熔剂的用量和炉衬侵蚀。同时，铁水锰含量高，则终点钢水中的余锰量提高，可以减少合金化时的锰铁含量，有利于提高钢水的洁净度。

c. 磷。磷是强发热元素，对一般钢种来说也是有害元素，因此铁水磷含量越低越好。由于磷在高炉冶炼中是不能去除的，只能要求进入转炉的铁水磷含量尽可能稳定。氧气顶吹转炉的脱磷率在 84%~94% 之间。对于低磷铁水，可以采用单渣操作；对于中磷铁水，可以采用双渣或留渣操作；而对于高磷铁水，则必须采用多次换渣操作或喷石灰粉工艺，但会恶化转炉的技术经济指标。随着铁水预处理技术的发展，目前进入转炉内的铁水一般经过"三脱"（脱硅、脱磷、脱硫）处理，以降低进入转炉铁水的磷含量，从而简化转炉操作。

d. 硫。硫也是炼钢要去除的有害元素之一。氧气转炉脱硫率一般为 30%~50%，因此，希望铁水 S<0.04%。铁水硫高可采取炉外脱硫。近年来对低硫钢的需求急剧增多，对吹炼低硫钢的铁水，要求含 S<0.015%，甚至更低。因此，必须降低入炉铁水的含硫量。

③ 铁水带渣量 高炉渣中 S、SiO_2、Al_2O_3 含量较高，过多的高炉渣进入转炉内会导致转炉渣量大、石灰消耗增加，且容易造成喷溅。因此，兑入转炉的铁水要求带渣不得超过 0.5%。

(2) 废钢 废钢是电弧炉炼钢的基本原料，用量约占钢铁料的 70%~90%。对氧气转炉来说，则既是金属料，又是冷却剂。增加转炉废钢用量可以降低转炉炼钢的成本、能耗和炼钢辅助材料的消耗。从合理使用和冶炼工艺的角度出发，对废钢的要求如下。

① 废钢表面应清洁、干燥、少锈，尽量避免带入泥土、沙石、耐火材料和炉渣等杂质。

② 废钢在入炉前应仔细检查，严防混入爆炸物、易燃物、密闭容器和毒品，严防混入铜、铅、锡、锑、砷等有色金属元素。

③ 不同性质的废钢应分类堆放，以避免贵重元素损失和熔炼出废品。

④ 废钢要有合适的块度和外形尺寸。废钢的外形和块度应能保证其从炉口顺利加入转炉。废钢的长度应小于转炉炉口直径的 1/2，单件重量一般不应超过 300kg。国标要求废钢的长度不大于 1000mm，最大单件重量不大于 800kg。

（3）生铁　与铁水相比，生铁没有显热，成分与铁水相似。一般情况下，转炉很少用大量生铁作炉料，在铁水不足时可用生铁作为辅助原料。优质生铁还可以在转炉冶炼终点前用于增碳和预脱氧。

生铁在电炉中使用，其主要目的是提高炉料或钢中的碳含量，并解决废钢来源不足的困难。电炉钢对生铁的要求较高，一般要求 S、P 含量低，Mn 含量不能高于 2.5%，Si 含量不能高于 1.2%。

（4）直接还原铁　直接还原铁（DRI）是以铁矿石或精矿粉球团为原料，在低于炉料熔点的温度下，以气体（CO 和 H_2）或固体碳作还原剂，直接还原铁的氧化物而得到的金属铁产品。

直接还原的铁产品有以下三种形式。

① 海绵铁。块矿在竖炉或回转窑内直接还原得到的海绵状金属铁，称为海绵铁。

② 金属化球团。使用铁精办粉先造球，干燥后在竖炉或回转窑内直接还原得到的保持球团外形的直接还原铁，称为金属化球团。

③ 热压块铁（HBI）。热压块铁是将刚刚还原出来的海绵铁或金属化球团趁热加压成形，使其成为具有一定尺寸的块状铁，一般尺寸多为 $100mm \times 50mm \times 30mm$。

（5）铁合金　炼钢生产中广泛使用各种脱氧和合金化元素与铁的合金（如 Fe-Mn、Fe-Si、Fe-Cr）以及复合脱氧剂（如硅锰合金、硅钙合金、硅锰铝合金），还有铝、锰、镍、钴等金属。

对铁合金的要求如下。

① 使用块状铁合金时，块度要合适，以控制在 10～40mm 为宜，这有利于减少烧损和保证钢水成分均匀。

② 铁合金成分应符合技术标准规定，以避免炼钢操作失误。例如，硅铁中的铝、钙含量以及沸腾钢脱氧用锰铁的硅含量，都直接影响钢水的脱氧程度。

③ 铁合金应按其成分严格分类保管，避免混杂。

④ 铁合金中非金属夹杂物、气体以及有害杂质磷、硫的含量要少。

4.9.2　造渣材料

（1）石灰　石灰是炼钢用量最大且价格便宜的造渣材料。它具有很强的脱磷、脱硫能力，不损坏炉衬。对炼钢用石灰有下列基本要求。

① 石灰 CaO 含量要高，SiO_2 和 S 含量要低。石灰中 SiO_2 和 S 的含量高会降低石灰中的有效 CaO 含量，为保证一定的炉渣碱度，需增加石灰消耗。但渣量增加，将恶化转炉技术经济指标。

② 石灰应保证清洁、干燥、新鲜。石灰容易吸水粉化变成 $Ca(OH)_2$，应尽量使用新烧的石灰，并采用密闭的容器储存和输送，这对于电炉炼钢厂尤其重要，电炉氧化期和还原期用的石灰要在 700℃ 高温下烘烤使用。超高功率电炉采用泡沫渣冶炼时，对用部分小块石灰石造渣。

③ 石灰的灼减率应控制在 3% 左右；灼减率高表明石灰的生烧率高，会使热效率显著降

低，且使造渣、温度控制利终点控制遇到困难。

④ 石灰应具有合适的块度。块度过大，溶解缓慢，甚至到吹炼终点还来不及溶解，影响成渣速度且不能发挥作用；过小的石灰则容易被炉气带走，造成浪费。

⑤ 石灰活性度要高。石灰的活性是指石灰与其他物质发生反应的能力。用石灰的溶解速度来表示。石灰在高温炉渣中的溶解能力称为热活性，目前在实验室还没有条件测定。因此，一般用石灰与水的反应，即石灰的水活性来近似地反映石灰在炉渣中的溶解速度。活性度越大，石灰溶解越快，成渣越迅速，反应能力越强。

(2) 白云石　近年来国内外氧气转炉普遍采用白云石等含 MgO 的材料造渣，增加渣中 MgO 含量，以减少炉衬中 MgO 向炉渣中转移，还可以加速石灰的溶解，且能促进前期化渣。同时也保持渣中 MgO 含量达到饱和或过饱和，使终渣达到溅渣操作的要求。

(3) 萤石。萤石是炼钢中普遍应用的熔剂，其主要成分为 CaF_2。它的熔点较低 (1418℃)，还能使 CaO 的熔点显著降低，因而能加速石灰的熔解，迅速改善碱性炉渣的流动性。转炉炼钢要求快速化渣，萤石则成为必备材料。但用量过大将增加喷溅，加剧对炉衬的侵蚀。电炉炼钢用的萤石，使用前应烘烤。炼钢用萤石要求 CaF_2 含量高，SiO_2、S 等杂质含量低，且具有合适的块度。

(4) 合成造渣剂　将石灰和熔剂预先在炉外制备成低熔点的造渣材料，将其加入炉内，必能加速成渣过程，提高炼钢的经济技术指标，但由于制备困难，应用还不普遍。

使用高碱度烧结矿或球团矿，可以显著改善造渣过程。特别是高碱度球团矿，它的块度、强度、化学成分及稳定性都很好，并可由高炉的球团车间供应，是一定前途的合成造渣材料。其缺点是造渣过程中要吸收大量的热，影响转炉废钢用量。

高碱度烧结矿或球团矿也可作合成造渣剂使用，它的化学成分和物理成分稳定，造渣效果良好。近年来，国内一些钢厂以转炉污泥为基料制备复合造渣剂，也取得了较好的使用效果和经济效益。

(5) 菱镁矿　也是天然矿物，主要成分是 $MgCO_3$，焙烧后用作耐火材料，它也是目前转炉溅渣护炉的调渣剂。

4.9.3　氧化剂、冷却剂和增碳剂

(1) 氧化剂

① 氧气。氧气是转炉炼钢的主要氧源，其纯度应大于 99.5%，压力要稳定，还应脱除水分和皂液。

② 铁矿石。铁矿石中铁氧化物的存在形式为 Fe_2O_3、Fe_3O_4 和 FeO，其氧含量分别为 30.06%、27.64% 和 22.28%。电炉用铁矿石的铁含量要高，因为铁含量越高，密度越大，入炉后越容易穿过渣层直接与钢液接触，以加速氧化反应的进行。对矿石成分的要求为：$w(TFe) \geq 55\%$，$w(SiO_2) < 8\%$，$w(S) < 0.1\%$，$w(P) < 0.10\%$，$w(Cu) < 0.2\%$，$w(H_2O) < 0.5\%$，块度为 30~100mm。

③ 氧化铁皮。氧化铁皮也称铁鳞，是轧钢车间的副产品，铁含量为 70%~75%，有帮助转炉化渣和冷却的作用。电炉用氧化铁皮造渣，可以改善炉渣的流动性，提高炉渣的去磷能力。

(2) 冷却剂

① 废钢。氧气转炉炼钢因热量有富裕，可加入多达 30% 的废钢，作为调整吹炼温度的

冷却剂。采用废钢冷却，可降低钢铁料、造渣材料和氧气的消耗，而且比用铁矿石冷却的效果稳定、喷溅少。同时，因废钢价格较生铁低，多用废钢可降低钢的成本。

② 富铁矿、团矿、烧结矿、氧化铁皮。这类冷却剂主要是利用它们所含 Fe_xO_y 氧化金属中的杂质时，需要吸收大量的热而起到冷却的作用。这部分炼钢原料可以直接炼成钢，而且利用了其中的氧，同时又是助熔剂，有利于化渣。但带进的脉石将使石灰消耗量增加，渣量增大。

③ 石灰石。在缺乏废钢和富铁矿等原料的地方，可用石灰石作冷却剂，因 $CaCO_3$ 分解时要大量吸热。

（3）增碳剂 电炉冶炼时由于配料或装料不当以及脱碳过量等原因，造成冶炼过程中碳含量达不到预期要求，必须对钢液增碳。氧气转炉用增碳法冶炼中、高碳钢时，也要用增碳剂。

常用的增碳剂有沥青焦粉、电极粉、焦炭粉、生铁等。

转炉所用的增碳剂要求固定碳含量高且稳定 $[w(C) \geqslant 96\%]$，硫含量应尽可能低 $[w(S) \leqslant 0.5\%]$，粒度应适中（1~5mm）。

4.10 转炉炼钢设备及工艺

转炉炼钢以铁水和废钢为主原料，向转炉熔池吹入氧气，使杂质元素氧化，杂质元素氧化热提高钢水温度，一般在 25~35min 内完成一次精炼的快速炼钢。

目前转炉炼钢是世界上最主要的炼钢生产方法。转炉炼钢法的发展经过了顶吹（LD法）、底吹（如 Q-BOP 法）和复吹（图 4-6）。在我国，主要采用 LD 法（小转炉）与复吹（大中型转炉）。

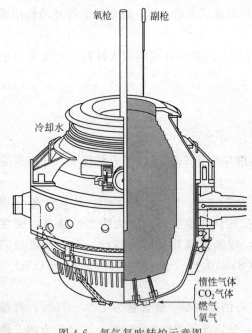

图 4-6 氧气复吹转炉示意图

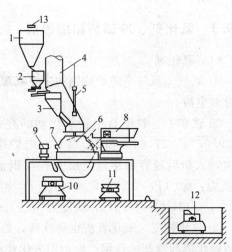

图 4-7 氧气顶吹转炉的设备及附属设备

1—料仓；2—称量料仓；3—批料漏斗；4—烟罩；5—氧枪；6—转炉炉体；7—出钢口；8—废钢料斗；9—往钢包加料的运输车；10—钢包；11—渣罐；12—铁水罐；13—运输机

4.10.1　转炉炼钢设备

转炉炼钢由转炉、转炉倾动机构、熔剂供应系统、铁合金加料系统、供氧系统、OG 系统、钢包及钢包台车、渣罐及台车等部分组成，如图 4-7 所示。

转炉作为反应容器，用于装铁水和废钢。转炉炉体由炉壳、托圈、耳轴和耳轴轴承座四部分组成。转炉倾动机构的作用是转动炉体。

熔剂供应系统一般由储存、运送、称量和向转炉加料等几个环节组成。熔剂通过皮带运输机运送到转炉的高位料仓，称量后加入到转炉。熔剂用于炼钢的造渣、保护炉衬和冷却钢水，主要有石灰、轻烧白云石和生白云石、萤石、矿石和氧化铁皮等。

铁合金供应系统一般由储存、运送、称量和向钢包加料等几个环节组成。熔剂通过皮带运输机运送到中位料仓，称量后加入到钢包。铁合金用于钢水的脱氧和合金化。转炉炼钢常用的铁合金有锰铁、硅铁、硅锰铁和铝等。

供氧系统一般是由制氧机、加压机、中间储气罐、输氧管、控制闸阀、测量仪表及喷枪等主要设备组成。供氧系统是炼钢工艺中的关键技术，送氧管道和氧枪是炼钢工艺的关键设备之一。

OG 系统主要是由烟罩、一级文氏管、90°弯头脱水器、二级文氏管、风机等组成，主要用于烟气净化回收。对转炉烟气采用未燃法、湿式处理方式。

4.10.2　氧气顶吹转炉炼钢工艺

4.10.2.1　转炉吹炼过程中金属成分的变化规律

（1）硅的氧化规律　在吹炼初期，铁水中 [Si] 与氧的亲和力大，而且 [Si] 氧化反应为放热反应，低温下有利于反应的进行。因此，[Si] 在吹炼初期就被大量氧化，一般在 5min 内即被氧化到很低的程度，一直到吹炼终点也不会发生硅的还原。其反应式可表示如下：

$$2(CaO) + (2FeO \cdot SiO_2) = (2CaO \cdot SiO_2) + 2(FeO) \tag{4-30}$$

$$2(FeO) + (SiO_2) = (2FeO \cdot SiO_2)（产物不稳定,随炉渣碱度的提高而转变） \tag{4-31}$$

$$[Si] + 2(FeO) = (SiO_2) + 2[Fe]（界面反应） \tag{4-32}$$

$$[Si] + 2[O] = (SiO_2)（熔池内反应） \tag{4-33}$$

$$[Si] + \{O_2\} = (SiO_2)（氧气直接氧化） \tag{4-34}$$

钢液中硅的氧化对熔池温度、熔渣碱度和其他元素的氧化产生影响。[Si] 氧化可使熔池温度升高，是主要热源之一；[Si] 氧化后生成（SiO_2），会降低熔渣碱度，不利于脱磷、脱硫，同时还会侵蚀炉衬，降低炉渣的氧化性，增加渣料消耗；熔池中 C 的氧化反应，只有在 $w[Si] < 0.15\%$ 左右时才能激烈进行。

（2）锰的氧化规律　锰在吹炼初期被迅速氧化，但不如硅氧化得快，其反应方程式为：

$$(MnO) + (SiO_2) = (MnO \cdot SiO_2)（吹炼前期） \tag{4-35}$$

$$[Mn] + (FeO) = (MnO) + [Fe]（界面反应） \tag{4-36}$$

$$[Mn] + [O] = (MnO)（熔池内反应） \tag{4-37}$$

$$[Mn] + 1/2\{O_2\} = (MnO)（直接氧化反应） \tag{4-38}$$

随着吹炼的进行，渣中 CaO 含量增加，炉渣碱度升高，会发生反应 $2(CaO) + (MnO \cdot$

SiO_2)$=\!=$(MnO)$+$(2CaO·SiO_2)，大部分（MnO）呈自由状态。吹炼后期炉温升高后，（MnO）被还原，会发生反应 [C]$+$(MnO)$=\!=$[Mn]$+$\{CO\}。

吹炼终了时，钢中的锰含量称为余锰量或残锰量。残锰量高，可以降低钢中硫的危害，减少合金用量。但冶炼工业纯铁时，则要求残锰量越低越好。

锰的氧化也是吹氧炼钢的热源之一，但不是主要的。在吹炼初期，锰氧化生成 MnO，可帮助化渣，减轻初期酸性渣对炉衬的侵蚀。在炼钢过程中，应尽量控制锰的氧化，以提高钢水残锰量。

（3）碳的氧化规律　碳的氧化规律主要表现为吹炼过程中碳的氧化速度。碳的氧化反应式如下：

$$[C]+(FeO)=\!=[Fe]+\{CO\}（乳浊液内反应）\tag{4-39}$$

$$[C]+(FeO)=\!=[Fe]+\{CO\}（界面反应）\tag{4-40}$$

$$[C]+[O]=\!=\{CO\}\tag{4-41}$$

（熔池粗糙表面上反应，只有当 $w[C]<0.05\%$ 时才发生反应 [C]$+2$[O]$=\!=$\{CO_2\}）[C]$+1/2$\{O_2\}$=\!=$\{CO\}，射流冲击区，直接氧化反应。C-O 反应主要发生在气泡与金属的界面上。影响碳氧化速度的主要因素有熔池温度、熔池金属成分、熔渣中 $\sum w(FeO)$ 和炉内搅拌强度。在吹炼的前、中、后期，这些因素随吹炼过程的进行时刻在发生变化，从而体现出吹炼各期不同的碳氧化速度。

（4）磷的氧化规律　磷的氧化规律主要表现为吹炼过程中的脱磷速度，脱磷反应式如下：

$$n(CaO)+(3FeO·P_2O_5)=\!=(nCaO·P_2O_5)+3(FeO)\quad（吹炼中后期,n=3 或 4）\tag{4-42}$$

$$(3FeO)+(P_2O_5)=\!=3FeO·P_2O_5（吹炼前期）\tag{4-43}$$

$$2[P]+5(FeO)=\!=(P_2O_5)+5[Fe]（界面反应）\tag{4-44}$$

$$2[P]+5[O]=\!=(P_2O_5)\tag{4-45}$$

$$2[P]+5/2\{O_2\}=\!=(P_2O_5)\tag{4-46}$$

影响脱磷速度的主要因素有熔池温度、熔池金属磷含量、熔渣中 $\sum w(FeO)$、熔渣碱度、熔池的搅拌强度及脱碳速度。在吹炼的前、中、后期，这些影响因素是不同的，而且随吹炼过程的进行又时刻发生变化，因此，吹炼各期的脱磷速度会发生变化。

在氧气顶吹转炉中，希望全程脱磷。吹炼各期不利于脱磷的因素是：前期炉渣碱度较低，应尽快形成碱度大于 2 的炉渣；中期渣中 $\sum w(FeO)$ 较低，应控制渣中 $\sum w(FeO)=10\%\sim12\%$，避免炉渣返干；后期熔池温度高，应防止终点温度过高。

（5）硫的变化规律　硫的变化规律主要表现为吹炼过程中的脱硫速度。按熔渣离子理论，脱硫反应可表示为：

$$[S]+(O^{2-})=\!=(S^{2-})+[O]$$

影响脱硫速度的主要因素有熔池温度、熔池硫含量、熔渣中 $\sum w(FeO)$、熔渣碱度、熔池的搅拌强度及脱碳速度。

4.10.2.2　转炉吹炼过程中熔渣成分和熔池温度的变化规律

（1）熔渣成分的变化规律　转炉吹炼过程中，熔池内的炉渣成分和温度影响着元素的氧化和脱除规律，而元素的氧化和脱除又影响着熔渣成分的变化。

吹炼开始后，由于硅的迅速氧化和石灰尚未入渣，渣中的 SiO_2 含量迅速升高到30%以上。其后由于石灰逐渐入渣，渣中 CaO 含量不断升高；而且由于金属中的硅已经氧化完了，仅余痕迹，渣中 SiO_2 的绝对含量不再增加，因而相对浓度降低，熔渣碱度逐渐升高。到吹炼中、后期，可得到高碱度、流动性良好的炉渣。

吹炼初期一般采用高枪位化渣，所以开吹后不久，渣中 FeO 含量可迅速升高到 20% 甚至更高。随着脱碳速度的增加，渣中 FeO 含量逐渐下降，到脱碳高峰期可降到 10% 左右。到吹炼后期，特别是在吹炼低碳钢和终点前提枪化渣时，渣中 FeO 含量又明显回升。

(2) 熔池温度的变化规律　熔池温度的变化与熔池的热量来源和热量消耗有关。

吹炼初期，兑入炉内的铁水温度一般为 1300℃ 左右，铁水温度越高，带入炉内的热量就越高，[Si]、[Mn]、[C]、[PI] 等元素氧化放热；但加入废钢可使兑入的铁水温度降低，加入的渣料在吹炼初期大量吸热。综合作用的结果是，吹炼前期终了时，熔池温度可升高至 1500℃ 左右。

吹炼中期，熔池中的 [C] 继续大量氧化放热，[P] 也继续氧化放热，均使熔池温度提高；但此时废钢大量熔化吸热，加入的二批料液熔化吸热。综合作用的结果是，熔池温度可达 1500~1550℃。

吹炼后期，熔池温度接近出钢温度，可达 1650~1680℃，具体因钢种、炉子大小而异。

在整个一炉钢的吹炼过程中，熔池温度约提高 350℃。

综上所述，顶吹氧气转炉开吹以后，熔池温度、炉渣成分、金属成分相继发生变化，它们各自的变化又彼此相互影响，形成高温下多相、多组元极其复杂的物理化学变化。图 4-8 所示为顶吹转炉实际吹炼一炉钢的过程中，金属和炉渣成分的变化。

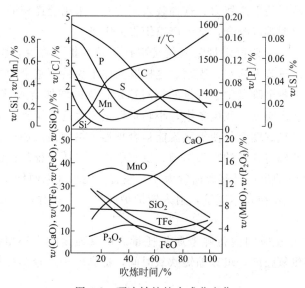

图 4-8　顶吹转炉炉内成分变化

4.10.2.3　氧气顶吹转炉炼钢操作制度

氧气顶底复吹转炉炼钢工艺包括五大操作制度：装入制度、供氧制度、造渣制度、温度制度、终点控制与出钢合金化。

(1) 装入制度　装入制度就是要确定转炉合适的装入量以及铁水废钢比。

① 装入量的确定。装入量是指转炉每炉次装入金属料的总重量，主要包括铁水和废钢的装入数量。生产实践证明，每座转炉都有其合适的装入量。装入量过多，会使熔池

搅拌不良，化渣困难，有可能导致喷溅和金属损失，缩短炉帽部分的使用寿命；装入量过少，则产量降低，炉底易受到氧气射流的冲击而损坏。因此，在确定转炉装入量时要考虑以下因素。

a. 合适的炉容比。炉容比是指转炉新砌砖后，炉内自由空间的容积 V 与金属装入量 T 之比，以 V/T 表示，单位为 m^3/t，通常在 $0.75\sim1.0m^3/t$ 之间波动。合适的炉容比是从生产实践中总结出来的，它与铁水成分、喷头结构、供氧强度等因素有关。当铁水中的硅、磷含量较高，供氧强度大，喷孔数少，用铁矿石或氧化铁皮作冷却剂，转炉容量小时，炉容比应取大一些，反之则取小一些。

b. 合适的熔池深度。熔池深度指熔池在平静状态时金属液面到炉底最低点的距离。为了保护炉底、安全生产和保证冶炼效果，熔池深度应大于氧气射流对熔池的最大穿透深度。

c. 装入量应与钢包容量、行车的起重能力、转炉的倾动力矩相适应。

② 装入制度的类型　装入制度是指一个炉役期中装入量的安排方式。氧气顶吹转炉的装入制度有定量装入、定深装入和分阶段定量装入。

a. 定量装入。定量装入就是在整个炉役期内，保持每炉的装入量不变。其优点是：生产组织简便，原材料供给稳定，有利于实现过程的自动控制。其缺点是：炉投前期装入量偏多、熔池偏深，后期装入量偏少、熔池较浅，转炉的生产能力得不到较好的发挥。该装入制度只适合大型转炉。

b. 定深装入。定深装入就是在整个炉役期内，保持熔池深度不变，即随着炉膛的不断扩大，装入量逐渐增加。其优点是：氧枪操作稳定，有利于提高供氧强度和减少喷溅，并可保护炉底和充分发挥转炉的生产能力。这种装入制度对于采用全连铸的车间具有优越性，仅当采用模铸生产时，锭型难以配合，给生产组织带来困难。

c. 分阶段定量装入。分阶段定量装入就是根据炉膛的扩大程度，将整个炉役期划分为几个阶段，每个阶段定量装入铁水、废钢。这样既大体上保持了整个炉役期中具有比较合适的熔池深度，又保持了各个阶段中装入量的相对稳定；既能增加装入量，又便于组织生产，是一种适应性较强的装入制度。我国各中、小转炉炼钢厂普遍采用这种装入制度。

（2）供氧制度　供氧制度就是使氧气流能最合理地供给熔池，创造良好的物理化学反应条件。其主要内容包括确定合理的喷头结构、供氧强度、氧压和枪位控制。

① 氧枪喷头　氧气的出口马赫数通常为 2.0 左右，使氧气以两倍左右的声速（超声速：$P_{出口}/P_{进口}<0.528$）喷出拉瓦尔喷管，射入转炉炉膛内，是具有化学反应的逆向流中非等温超声速湍流射流运动。

② 供氧强度　是单位时间内每吨金属氧耗量。供氧强度的大小根据转炉的公称吨位、炉容比来确定。提高供氧强度，可以缩短吹氧时间，提高转炉产量。一般供氧强度为 $3.0\sim5.0m^3/(t\cdot min)$。

③ 氧压　为保证射流出口速度达到超声速，并使喷头出口处氧压稍高于炉膛内炉气压力。一般转炉的氧气工作压力为 $0.8\sim1.2MPa$。

④ 枪位控制。枪位的变化主要根据不同吹炼时期的冶金特点进行调整。枪位与氧压的配合有三种方式：恒压变枪、恒枪变压、变枪变压。在我国，多半采用恒压变枪操作。

（3）造渣制度　造渣制度是确定合适的造渣方法、渣料的种类、渣料的加入数量和时间以及加速成渣的措施，以达到去除磷硫、减少喷溅、保护炉衬、减少终点氧及金属损失的目的。

炉渣碱度是炉渣去除硫、磷能力大小的主要标志。一般而言，对于冶炼普通铁水，转炉终渣碱度在 3.0～4.0 之间。

石灰加入量：根据铁水中 Si、P 含量及终渣碱度 R 来确定。

采用白云石或轻烧白云石代替部分石灰造渣，提高渣中（MgO）含量，减少炉渣对炉衬的侵蚀，具有明显效果。

萤石的主要成分为 CaF_2，并含有 SiO_2、Fe_2O_3、Al_2O_3、$CaCO_3$ 和少量磷、硫等杂质。萤石作为助熔剂的优点是化渣快，效果明显。

造渣制度就是要确定合适的造渣方法、渣料的加入数量和时间以及如何加速成渣。

① 石灰的溶解机理及影响石灰溶解速度的因素

石灰在炉渣中的溶解是复杂的多相反应，其溶解过程分为以下三个步骤。

a. 液态炉渣中 FeO、MnO 等氧化物或其他熔剂通过扩散边界层向石灰块表面扩散（外部传质）并且液态炉渣沿石灰块中的孔隙、裂缝向石灰块内部迁移，同时其氧化物离子进一步向石灰晶格中扩散（内部传质）。

b. CaO 与炉渣进行化学反应，形成新相。反应不仅在石灰块的外表面进行，而且也在石灰块内部孔隙的表面上进行。其反应生成物一般都是熔点比 CaO 低的固溶体及化合物。

c. 反应产物离开反应区，通过扩散边界层向炉渣熔体中传递。

② 影响石灰溶解速度的主要因素有石灰质量、炉渣成分、熔池温度、熔池搅拌强度等，现分别讨论如下。

a. 石灰质量。石灰质量主要是指石灰的反应能力，即石灰吸附、吸收炉渣及与之反应的能力。实践证明，精度细小、孔隙率高、比表面积大的活性石灰的反应能力比硬烧石灰强，吹炼中成渣速度快，去 P、S 效果好。

b. 炉渣成分。炉渣成分对石灰溶解速度的影响可用下式表述：

$$J(CaO) \approx k[w(CaO) + 1.35w(MgO) - 1.09w(SiO_2) + 2.75w(FeO) +$$
$$1.9w(MnO) - 39.1] \tag{4-47}$$

式中，$J(CaO)$ 为石灰在渣中溶解速度，$kg/(m^2 \cdot s)$；$w(CaO)$、$w(MgO)$ 等为渣中相应氧化物的质量分数，%；k 为比例系数。从式（4-47）可以看出，对生产中常见的炉渣体系而言，FeO、MnO、MgO、CaO 含量的提高（在它们一般的变化范围内）对石灰渣化具有决定性的影响。在通常的氧气转炉炼钢条件下，石灰的主要熔剂是 FeO。

c. 熔池温度。熔池温度高于熔渣熔点以上，可以使熔渣黏度降低，加速熔渣向石灰块的渗透，使生成的石灰块外壳化合物迅速熔融而脱落成渣。

d. 比渣量。比渣量是指已熔炉渣和未熔石灰量之比。生产实践表明，采用留渣法、"少量多批"加入第二批石灰的方法对促进石灰溶解是有利的。

e. 熔池搅拌。熔池搅拌强烈而均匀是石灰溶解的重要动力学条件。加强熔池搅拌，可以显著改善石灰溶解的传质过程，增加反应界面，提高石灰溶解速度。

③ 快速成渣的措施　氧气顶吹转炉的基本特点是速度快、周期短，目前大转炉的吹炼时间已达 15～18min。要在这短短的十几分钟时间内保证冶炼正常进行，必须加速化渣。因此，成渣速度问题是氧气顶吹转炉控制造渣的中心环节。提高成渣速度的具体措施主要有以下几个方面。

a. 采用活性石灰造渣。活性石灰与普通石灰相比，具有更高的反应能力，表面沉积的

C_2S 外壳不致密、易剥落，可加速石灰的溶解。

　　b. 避免在石灰块表面沉积 C_2S。从 $CaO\text{-}SiO_2\text{-}FeO$ 三元系相图上可以看出，沿着 $w(FeO)/w(SiO_2)>2$ 的路线提高炉渣碱度，可避开 C_2S 的沉积区，加快石灰的熔化。

　　c. 采用合成渣料。例如，采用 $CaO\text{-}Al_2O_3\text{-}Fe_2O_3$ 合成渣料，转炉烟尘拌加石灰粉、生白云石粉、轧钢氧化铁皮制成的冷固球团，渗 FeO 的石灰和渗 FeO 的白云石，都取得了很好的效果。

　　d. 采用留渣法操作。

　　e. 缩短石灰溶解的滞止期。主要的措施有：首先，在上炉出钢完毕时即加入 $1/3\sim2/5$ 的石灰和全部废钢，预热它们，这样在兑铁水开吹后、石灰进入炉渣时，其周围就不会形成炉渣的冷凝外壳；其次就是尽量减小石灰块度，采用粒度为 $10\sim30mm$ 的石灰连续加入一次反应区，可以缩短石灰溶解的滞止期。

　　f. 防止开吹期石灰成团。很大的石灰团一旦形成，它在炉渣中的溶解就会很困难。石灰块成团的原因是液渣数量少、黏度大和熔池搅拌不足。

　　g. 提高熔池温度。任何提高熔池温度的措施都将促进化渣。

　　h. 强化前期的熔池搅拌运动。采用双流复合氧枪及顶底复吹技术可加速化渣。

　　④ 造渣方法　根据铁水成分不同和对所炼钢种的要求，造渣方法可分为单渣法、双渣法和双渣留渣法。

　　a. 单渣法。单渣法指的是在冶炼过程中只造一次渣，中途不倒渣、不扒渣，直到终点出钢。这种造渣方法适用于铁水硅、磷、硫含量较低，钢种对磷、硫含量要求不严格以及冶炼低碳钢种的情况。单渣法操作工艺简单，吹炼时间短，劳动条件好，易于实现自动控制，其脱磷率在 90% 左右，脱硫率在 35% 左右。

　　b. 双渣法。双渣法就是换渣操作，即在吹炼过程中分一次或几次倒出或扒出 $1/2\sim2/3$ 的炉渣，然后加渣料重新造渣。这种造渣方法适合在铁水硅含量大于 1.0% 或原料磷含量小于 0.5%，但要求生产低磷的优质钢；吹炼中、高碳钢以及需在炉内加入大量易氧化元素的合金钢时采用。此法的优点是：去除磷、硫的效果较好，其脱磷率可达 $92\%\sim95\%$，脱硫率约为 50%；可消除大渣量引起的喷溅；倒出部分酸性渣，可以减轻对炉衬的侵蚀，减少石灰消耗。

　　c. 双渣留渣法。双渣留渣法是出钢后将上一炉冶炼的终点炉渣留一部分在炉内，供下一炉冶炼时作部分初期渣使用，然后在吹炼前期结束时倒出，重新造渣。这种方法适用于吹炼中、高磷（$w[P]>1.5\%$）铁水。由于终渣碱度高、渣温高、（FeO）含量较高、流动性好，有助于下炉吹炼前期石灰的熔化，可加速初期渣的形成，提高前期脱磷、脱硫率和炉子热效率；同时，还可以减少石灰的消耗，降低铁损和氧耗。

　　⑤ 渣料加入时间　通常情况下，顶吹转炉渣料分两批或三批加入。第一批渣料在兑铁水前或开吹时加入，加入量为总渣量的 $1/2\sim2/3$，并将白云石全部加入炉内。第二批渣料加入时间是在第一批渣料化好且铁水中硅、锰氧化基本结束后，其加入量为总渣量的 $1/3\sim1/2$。若是双渣操作，则是在倒渣后加入第二批渣料。第二批渣料分小批多次加入，多次加入对石灰溶解有利，也可用小批渣料来控制炉内泡沫渣的溢出。第三批渣料视炉内磷、硫的去除情况来决定是否加入，其加入数量和时间均应根据吹炼实际情况而定。无论加几批渣，最后一小批渣料都必须在拉碳前 $3min$ 加完，否则来不及化渣。

　　⑥ 泡沫渣　转炉吹炼过程中，由于氧气射流的冲击和熔池搅拌，产生了许多金属液

滴。这些金属液滴落入炉渣后，与（FeO）作用生成大量的 CO 气泡并分散于熔渣之中，形成了钢-渣-气密切混合的乳浊液，并产生泡沫渣。在氧气顶吹转炉炼钢中，由于泡沫渣较为充分地发展，大大增加了钢-渣-气之间的接触面积，加速了脱碳、脱磷等反应的进行。因此，在吹炼过程中造成一定程度的泡沫渣是缩短冶炼时间、提高产品质量的一个重要工艺措施。

实践证明，氧气转炉炼钢过程中泡沫渣总是要发生的，形成后应将其控制在合适的范围内，以使吹炼平稳和达到出钢拉碳的要求，问题是如何利用和控制它。

对炼钢操作来说，要造的是"非饱和型"的正常泡沫渣。其关键是：初期要早化渣，中期要保持渣中 $\sum w(\text{FeO})=10\%\sim20\%$，同时要保证枪位在合适的"淹没"吹炼条件下工作，二批料应按少量多次的制度加料。

（4）温度制度　炼钢中的一个重要任务就是将钢水温度升至出钢温度。转炉炼钢中的温度控制是指吹炼过程熔他温度和终点钢水温度的控制。过程温度控制的目的是使吹炼过程升温均衡，保证操作顺利进行；终点温度控制的目的是保证合格的出钢温度。

吹炼任何钢种对终点温度范围均有一定的要求。出钢温度过低，浇铸时将会造成断浇，甚至使全炉钢回炉处理。出钢温度过高，钢中气体和非金属夹杂物增加，炉衬和氧枪寿命降低，甚至造成浇铸时漏钢。

① 热量来源与热量支出

a. 热量来源。氧气转炉炼钢的热量来源是铁水的物理热和化学热。物理热是指铁水带入的热量，与铁水温度有直接关系；化学热是指铁水中各元素氧化后放出的热量，与铁水化学成分直接相关，其中 C、Si 两大元素为转炉炼钢的主要发热元素。

b. 热量支出。转炉的热量支出包括两部分：一部分是直接用于炼钢的热量，即用于加热钢水和熔渣的热量；另一部分是未直接用于炼钢的热量，包括废气、烟尘带走的热量，冷却水带走的热量，炉口炉壳的散热损失和冷却剂的吸热等。

② 出钢温度的确定　出钢温度的高低受钢种、锭型和浇注方法的影响，其确定原则如下。

a. 应保证浇注温度高于所炼钢种凝固温度 60～100℃（小炉子偏上限，大炉子偏下限）。

b. 应考虑出钢过程和钢水运输、镇静时间，钢液吹氩时的温降一般为 40～80℃。

c. 应考虑浇注方法和浇注锭型的大小。浇注小钢锭时，出钢温度要偏高些；若采用连铸，其出钢温度也要高些（比模铸高 20～50℃）。

③ 吹炼过程的温度控制

温度控制的办法主要是适时加入需要数量的冷却剂，以控制好过程温度，并为直接命中终点温度提供保证。冷却剂的加入时间因条件而异。废钢在吹炼时加入不方便，通常在开吹前加入。利用矿石或铁皮作冷却剂时，由于它们同时又是化渣剂，其加入时间往往与造渣同时考虑，大多采用分批加入方式。冷却剂的加入量需考虑铁水的硅含量、所炼钢种、炉衬及空炉时间的变化。

（5）终点控制和出钢　终点控制是转炉吹炼末期的重要操作。终点控制主要是指终点温度和成分的控制。

转炉吹炼终点控制可分为自动控制和经验控制两大类。

a. 出钢。出钢是转炉炼钢过程的最后一个环节，当钢水成分和温度达到出钢要求后，便可摇炉将钢水通过出钢口倒入钢包中。在出钢操作中应注意：红包出钢、保持适宜的出钢时间、挡渣出钢。

b. 脱氧及合金化。在转炉炼钢中，到达吹炼终点时，钢水含氧量一般比较高，为了保证钢的质量和顺利浇铸，必须对钢水进行脱氧。同时，为了使钢达到性能要求，还需向钢水中加入一种或几种合金元素，即所谓合金化操作。

不同的钢种，由于其允许含氧量的不同，所以在脱氧时采用的脱氧剂种类和用量也不完全一样，常见的脱氧剂有 Fe-Mn、Fe-Si、Al 等。

① 终点控制方法　终点控制方法分为经验控制方法和自动控制方法。对于中小转炉，目前采用的主要是经验控制方法。终点碳经验控制的方法有三种，即一次拉碳法、增碳法和高拉补吹法。

a. 一次拉碳法。按出钢要求的终点碳和终点温度进行吹炼，当达到要求时提枪停止吹氧。这种方法在吹炼终点时终点碳和终点温度同时命中目标，操作技术水平高，其他方法一般很难达到。该方法还具有如下优点：

终渣 TFe 含量低，钢水收得率高，对炉衬侵蚀量少；

钢水中有害气体少，不加增碳剂，钢水洁净；

余锰量高，合金消耗少；

氧耗量少，节约增碳剂。

b. 增碳法。当吹炼碳含量大于 0.08% 的钢种时，均在吹炼到 $w[C]=0.05\%\sim0.06\%$ 时提枪，然后按照所炼钢种的规格要求在钢包内增碳。采用增碳法时应严格保证增碳剂的质量。增碳剂所用炭粉要求纯度高，硫和灰分含量要很低，有时对其氮含量也有要求，否则会污染钢水。

c. 高拉补吹法。当冶炼中、高碳钢时，终点按规格稍高些进行拉碳，待测温、取样后，按分析结果与规格的差值决定补吹时间。由于在中、高碳（$w[C]>0.4\%$）钢的碳含量范围内，脱碳速度较快，火焰没有明显的变化，从火花上也不易判断，终点人工一次拉碳很难判断准确，所以采用高拉补吹的方法。高拉补吹法只适用于中、高碳钢的吹炼。

② 出钢方法　在转炉出钢过程中，为了减少钢水吸气和有利于合金加入钢包后搅拌均匀，需要有适当的出钢持续时间。小于 50t 的转炉其出钢持续时间为 1～4min，50～100t 的转炉为 3～6min，大于 100t 的转炉为 4～8min。自 1970 年日本发明挡渣出钢法后，先后又出现多种出钢方式，其目的是：利于准确控制钢水成分，减少钢水回磷，提高钢包精炼效果。目前采用的挡渣出钢法有挡渣帽法、挡渣球法、挡渣塞法、气动挡渣器法、气动吹渣法和电磁挡渣法等。

4.11　溅渣护炉

溅渣护炉是近年来开发的一项提高炉龄的新技术，是在 20 世纪 70 年代广泛应用过的挂渣补炉技术（向炉渣中加入含 MgO 的造渣剂造黏渣）的基础上，采用氧枪喷吹高压氮气，在 2～4min 内将出钢后留在炉内的残余炉渣喷溅涂覆在转炉内衬整个表面上，生成炉渣保护层的护炉技术。该技术最先是在美国共和钢公司的大湖分厂（Great Lakes），由普莱克斯（Praxair）气体有限公司开发的，在大湖分厂和格棱那也特市分厂（Granite City）实施后并没有得到推广。

溅渣护炉是维护炉衬的主要手段，其基本原理如下：利用高速氮气射流冲击熔渣液面，将 MgO 饱和的高碱度炉渣喷溅涂覆在炉衬表面，形成一层具有一定耐火度的溅渣层，如

图 4-9 所示。

溅渣护炉技术的特点如下。

① 操作简便。根据炉渣黏稠程度调整成分后，利用氧枪和自动控制系统，将供氧气改为供氮气，即可降枪进行溅渣操作。

② 成本低。该技术充分利用了转炉高碱度终渣和制氧厂副产品氮气，加少量调渣剂（如菱镁球、轻烧白云石等）就可实现溅渣，还可以降低吨钢石灰消耗。

③ 时间短。一般只需 3～4min 即可完成溅渣护炉操作，不影响正常生产。

④ 溅渣均匀覆盖在整个炉膛内壁上，基本上不改变炉膛形状。

⑤ 工人劳动强度低，无环境污染。

⑥ 炉膛温度较稳定，炉衬砖无热震变化。

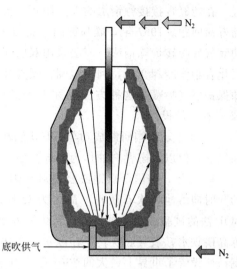

图 4-9　溅渣护炉示意图

⑦ 由于炉龄提高，节省了修砌炉时间，对提高钢产量和平衡、协调生产组织有利。

⑧ 由于转炉作业率和单炉产量提高，为转炉实现"二吹二"或"一吹一"的生产模式创造了条件。

4.12　喷溅

喷溅是顶吹转炉吹炼过程中经常发生的一种现象，通常将被炉气携走、从炉口溢出或喷出炉渣和金属的现象称为喷溅。喷溅的产生会造成大量的金属和热量损失，对炉衬的冲刷加剧，甚至造成粘枪、烧枪、炉口和烟罩挂渣，增大清渣处理的劳动强度。由于喷出大量的熔渣，还会影响脱磷、脱硫及操作的稳定性，限制了供氧强度的提高。因此，在转炉操作过程中防止喷溅是十分重要的。在转炉的吹炼时期，喷溅主要有以下几种类型。

（1）金属喷溅　吹炼初期炉渣尚未形成或吹炼中期炉渣返干时，固态或高黏度炉渣被顶吹氧射流和从反应区排出的 CO 气体推向炉壁。在这种情况下，金属液面裸露，由于氧气射流冲击力的作用，使金属液滴从炉口喷出，这种现象称为金属喷溅。

（2）泡沫渣喷溅　吹炼过程中，由于炉渣中表面活性物质较多，使炉渣泡沫化严重。在炉内 CO 气体大量排出时从炉口溢出大量泡沫渣的现象，称为泡沫渣喷溅。

（3）爆发性喷溅　吹炼过程中，当炉渣中（FeO）积累较多，由于加入渣料或冷却剂过多而造成熔池温度降低；或是由于操作不当，使炉渣黏度过大而阻碍 CO 气体排出时，一旦温度升高，熔池内碳与氧则剧烈反应，产生大量 CO 气体并急速排出，同时也使大量金属和炉渣喷出炉口，这种突发的现象称为爆发性喷溅。

（4）其他喷溅　在某些特殊情况下，由于处理不当也会产生喷溅。例如，在采用留渣操作时，渣的氧化性强，兑铁水时如果速度过快，可能使铁水中的碳与炉渣中的氧发生反应，引起铁水喷溅。又如，在吹炼后期，采用补兑铁水时也可能造成喷溅。

4.13　氧气底吹转炉炼钢工艺

氧气底吹转炉炼钢法是在空气底吹转炉炼钢法的基础上发展起来的。从转炉底部供入氧气，在纯氧直接接触钢水的火点附近，温度高达约 2000℃。底吹转炉存在的主要问题是喷嘴寿命问题。1967 年，联邦德国马克西米利安公司和加拿大莱尔奎特公司共同协作试验成功氧气底吹转炉炼钢法。该法采用双层同心套管式喷嘴，中心管通氧，套管环缝吹入气态碳氢化合物作冷却介质，利用包围在氧气外面的碳氢化合物的裂解吸热利形成还原性气幕来冷却保护氧气喷嘴。这种方法也称为 OBM 法（Oxygen Bottom-blown Method），于 1967 年 12 月在德国投产。

1970 年，法国研制成功与 OBM 法相类似的工艺方法——LWS 法，它也是用套管式喷嘴供氧，但以液态燃料油作为冷却介质。

1971 年，美国合众钢铁公司对平炉进行改造，引进 OBM 法试验，在中心管底吹氧气的同时向熔池喷吹石灰粉，命名为 Q-BOP 法 ［Quiet (quick)-Basic Oxygen Process］。Q-BOP 法的试验成功为氧气底吹转炉的发展开辟了广阔的前景。由于设备投资低并适宜于吹炼高磷铁水，氧气底吹转炉在欧洲、美国和日本得到了进一步的发展。1977 年，日本川崎制铁所设置了世界上最大的 230t Q-BOP。

4.14　顶底复合吹炼转炉炼钢工艺

氧气顶底复吹转炉炼钢技术是在顶吹转炉和底吹转炉生产应用的基础上，综合两种方法的优点和克服其不足而发展起来的，于 1975 年开始投入工业生产。氧气顶吹转炉与底吹转炉相比，最突出的问题是熔池搅拌不均匀、喷溅严重。复合吹炼法就是利用底吹气流克服顶吹氧流对熔池搅拌能力不足（特别在低碳时）的弱点，可使炉内反应接近平衡，铁损失减少，同时又保留了顶吹法容易控制造渣过程的优点，因而具有比顶吹和底吹更好的技术经济指标。目前，顶底复吹转炉炼钢技术在世界上得到广泛应用，近年来我国新建的转炉车间基本都是采用顶底复合吹炼转炉。

（1）顶底复合吹炼转炉炼钢工艺的类型　自顶底复吹转炉投产以来，已命名的复吹方法达数十种之多，就其吹炼工艺而言，要分为如下四种类型。

① 底部搅拌型。这种类型以加强熔池搅拌、改善冶金反应动力学条件为主要目的。其氧气供给全部由顶吹氧枪吹入，底部吹入少量搅拌气体，底吹供气强度一般小于 $0.1m^3/(min \cdot t)$。常用的底吹搅拌气体有氮气、氩气和二氧化碳等气体。具有代表性的底部搅拌型复吹方法有 LBE 法、LD-KG 法等，我国目前采用的复吹转炉大多数属于这种类型。

② 顶底复合吹氧型。这种类型以增大供氧强度、强化冶炼为目的。其冶炼所需氧气分别由顶、底同时供给，底部供氧量为总供氧量的 $5\%\sim30\%$，底部供气强度（标态）大于 $0.1m^3/(min \cdot t)$。在底吹供气量相同的条件下，底吹氧气的搅拌能力大于氮气和氩气，并且在大量使用底吹氧气时不会造成熔池降温和钢水增氮，但冷却介质引起的钢水氢含量增加应引起重视。具有代表性顶底复合吹氧型方法有 STB 法、LD-OB 法等。

③ 吹石灰粉型。这种类型以加速造渣、强化去除磷和硫为主要目的。它是在顶底复合吹氧的基础上同时吹入石灰粉，以氧气载石灰粉进入熔池。采用这种复吹工艺可以冶炼合金钢和不锈钢，其技术经济指标较好。具有代表性的底吹石灰粉型的复吹方法是 K-BOP 法。

④ 喷吹燃料型。这种类型以补充转炉热源、增加转炉废钢加入量为目的。这种工艺是在供氧的同时喷入煤粉、燃油或燃气等燃料，燃料的供给既可从顶部加入也可从底部喷入。前苏联有的厂还从顶、底、侧三个方向同时向炉内供入氧和燃料。通过向炉内喷吹燃料，可使废钢比提高，如 KMS 法的废钢比达 40% 以上；而从底部喷煤粉和顶底供氧的 KS 法则可

使废钢比达 100%，即实现了转炉全废钢冶炼。

（2）冶金效果　根据顶底复吹转炉的冶金反应特点，在复吹转炉生产实践中取得了如下冶金效果。

① 吹炼平稳，化渣快，使喷溅和吹损减少，金属收得率提高。顶底复合吹炼中，顶枪供氧化渣，底吹搅拌熔池，使炉渣熔化快，渣-钢间反应趋于平衡，消除了顶吹转炉渣中氧势显著高于钢中的不平衡状态，减少了吹损和炉渣喷溅。

② 钢液氧化性降低，使钢水中残锰量提高，从而节省了合金消耗。顶底复吹转炉搅拌良好，终渣（FeO）含量降低，使钢水中 [O] 含量减少，从而节省了脱氧时的合金消耗。同时，顶底复吹冶炼终点钢水中的残锰量比顶吹转炉有所提高，也使锰铁消耗降低。

③ 渣-钢间反应能力提高，使脱磷、脱硫效率提高，节约了造渣材料。顶底复合吹炼中，由于化渣快，有利于炉内的脱磷、脱硫反应进行，提高了磷、硫反应的分配比，使造渣材料加入量减少。

④ 冶炼时间缩短，氧气消耗减少。顶底复吹转炉的熔池反应能力加快，使氧气利用率提高、吹炼时间缩短，从而使氧气消耗减少。一般顶底复吹转炉的吹炼时间比顶吹转炉缩短 1～2min，氧气消耗减少 1～3m^3/t。当然，顶底复吹转炉底吹搅拌用气量会有回增加。

⑤ 炉容比减小，提高了转炉的生产能力。在顶底复吹工艺中，由于渣料加入量减少，炉渣不易喷溅，可使炉容比降低，从而提高了转炉的装入量，使转炉的生产能力得以提高。

4.15　转炉炼钢新技术

20 世纪 70 年代后，随着计算机应用技术的飞速发展及数学模型的研制与开发，加上采用副枪监测、炉气分析和声呐噪声分析，使得计算机控制炼钢技术取得突破性进展。基于神经网络、模糊控制的（预报-控制型）专家系统模型在近几年的发展也是相当迅速。

模型是用物理化学或数学方法对实际过程进行描述的一种工具，是实现计算机控制转炉炼钢的核心，可分为静态模型和动态模型。

静态模型：转炉冶炼的静态模型以终点碳和终点温度控制模型为中心，用于预测铁水温度成分和质量，还包括各种辅助原料成分和质量、氧气流量和枪位。根据目标终点 [C]、温度要求确定吹炼方案、供氧时间和原辅料加入量。

动态模型：动态模型是炼钢工艺过程中的关键部分，用于计算动态过程吹氧量、推算终点碳含量、推算终点钢水温度、计算动态过程冷却剂加入量以及用实际数值对计算结果进行修正。

同世界先进国家相比，我国转炉动态控制模型的开发与应用还存在许多不足，采用炉气分析法对无副枪转炉进行终点控制，适合我国大批中、小型无副枪转炉的控制特点，具有广阔的应用前景。

炉气分析技术：通过在转炉烟道上安装气体取样器、烟气处理、质谱仪分析等系统，可实时在线准确地分析炉气成分，并通过模型连续计算转炉吹炼过程中熔池成分与温度的变化，实现吹炼过程的终点控制。

动态控制的各种方法都不能直接测量熔池的信息，直接检测熔池钢水的手段是用副枪。副枪检测结果的可靠性与检测时间、检测位置有密切关系。

副枪技术：在转护吹炼末期，通过副枪测定炉内钢水成分、温度，校正静态模型的计算误差，并根据监测值预报终点。通常采用副枪终点动态控制技术，碳的控制精度为 ±

0.015％，温度为±12℃；碳温同时命中率不小于85％。

4.16 电弧炉炼钢工艺及设备

　　传统电弧炉冶炼工艺可分为氧化法、返回吹氧法和不氧化法三种类型。氧化法特点是，冶炼过程有完整的氧化期和完整的还原期，能脱碳、脱磷、脱硫、去气、去夹杂，对炉料无特别要求，有利于钢质量的提高。到目前为止，国内氧化法冶炼工艺仍是电弧炉炼钢的主要方法。本节以氧化法冶炼工艺为主，介绍电弧炉冶炼的基本工艺。

4.16.1 电弧炉炼钢设备

　　电炉炼钢设备主要包括机械设备和电气设备。

　　电弧炉的炉体由金属构件和耐火材料砌筑成的炉衬两部分组成，金属构件包括炉壳、炉门、出钢机构、炉盖圈和电极密封圈等。目前电炉以偏心底出钢（EBT）方式为主。

　　为了便于电弧炉出钢和出渣，炉体应能倾动。倾动机构就是用来完成炉子倾动的装置，偏心底出钢电炉要求向出钢方向能倾动12°～15°以出尽钢水，向炉门方向倾动10°～15°以利出渣。电弧炉设备如图4-10所示。

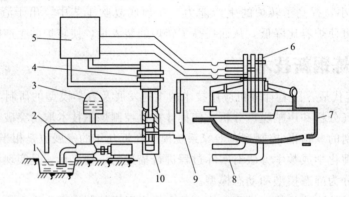

图4-10　电弧炉设备示意图

1—储液槽；2—液压水泵；3—压力罐；4—伺服阀线圈；5—电器控制系统；
6—电极；7—偏心底出钢；8—吹气管；9—电极升降装置；10—伺服阀

　　电极升降机构由电极夹持器、横臂、立柱及传动机构组成。其任务是夹紧、放松、升降电极和输入电流。

4.16.2 电弧炉的大小与分类

　　通常采用出钢量、变压器额定功率与电炉炉壳直径三个参数来表示电弧炉的大小。近年来，随着电弧炉向超高功率化、大型化发展，其大与小的区分界限也在改变，通常把40t/4.6m以下的电弧炉看作小电弧炉，把50t/5.2m以上的电弧炉看作大电弧炉。就电弧炉大型化而言，美国领导世界潮流，200st级的电弧炉很多（1st＝0.907t），350st以上的电弧炉就有6座，并于1971年投产了400st/9.8m/162MV·A电弧炉以生产钢锭。2000年，美国西北钢线材公司投产世界最大的415t电弧炉。日本最大电弧炉为250t，中国最大电弧炉为150t。电弧炉的超高功率化、大型化提高了生产率，降低了炼钢成本。

　　在电弧炉发展过程中，超高功率化、大型化起到了积极促进作用。目前来看，较多电弧炉容量在 60~120t 之间，相应能力在 30 万~80 万吨/年之间。这不仅是由于该吨位范围内的电弧炉本身单体技术比较完善和成熟，更重要的是由于其与精炼、连铸、轧制等在工程上的匹配与衔接更容易优化，经济上也更合理。

电弧炉的分类方法具体如下：

① 按炉衬耐火材料的性质，分为酸性、碱性电弧炉；

② 按电流特性，分为交流、直流电弧炉；

③ 按功率水平，分为普通功率、高功率及超高功率电弧炉；

④ 按废钢预热，分为竖炉、双壳炉、炉料连续预热电弧炉等；

⑤ 按出钢方式，分为槽式出钢、偏心底出钢（EBT）、中心底出钢（CBT）及水平出钢（HOT）电弧炉等；

⑥ 按底电极形式，分为触针式、导电炉底式及金属棒式直流炉。

4.16.3 碱性电弧炉氧化法冶炼工艺

传统的氧化法冶炼工艺操作过程由补炉、配料、熔化、氧化、还原与出钢六个阶段组成，主要分为熔化期、氧化期和还原期三期，俗称"老三期"。传统电炉"老三期"工艺因其设备利用率低、生产率低、能耗高等缺点，满足不了现代冶金工业的发展，必须进行改革，但它是电炉炼钢的基础。现代电弧炉取消还原期。

（1）补炉 电弧炉炉衬指炉壁、炉底和炉顶。电弧炉炉衬在熔炼过程中，除受到炉渣的化学侵蚀外，还受原料及钢水的机械冲刷和电弧辐射的影响，而逐步被熔损。为了延长炉体寿命，保证熔炼的正常进行，防止意外事故的发生，出钢后应根据情况进行补炉。

喷补本着快补、热补的原则，补炉材料的烧结温度极高，镁砂约为 1600℃，白云石约为 1540℃。由于补炉操作一般在停电情况下进行，材料的烧结全靠出钢后炉内余热，故应抓紧时机，趁炉体还处于高温状态迅速投补。正常情况下，补炉后炉膛温度应高于 1200℃，在特殊情况下，也不应低于 1000℃。

（2）配料 配料是电弧炉炼钢工艺中不可缺少的组成部分，它是根据冶炼钢种的技术条件要求，合理搭配各种原料，在满足冶炼结束后钢液的成分要求和操作工艺要求的前提下，尽可能降低炼钢原料的成本。配料的主要任务在于确定炉料的化学成分及其配比，以保证冶炼钢种的化学成分。配料原则：合理利用返回料，尽量采用便宜的合金，尽可能减少原材料的消耗。一般钢种主要是配好碳，对于高合金钢还要配好主要合金元素。

碳：为保证氧化期的氧化脱碳，要求炉料熔化后钢中的碳含量应高于成品规格下限的 0.3%~0.4%，熔化期碳含量有 0.2%~0.3%的损失（吹氧助熔约 0.3%），则一般要求配碳量高出钢种规格下限 0.5%~0.7%。

硅：由炉料带入，要求炉料熔清后钢液中 $w[Si]$ 不大于 0.15%。

锰：由炉料带入，要求炉料熔清后钢液中 $w[Mn]$ 不大于 0.2%。

磷：碱性电弧炉氧化法冶炼能去除钢中的磷，炉料中 P 最好不大于 0.06%。

硫：碱性电弧炉氧化法冶炼各期均可脱硫，炉料中 S 最好不大于 0.08%。

铬：从炉料中带入，在炉料熔清后钢液中 [Cr] 应不大于 0.03%；Cr 含量过高，经氧化生成的 Cr_2O_3 进入炉渣，使炉渣变黏，不利于脱磷脱碳反应，并增大氧气、矿石消耗，延长冶炼时间。用 Cr 含量高的炉料冶炼非铬钢种也是一种浪费。

镍、钼、铜：由炉料带入。在钢液中不易氧化，冶炼含镍、钼、铜的钢种时，配入 Ni

含量应控制在规格下限。对于一般钢种的要求分别不大于 0.01%。

目前电炉广泛采用炉顶料筐装料，每炉钢的炉料分 1~3 次加入。装料的好坏影响着炉衬寿命、冶炼时间、电耗、电极消耗以及合金元素的烧损等，因此要求装料合理，而装料的好坏取决于炉料在炉筐中布料的合理与否。

合理布料的顺序如下：装料时必须将大、中、小块料合理布料。一般先在炉底上均匀地铺一层石灰（留钢操作、导电炉底等除外），为装料量的 2%~3%，以保护炉底，同时可提前造渣。如果炉底正常，在石灰上面铺小块料，约为小块料总量的 1/2，以免大块料直接冲击炉底。小块料上再装大块料和难熔料，并布置在电弧高温区，以加速熔化。在大块料之间填充中、小块料，以提高装料密度。中块料一般装在大块料的上面及四周，不仅可填充大块料周围的空隙，也可加速靠炉壁处的炉料熔化。最上面再铺剩余的小块料，为的是使熔化初期电极能很快"穿井"，减少弧光对炉盖的辐射。

总之，布料时应做到下致密、上疏松，中间高、四周低，炉门口无大料，使得送电后穿井快，不搭桥，有利于熔化的顺利进行。

（3）熔化期　熔化期的主要目的是将固体炉料熔化成液体，以便在氧化期和还原期改变钢液成分，去除有害杂质（硫、磷、碳、氧、氮和氢）和非金属夹杂物。在熔化期还应减少钢液的吸气，去除部分硫、磷，去除炉料中的硅、锰、铝等元素。

熔化期是指从通电开始到炉料全部熔清为止。熔化期占总冶炼时间的 50%~70%，耗电量占全炉总电耗的 70%~80%。

熔化期任务：在保证炉体寿命的前提下，将块状的固体炉料快速熔化，并加热升温至氧化温度；造好熔化期炉渣，以便稳定电弧，早期去磷，减少钢液吸气与挥发。

熔化期的操作内容主要是合理供电、及时吹氧、提前造渣。其中，合理供电制度是熔化期顺利进行的重要保证。装料完毕即可通电熔化。但在供电前应调整好电极，保证整个冶炼过程中不切换电极，并对炉子冷却系统及绝缘情况进行必要的检查。炉内炉料的熔化过程大致可分为如下四个阶段（如图 4-11 所示）。

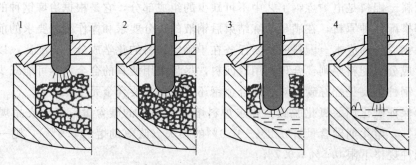

图 4-11　炉料熔化过程示意图

1—启弧；2—穿井；3—主熔化；4—熔末升温

① 启弧期。通电开始，在电弧的作用下，一少部分元素挥发并被炉气氧化，生成红棕色的烟雾，从炉中逸出。从送电启弧至电极端部下降 1.5 电极深度，为启弧期（2~3min）。此期电流不稳定，电弧在炉顶附近燃烧辐射。为了保护炉顶，在炉上部布一些轻薄小料，以便使电极快速插入料中，以减少电弧对炉顶的辐射。供电方面采用较低的电压、电流。

② 穿井期。从起弧完毕至电极端部下降到炉底，为穿井期。此期虽然电弧被炉料所遮蔽，但因不断出现塌料现象，电弧燃烧不稳定。供电方面采取较大的二次电压、大电流或采

用高电压带电抗操作，以增加穿井的直径与穿井的速度。但应注意保护炉底，办法是：加料前采取石灰垫底，炉中部布大、重废钢以及采用合理的炉型。

③ 主熔化期。电极下降至炉底后开始回升时，主熔化期开始。随着炉料不断地熔化，电极逐渐上升，至炉料基本熔化（大于 80%）时，仅炉坡、渣线附近存在少量炉料。电弧开始暴露给炉壁时，主熔化期结束。在主熔化期内，由于电弧埋入炉料中，电弧稳定，热效率高，传热条件好，故应以最大功率供电，即应采用最高电压、最大电流供电。主熔化期时间占整个熔化期的 70%。

④ 熔末升温期。从电弧开始暴露给炉壁至炉料全部熔化，为熔末升温期。此阶段因炉壁暴露，尤其是炉壁热点区的暴露，受到电弧的强烈辐射，故应注意保护。此时供电方面可采取低电压、大电流，否则应采取泡沫渣埋弧工艺。

（4）氧化期　要去除钢中的磷、气体和夹杂物，必须采用氧化法冶炼。氧化期是氧化法冶炼的主要过程。传统冶炼工艺中，当废钢等炉料完全熔化并达到氧化温度、磷脱除 70% 以上时便进入氧化期，这一阶段到扒完氧化渣时结束。为保证冶金反应的进行，氧化开始温度应高于钢液熔点 50～80℃。

① 氧化期的主要任务

a. 进一步降低钢液中的磷含量，使其低于成品规格的一半。考虑到还原期及钢包中可能回磷，一般钢种要求 $w[P]=0.015\%～0.01\%$。

b. 去除钢液中气体和非金属夹杂物。电炉炼钢钢液去气、去夹杂物是在氧化期内进行的。它是借助 C-O 反应和 CO 气泡的上浮使熔池产生激烈沸腾，促使气体和夹杂物去除，并均匀成分与温度。为此，一定要控制好脱碳反应速度，保证熔池有一定的激烈沸腾时间。

c. 加热和均匀钢水温度。应使氧化末期温度高于出钢温度 20～30℃，这主要考虑两点：扒渣、造新渣以及加合金将使钢液降温；不允许钢液在还原期升温，否则电弧下的钢液过热，大电流弧光反射会损坏炉衬以及使钢液吸气。

d. 氧化与脱碳。按照熔池中氧来源的不同，氧化期操作方法分为矿石氧化法、吹氧氧化法及矿氧综合氧化法三种。近年来强化用氧的实践表明，除钢中磷含量特别高时采用矿氧综合氧化法外，均采用吹氧氧化，尤其是当脱磷任务不重时，应通过强化吹氧氧化钢液来降低钢中碳含量。

② 氧化期的工艺操作

a. 造渣制度　对氧化期炉渣的要求是具有足够的氧化性能、合适的碱度与渣量以及良好的物理性能，以保证能够顺利完成氧化期的任务。氧化过程的造渣应兼顾脱磷和脱碳的特点。两者共同的要求是：炉渣的流动性良好，且有较高的氧化能力。两者不同的是：脱磷要求渣量大，不断流渣和造新渣，碱度以 2.5～3 为宜；而脱碳要求渣层薄，便于 CO 气泡穿过渣层逸出，炉渣碱度约为 2。

氧化期的渣量是根据脱磷任务而确定的。在完成脱磷任务时，渣量以能稳定电弧燃烧为宜。一般氧化期的渣量应控制在 3%～5% 范围内。

b. 温度制度　温度控制对于冶金反应的热力学和动力学都是十分重要的。从熔化后期就应该为氧化期创造温度条件，以保证高温氧化并为还原期打好基础。

由于脱碳反应必须在一定的温度条件下才能顺利进行，在现场中无论是采用矿石氧化法、矿氧综合氧化法还是吹氧氧化法，都规定了开始氧化的温度。氧化终了的温度（扒渣温度）一般应比开始氧化的温度高出 40～60℃，其原因是钢中许多元素已经氧化，使钢的熔点有所升高；另外，扒除氧化渣存很大的热量损失，而熔化还原渣料和合金料也需要热量，所以氧化结束时的温度一般控制在钢熔点（1470～1520℃）以上110～130℃。电炉出钢温度应高出钢种熔点90～110℃，即氧化末期扒渣温度一般应高于该钢种的出钢温度10～20℃。

③ 氧化操作　氧化期的工艺操作方法分为矿石氧化法、吹氧氧化法和矿氧综合氧化法。

a. 矿石氧化法。矿石氧化法是一种间接氧化法，它是将铁矿石中的高价氧化铁（Fe_2O_3 或 Fe_3O_4）加入到熔池中，使其转变成低价氧化铁（FeO），FeO 小部分留在渣中，大部分用于钢液中碳和磷的氧化。此法可应用于缺乏氧气的地方小厂。矿石氧化法炉内冶炼温度较低，致使氧化时间延长，但脱磷和脱碳反应容易相互配合。其反应式如下：

$$(Fe_2O_3)+[Fe]=\!=\!=3(FeO)$$
$$(Fe_3O_4)+[Fe]=\!=\!=4(FeO) 或 (Fe_3O_4)=\!=\!=(Fe_2O_3)+(FeO)$$
$$(FeO)=\!=\!=[Fe]+[O]$$
$$[C]+[O]=\!=\!=CO$$
$$(FeO)+[C]=\!=\!=[Fe]+CO$$

b. 吹氧氧化法。吹氧氧化法是一种直接氧化法，即直接向熔池吹入氧气，氧化钢中碳等元素。单独采用氧气进行氧化操作时，在碳含量相同的情况下，渣中 FeO 含量远远低于矿石氧化时的含量。因此，停止吹氧后熔池比用矿石氧化时容易趋于稳定，熔池温度比较高，钢中 W、Cr、Mn 等元素的氧化损失也较少，但不利于脱磷，所以在熔池中磷含量高时不宜采用。

c. 矿氧综合氧化法。综合氧化法就是向熔池加入矿石和吹入氧气，即吹氧-矿石脱碳法。这是目前生产中常用的一种方法。

在处理脱磷和脱碳的关系时，应遵守以下工艺操作制度：在氧化顺序上，先磷后碳；在温度控制上，先低温后高温；在造渣上，先大渣量去磷后薄渣层脱碳；在供氧上，先矿后氧。

（5）还原期　从氧化末期扒渣完毕到出钢这段时间称为还原期。电炉有还原期是电炉炼钢法的重要特点之一。

① 还原期的任务

a. 使钢液脱氧，尽可能地去除钢液小溶解的氧量（不大于0.003%）和氧化物夹杂。

b. 将钢中的硫去除至钢种规格要求。

c. 调整钢液合金成分，保证成品钢中所有元素的含量都符合标准要求。

d. 调整炉渣成分，使炉渣碱度合适、流动性良好，有利于脱氧和去硫。

e. 调整钢液温度，确保冶炼正常进行并有良好的浇注温度。

这些任务互相之间有着密切的联系，一般认为：脱氧是核心，温度是条件，造渣是保证。

② 温度控制　还原期的温度控制尤为重要，考虑到出钢到浇注过程中的温度损失，出钢温度应比钢的熔点高出100～140℃。

由于氧化末期控制钢液温度高于出钢温度20～30℃，扒渣后还原期的温度控制实际上是保温过程。如果还原期大幅度升温，一是钢液吸气严重；二是高温电弧加重对炉衬的侵蚀；三是局部钢水过热。为此，应避免还原期进行升温操作。

③ 脱氧操作　电炉炼钢脱氧方法有三种：沉淀脱氧、扩散脱氧和综合脱氧。

　　a. 沉淀脱氧。沉淀脱氧又称为直接脱氧，是直接向钢水中加入脱氧剂（如 Si、Mn、Al、Ti 等）与氧反应，生成不溶于钢的稳定氧化物，由于生成物密度比钢液小而上浮进入炉渣，以达到脱氧的目的。这种方法脱氧速度快，操作简单，但脱氧反应在钢液中进行，如果脱氧产物不能及时排出，将危害钢的质量。

　　b. 扩散脱氧。扩散脱氧又称为间接脱氧，是通过对炉渣进行脱氧，破坏氧在渣钢分配的平衡，使钢中的氧不断向渣中扩散，从而达到脱氧的目的。此法是电炉炼钢特有而基本的脱氧方法。

　　与沉淀脱氧法比较，扩散脱氧法的特点：反应在渣中进行，钢液受污染小，钢质好；脱氧速度慢，时间长。

　　c. 综合脱氧。综合脱氧是在还原过程中交替使用沉淀脱氧和扩散脱氧的一种联合脱氧方法，即氧化末、还原前用沉淀脱氧-预脱氧，还原期用扩散脱氧，出钢前用沉淀脱氧-终脱氧。

　　此法充分发挥了沉淀脱氧反应速度快和扩散脱氧不污染钢水的优点。目前国内大部分钢种都采用综合脱氧。

　　电炉常用矿氧综合脱氧法，其中还原操作以脱氧为核心，炼钢中常用的复合脱氧剂有硅锰、硅钙、硅锰铝等合金以及炭粉和电石（CaC_2），简述如下：

　　ⅰ. 当钢液的温度、P 含量、C 含量符合要求时，扒渣量大于 95％；

　　ⅱ. 加 Fe-Mn、Fe-Si 块等预脱氧（沉淀脱氧）；

　　ⅲ. 加石灰、萤石或砖块，造稀薄渣；

　　ⅳ. 稀薄渣形成后还原，加炭粉、Fe-Si 粉等脱氧（扩散脱氧），分 3～5 批，时间为 7～10min/批（这就是"老二期"炼钢还原期时间长的原因）；

　　ⅴ. 搅拌，取样，测温；

　　ⅵ. 调整成分，即合金化；

　　ⅶ. 加 Al 或 Ca-Si 块等终脱氧（沉淀脱氧）。

　　④ 钢液的合金化　炼钢过程中调整钢液合金成分的过程称为合金化。传统电炉炼钢的合金化可以在装料、氧化、还原过程中进行，也可在出钢时将合金加到钢包里。一般是在氧化末期、还原初期进行预合金化，在还原末期、出钢前或出钢过程中进行合金成分微调。合金化操作主要是指确定合金加入时间与加入数量。

　　合金元素的加入原则为：根据合金元素与氧的结合能力大小，决定其在炉内的加入时间。对不易氧化的合金元素，如 Co、Ni、Cu、Mo、W 等，多数随炉料装入，少量在氧化期或还原期加入。氧化法加 W 元素时，一般随稀薄渣料加入。对较易氧化的元素，如 Mn、Cr（小于 2％），一般在还原初期加入。钒铁（小于 0.3％）在出钢前 5～8min 加入。对极易氧化的合金元素，如 Al、Ti、B、稀土，在出钢前或在钢水罐中加入。一般来说，合金元素加入量大的应早加，加入量小的宜晚加。

　　⑤ 出钢操作　传统电炉炼钢工艺中，钢液经氧化、还原后，当其化学成分合格、温度合乎要求、脱氧良好、炉渣碱度与流动性合适时即可出钢。因出钢过程中钢与渣接触可进一步脱氧与脱硫，故要求采取"大口、深冲、钢-渣混合"的出钢方式。

　　传统电炉"老三期"冶炼工艺操作集熔化、精炼和合金化于一炉，包括熔化期、氧化期和还原期，在炉内既要完成废钢的熔化，钢液的脱磷、脱硫、去气、去夹杂以及升温，又要进行钢液的脱氧、脱硫、合金化以及温度和成分的调整，因而冶炼周期很长。这既难以满足对钢材越来越严格的质量要求，又限制了电炉生产率的提高。

4.17 现代电弧炉炼钢技术

超高功率电弧炉这一概念，是 1964 年由美国联合碳化物公司的 W. E. Schwabe 与西北钢线材公司的 G. G. Robinson 两个人提出的，并且首先在美国的 135t 电弧炉上进行了提高变压器功率、增加导线截面等一系列改造，目的是利用废钢原料、提高生产率、发展电弧炉炼钢。超高功率简称 "UHP"（Ultra High Power）。由于其经济效果显著，使得西方主要产钢国，如联邦德国、英国、意大利及瑞典等纷纷采用 UHP 电弧炉。20 世纪 70 年代，全世界都在大力发展 UHP 电弧炉，几乎不再建造普通功率电弧炉。

在实践过程中，UHP 电弧炉技术得到不断完善和发展。尤其是 UHP 电弧炉与炉外精炼、连铸相配合，显示出高功率、高效率的优越性，给电弧炉炼钢带来勃勃生机。从此，电弧炉结束了仅仅冶炼特殊钢的使命，成为一个高速熔化金属的容器。

UHP 一般指电弧炉变压器的功率是同吨位普通电弧炉功率的 2～3 倍。由于功率成倍增加等原因，UHP 电弧炉的主要优点有：缩短熔化时间，提高生产率；提高电热效率，降低电耗；易于与炉外精炼、连铸相配合，实现高产、优质、低耗的目标，即生产节奏转炉化。

在电弧炉发展过程中曾出现过许多分类方法，目前许多国家均采用功率水平分类方法。功率水平是电弧炉的主要技术特征，它表示每吨钢占有的变压器额定容量，即：

$$功率水平(kV \cdot A/t) = \frac{变压器额定容量(kV \cdot A)}{公称容量或实际出钢量(t)}$$

以此可将电弧炉分为普通功率（RP）电弧炉、高功率（HP）电弧炉和超高功率（UHP）电弧炉。1981 年，国际钢铁协会（IISI）在巴西会议提出了具体的分类方法，见表 4-4。

表 4-4 电弧炉的功率水平分类

类别	RP	HP	UHP
功率水平/(kV · A/t)	<400	400～700	>700

注：1. 表中数据主要指 50t 以上的电弧炉，对于大容量电弧炉可取下限。

2. UHP 电弧炉的功率水平没有上限，目前已达 1000kV · A/t 并且还在增加，故出现 "SUHP" 一说。

对于 UHP 电弧炉关键技术的研究，主要是围绕电弧炉输入功率成倍提高后所带来的一系列问题而展开的。

（1）合理供电　UHP 电弧炉投入初期，由于输入功率成倍提高，耐火材料侵蚀指数 RE 达到 800～1000MW · V/m² 以上，炉衬热点区损坏严重，炉衬寿命大幅度降低。为此，首先要在供电上采用低电压、大电流的粗短弧供电。粗短弧供电的优点有：减少电弧对炉衬的辐射，保证炉衬寿命；增加熔池的搅拌与传热；稳定电弧，提高电效率。当时，把这种粗短弧供电称为超高功率供电或合理供电。

（2）短网改造　针对早期超高功率电弧炉供电不足的问题，对短网进行了研究和改造工作，主要围绕以下三个方面：①降低电阻，减少损失功率，提高输入功率，如增加导体截面、减少长度、改善接触等；②降低电抗，增加功率因数，提高功率输入，如增加导体截面、减少长度、合理布线；③改进短网布线，平衡三相电弧功率，如三相导体采用空间三角形布置或修整平面法。

（3）提高炉衬寿命　超高功率使炉衬寿命大为降低，要想较好地解决这一问题，必须寻求新的耐火材料，因此水冷炉壁、水冷炉盖应运而生。水冷炉衬是解决超高功率电弧炉炉壁和炉盖寿命问题的关键技术。它的原理是：使用水冷挂渣炉壁，开始时，挂渣块表面温度远低于炉内温度，炉渣、烟尘与水冷块表面接触就会迅速凝固，结果就会使水冷块表面逐渐挂起一层由炉渣和烟尘组成的保护层。

水冷炉衬包括水冷炉壁和水冷炉盖两个部分。目前，超高功率电弧炉普遍采用的炉壁水冷面积可达 $70\% \sim 80\%$，水冷炉壁块的寿命达 6000 次；炉盖水冷面积可达 $80\% \sim 90\%$，水冷炉盖块薄命达 4000 次。炉壁采用水冷后，热点区的问题基本得到解决，炉衬寿命得到一定的提高。虽然冷却水带走一些热量（$5\% \sim 10\%$），但由于提高炉衬寿命、减少冶炼时间等，其综合效果明显。

（4）氧-燃助熔　炉壁采用水冷后虽然热点问题得到基本解决，但"冷点"问题突出了。大功率供电时废钢熔化迅速，使热点区很快暴露给电弧，而此时冷点区的废钢还没有熔化，炉内温度分布极为不均。为了减少电弧对热点区护衬的高温辐射，防止钢液局部过烧，被迫降低功率，"等待"冷点区废钢的熔化。

超高功率电弧炉为厂解决冷点区废钢的熔化问题，采用氧-燃烧嘴插入炉内冷点区进行助熔，实现了废钢的同步熔化，解决了炉内温度分布不均的问题。

（5）泡沫渣埋弧加热技术　采用水冷炉壁、水冷炉盖技术能提高护体寿命，可其对 400mm 宽的耐火材料渣线来说，作用是有限的。另外，采用"低电压、大电流"的超高功率供电制度后，虽然能保证炉衬寿命、稳弧、增加搅拌与传热，但也严重地降低了短网的电效率，限制了变压器的能力发挥。

采用泡沫渣埋弧加热技术的目的是使超高功率电弧炉在熔池全熔后，防止电弧裸露在炉内而影响炉衬寿命和电弧加热钢液的热量吸收率。采用电弧泡沫渣技术后，炉渣厚度可达 $300 \sim 500$mm，是电弧长度的 $2 \sim 3$ 倍以上，从而使电弧炉可以实现埋弧操作。电弧炉埋弧操作可解决两方面的问题：一方面，埋弧操作真正发挥了水冷炉壁的作用，提高了炉体寿命；另一方面，埋弧操作时使长弧供电（即大电压、低电流）成为可能。它的优越性在于弥补了早期超高功率供电不足的弊端，具有以下优点：①降低电损失功率，减少电耗；②减少电极消耗；③改善三相电弧功率平衡；④提高功率因数。

（6）二次燃烧技术　超高功率电弧炉冶炼过程中采用氧-燃烧嘴助熔、强化吹氧脱碳及泡沫渣操作等，都会直接导致大量碳的不完全燃烧。富含 CO 的高温废气中，只有少量的 CO 被燃烧成 CO_2，而大部分由第四孔排出后与空气中的氧燃烧生成 CO_2。这一方面会增加废气处理系统的负担（在系统内燃烧，并存在爆炸的危险），另一方面则造成大量的能量（化学能）浪费。

为此，在熔池上方采取适当供氧，使生成的 CO 再次燃烧成 CO_2，称为后燃烧或二次燃烧（Post Combustion）。其产生的热量直接在炉内得到回收，同时也减轻了废气处理系统的负担。

（7）废钢预热节能技术　20 世纪末，人们全面开发了电弧炉炼钢的节能技术。其中，采用大量吹氧和喷吹燃料助熔、铁水直接入炉以及多元化炉料的方法，使电炉炼钢排出炉外的烟气量和烟气温度大大增加。进入 20 世纪 90 年代中期，由于欧洲严格的环保立法，料篮式废钢顶热方法逐步被禁止或者被迫改造，以消除剧毒气体二噁英的生成与排放。因此，冶金工作者不得不重新探索开发节能与环保的废钢预热方法。到目前为止，工业上应用较为普遍的新型废钢预热方式有双壳电弧炉法、康斯迪电弧炉法和竖窑式电弧炉法三种。

① 双壳电弧炉　双壳电炉具有一套供电系统和两个炉壳（即"一电双炉"），一套电极升除旋转装置交替对两个炉壳供热熔化废钢（亦有少数炉子采用两套电极升降/旋转装置），如图 4-12 所示。双壳电炉自 1992 年开发到 1997 年已有 20 多座投产，其中大部分为直流双壳炉。

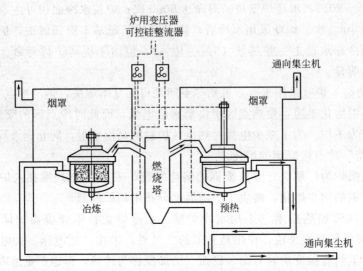

图 4-12　双壳电炉设备示意图

　　双壳电炉预热法采用一个电源两个炉子，用一个炉子炼钢，将其产生的废气导入另一个装有废钢的炉内进行预热，然后交替作业，既解决了料篮预热法引起的环境污染问题，又可进行 1000℃ 以上的高效预热，还节省了出钢、补炉及第一次装料等非通电时间，提高了生产效率。

　　② 康斯迪电弧炉　康斯迪电弧炉（Consteel Furance）可实现炉料连续预热，其也称为炉料连续预热电弧炉（见图 4-13）。炉料连续预热电弧炉是在连续加料的同时，利用炉子产生的高温废气对行进的炉料进行连续预热，可使废钢入炉前的温度高达 500～600℃，而预热后的废气经燃烧室进入余热回收系统。该形式电弧炉于 20 世纪 80 年代由意大利德兴公司开发，1987 年最先在美国纽柯公司达林顿钢厂进行试生产，获得成功后在美国、日本、意大利等国家推广使用。

　　炉料连续预热电弧炉由炉料连续输送系统、废钢预热系统、电弧炉熔炼系统、燃烧室及余热回收系统组成。由于其实现了废钢连续预热、连续加料、连续熔化，因而具有如下优点：

　　a. 提高生产率，降低电耗 80～100kW·h/t，减少电极消耗；

　　b. 减少了渣中的氧化铁含量，提高了钢水的收得率；

　　c. 由于废钢炉料在预热过程中碳氢化合物全部烧掉，冶炼过程中熔池始终保持沸腾，降低了钢中的气体含量，提高了钢的质量；

　　d. 变压器利用率高，达 90% 以上，因而可以降低功率水平；

　　e. 由于电弧加热钢水，钢水加热废钢，电弧特别稳定，电网干扰大大减少，不需要用"SYC"装置等。

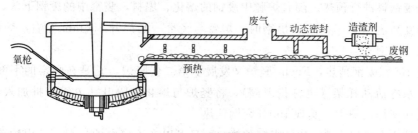

(a) 连续投料示意图

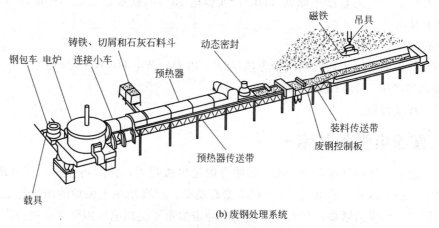

(b) 废钢处理系统

图 4-13 康斯迪电弧炉系统图

③ 竖窑式电弧炉 进入 20 世纪 90 年代，德国的 Fuchs 公司研制出新一代电弧炉——竖窑式电弧炉，简称竖炉。从 1992 年首座竖炉在英国的希尔内斯钢厂（Sheerness）投产到目前为止，Fuchs 公司投产和待投产的竖炉有 30 多座。竖炉的结构及工作原理如图 4-14 所示。竖炉炉体为椭圆形，在炉体相当于炉顶第四孔（直流炉为第二孔）的位置配置一竖窑烟道，并与熔化室连通。装料时，先将大约 60% 的废钢直接加入炉中，余下的部分（约 40%）由竖窑加入，并堆在炉内废钢上面。送电熔化时，炉中产生的高温废气（1400～1600℃）直

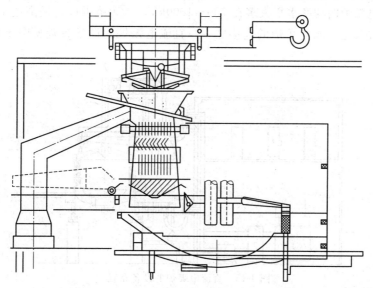

图 4-14 竖炉的结构及工作原理

接对竖窑中的废钢料进行预热。随着炉膛中废钢的熔化、塌料，竖窑中的废钢下落，进入炉膛中的废钢温度高达 $600 \sim 700℃$。出钢时，炉盖与竖窑一起提升 800mm 左右，炉体倾动，由偏心底出钢口出钢。

为了实现 100％废钢预热，Fuchs 竖炉又发展了第二代竖炉，它是在竖窑的下部与熔化室之间增加一水冷活动托架（也称指形阀），将竖炉与熔化室隔开。废钢分批加入竖窑中，经预热后打开托架加入炉中，实现 100％废钢预热。

手指式竖炉不但可以实现 100％废钢预热，而且可以在不停电的情况下，由炉盖上部直接连续加入高达 55％的直接还原铁（DRI）或多达 35％的铁水，实现不停电加料，进一步减少热停工时间。

竖炉的主要优点是：

a. 节能效果明显，可回收废气带走热量 60％以上，节电 60kW·h/t 以上；

b. 提高生产率 15％以上；

c. 减少环境污染。

4.18 直流电弧炉技术

由于交流电弧每秒过零点 100 次，在零点附近电弧熄灭，然后再在另一半波重新点燃，因而交流电弧稳定性差。20 世纪 70 年代大型高功率、超高功率电弧炉的出现与发展，使得炼钢电弧炉的功率成倍增加，强大交变电流的冲击加重了电网电压闪烁等电网公害，以致需要采用价格昂贵的动态补偿装置。1982 年 6 月，德国 MAN-GHH-BBC 公司开发和建造了世界上第一台用于工业生产的 12t 直流电弧炉，并在施罗曼-西马克公司的克劳茨塔尔·布什钢厂正式投产。随后，瑞典、法国、苏联、日本等国也积极开发。1989 年，日本钢管公司制造了当时世界上容量最大的 130t 直流电弧炉，在东京制铁国内公司的九州工厂投产。迄今为止，全世界已经投产的 50t 以上的直流电弧炉有 100 多台，在今后较长一段时间内将与交流电弧炉共存。

（1）直流电弧炉的设备特点　直流电弧炉通常是高功率或超高功率电弧炉。在世界各地新投产的直流电弧炉的功率水平大多在 $700 \sim 1000kV·A/t$ 范围内，最高达 $1100kV·A/t$。此外，变压器过载是直流电弧炉的优势之一。直流电弧炉的设备布置见图 4-15，基本回路见图 4-16。

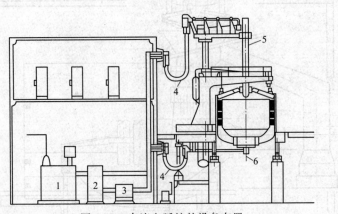

图 4-15　直流电弧炉的设备布置

1—整流变压器；2—整流器；3—直流电抗器；4—水冷电缆；5—石墨电极；6—炉底电极

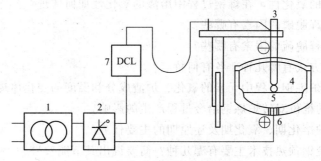

图 4-16　直流电弧炉的基本回路

1—整流变压器；2—整流器；3—石墨电极；4—电弧；5—熔池；6—炉底电坂；7—直流电抗器

（2）直流电弧炉的优缺点

① 直流电弧炉优点

a. 对电网冲击小，无需动态补偿装置，可在短路容量较小的电网中使用。采用直流电弧炉时虽然也会有闪烁，但闪烁值仅是三相交流电弧炉的 1/3～1/2，可省去昂贵的动态补偿装置。

b. 石墨电极消耗低。直流电弧炉能够大量减少石墨电极的消耗。从绝对消耗量来看，当交流电弧炉的三根石墨电极被直流电弧炉的一根石墨电极代替时，侧面消耗将减少近2/3；在相同条件（废钢量、钢种、单位变压器功率、炉子容量等）下，直流电弧炉的电极消耗可比交流电弧炉降低 50% 以上，一般为 1.1～2.0kg/t。

c. 缩短冶炼时间，降低电耗。直流电弧炉用电极由于无集肤效应，电极截面上的电流负载均匀，电极所承受的电流可比交流时增大 20%～30%，因而直流电弧比交流电弧功率大。直流电弧炉与交流电弧炉相比，熔化时间可缩短10%～20%，电耗可降低 5% 左右；同时可减少环境污染，噪声降低 10～15dB。

d. 降低耐火材料消耗。直流电弧炉无热点且电弧距炉壁远，以致炉壁，特别是渣线处热负荷小且分布均匀，从而降低了耐火材料的消耗。

e. 降低金属消耗。直流电弧炉由于只有一根电极（一般情况下）、一个高温电弧区和一个与大气相通的电极孔，降低了合金元素的挥发与氧化损失，也使合金料及废钢的消耗降低。

② 直流电弧炉的不足

a. 需要底电极。

b. 大电流需要大电极（大电极成本高）。

c. 长弧操作需要更多的泡沫渣。

d. 易引起偏弧现象。

e. 留钢操作限制了钢种的更换。

思　考　题

1. 炼钢用的主要金属料有哪些？氧气转炉炼钢对铁水有什么要求？为什么？

2. 碱性炼钢法的主要造渣剂有哪些？各有什么作用？

3. 炼钢用氧化剂主要有哪些？对它们有什么要求？

4. 铁矿石为什么可作为冷却剂？铁矿石作冷却剂与废钢比有什么不同？

5. 什么是炉渣的氧化性，在炼钢过程中熔渣的氧化性如何体现？

6. 影响炼钢过程脱磷的因素有哪些？

7. 影响炼钢过程脱硫的因素有哪些？

8. 钢液的脱氧方式有哪几种、各有何特点？

9. 氧气顶吹转炉炼钢过程中元素的氧化、炉渣成分和温度的变化体现出哪些特征？

10. 简述氧枪的枪位对转炉炼钢冶金过程产生的影响。

11. 简述电弧炉熔化期、氧化期及还原期的主要任务。

12. 电炉炼钢废钢预热技术主要有哪几种？简要说出其节能效果。

13. 简述直流电弧炉的优越性。

第5章 炉外精炼

本章摘要 本章主要介绍了炉外精炼手段、炉外精炼方法等，同时还分析了炉外精炼方法所具有的功能。

到目前为止，为了创造最佳的冶金反应条件，所采用的基本手段不外乎渣洗、搅拌、真空、加热、喷吹及喂丝等几种。目前名目繁多的炉外精炼方法都是这些基本手段的不同组合。

5.1 炉外精炼手段

（1）渣洗 所谓渣洗，就是在转炉或电弧炉出钢过程中通过钢液对合成渣的冲洗，进一步提高钢质的一种炉外精炼方法。目前转炉和电弧炉在出钢过程中普遍采用预熔渣渣洗。预熔渣是指将石灰和铝矾土预先熔化，冷却破碎后直接用于炼钢生产。渣洗过程没有固定的设备和装置。

渣洗除了可以快速脱硫以外，还能有效地脱氧和去除夹杂，从而减轻出钢过程中二次氧化的有害作用。

用于渣洗的合成渣一般为 $CaO\text{-}Al_2O_3$ 渣系。其熔点低于被渣洗钢液的熔点，为 1400℃以下；具有较好的流动性。预熔渣是还原性的，渣中 FeO 含量很低。

现在除广泛使用预熔渣渣洗外，还使用电解铝工业的二次废弃物。

（2）搅拌 冶金过程中的绝大多数反应都是由传质控制的，因此为了加快冶金反应的进行，首先要强化钢液搅拌。对钢液进行搅拌是炉外精炼最基本、最重要的手段，其可改善冶金反应动力学条件，强化反应体系的传质相传热，加速冶金反应，均匀钢液的成分和温度，有利于夹杂物的聚合长大和上浮排除。

炉外精炼中的搅拌方式主要有气体搅拌、电磁搅拌、重力或负压驱动搅拌和机械搅拌四类。在炉外精炼的各种搅拌方法中，虽然机械搅拌、电磁搅拌、重力或负压驱动搅拌都有十分成功的应用实例，但却只在少数的炉外精炼中使用，应用最广泛的搅拌方法是各种形式的气体搅拌方法。

① 气体搅拌。气体搅拌也称为气泡搅拌，通常有如下两种形式。

a. 底吹氩。底吹氩大多数是通过安装在钢包底部一定位置的透气砖吹入氩气。这种方法的优点是：均匀钢水温度和成分以及去除夹杂物的效果好；设备简单，操作灵便，不需占用固定操作场地；可在出钢过程或运输途中吹氩。此种方式最为常用。

b. 顶吹氩。顶吹氩是将吹氩枪从钢包上部浸入钢水来进行吹氩搅拌，要求设立固定吹氩站。该方法操作稳定，也可喷吹粉剂。但是，顶吹氩的搅拌效果不如底吹氩好。

② 电磁搅拌。电磁搅拌是利用电磁感应原理，用装置在钢包外的电磁感应搅拌器在钢液中产生一个定向的电磁搅拌力，以达到钢液循环搅拌的目的。为进行电磁搅拌，靠近电磁感应搅拌线圈的部分钢包壳应由奥氏体不锈钢制造。由于其维护困难、制造成本高，目前已经逐渐被淘汰。

③ 重力或负压驱动搅拌。重力或负压驱动搅拌是利用落差使钢水在重力作用下或利用

负压在驱动气体作用下，以一定的冲击动能冲入钢包或容器中，以达到搅拌或混合的目的。典型的重力或负压驱动搅拌法有真空浇注法（VC 法），利用重力和负压综合作用而产生搅拌的炉外精炼方法有 RH 法和 DH 法，也有人称其为循环搅拌法。

④ 机械搅拌。机械搅拌是通过叶片或螺旋桨等部件的旋转或旋转、振动、转动容器等机械方法，达到搅拌、混匀物料的目的。在冶金高温体系中，只有很少量的例子采用机械搅拌方式进行搅拌、混匀。

（3）真空 真空是钢水炉外精炼中广泛应用的一种重要的处理手段。目前采用的 40 余种炉外精炼方法中，将近 2/3 配置了真空设备。真空对有气体参加的有关反应产生重大影响，其中主要包括溶解于钢液中的碳参与并生成 CO 的反应、气体（H_2、N_2）在钢液内的溶解与脱除反应。在真空下吹氧精炼可提高碳的脱氧能力，从而强化脱碳与碳脱氧反应的进行，用于冶炼低碳及超洁净钢、真空去气、合金元素的挥发、夹杂物的去除等。

向钢液中吹入氩气，从钢液中上浮的每个小气泡都相当于一个小真空室，气泡内 H_2、N_2 及 CO 等的分压接近于零，钢中的 [H]、[N] 以及碳氧反应产物 CO 将向小气泡扩散并随之上浮排除。因此，吹氩对钢液具有"气洗"作用。例如，电弧炉冶炼不锈钢的返回吹氧法，在 1873K 下很难使 $w[C]$ 降至很低的数值；而在 AOD 法中，向钢液中吹入不断变换 Ar 与 O_2 比例的气体，可以降低碳氧反应中产生的 CO 分压，从而使钢液的碳含量很容易达到超低碳水平。

综合目前各种钢液炉外精炼法的使用情况，钢的真空脱气可分为以下三类。

① 钢流脱气。钢流脱气是指下落中的钢流被暴露在真空中，然后被收集到钢锭模、钢包或炉内，如真空浇注法（VC 法）等。

② 钢包脱气。钢包脱气是指钢包内钢水被暴露在真空中，并用气体或电磁搅拌钢水，如 VOD、VD、ASEA-SKF 等方法。

③ 循环脱气。循环脱气是指在钢包内，钢水由大气压力压入真空室内，暴露在真空中，然后流出脱气宝进入钢包，如 RH 法等。

（4）加热 钢液在进行炉外精炼时，由于有热量损失，造成温度下降。炉外精炼的加热功能可避免高温出钢和保证钢液正常浇注，增加炉外精炼工艺的灵活性，在精炼剂用量、钢液处理最终温度和处理时间方面均可自由选择，以获得最佳的精炼效果。

常用的加热方法有电加热（包括电弧加热、感应加热和电阻加热）、燃料（如 CO、重油、天然气等）燃烧加热和化学加热（化学反应放热，目前常用 Al 作为发热剂）。其中，电弧加热是最重要也是效果最好、最灵活的加热方法。下面介绍电弧加热和化学加热。

① 电弧加热 电弧加热的原理与电弧炉相似，采用石墨电极通电后，在电极与钢液间产生电弧，依靠电弧的高温加热钢液。由于电弧温度高，在加热过程中需要控制电弧长度及造好发泡渣进行埋弧操作，以防止电弧对耐火材料产生高温侵蚀。加热装置的基本组成包括炉用变压器、短网、电极横臂、电极火持器、电极、电极立柱和电极调节器等，可以是三电极的三相交流（电弧）钢包炉、单电极的直流（电弧）钢包炉，还可以是双电极的直流（电弧）钢包炉。采用电弧加热对钢液无杂质污染，可保证钢水清洁，但可能使钢水增碳。

采用钢包电弧加热可以达到如下冶金目的：

a. 钢水可以在较低的温度下出钢，从而提高了初炼炉耐材的寿命；

b. 可以更精确地控制钢水温度、化学成分和脱硫、脱氧操作；

c. 将带电弧加热的钢包精炼炉作为一个在炼钢炉和连铸机之间运行的缓冲器;

d. 可将初炼炉中的脱硫、脱氧及合金化操作任务移到精炼炉内,从而大大提高初炼炉的生产率,降低初炼炉的电耗、电极消耗,大大改善初炼炉的技术经济指标。

炉外精炼工艺中,真空电弧脱气(VAD)、钢包炉(LF)等均采用钢包电弧加热。

② 化学加热　常用的化学加热方法有铝-氧加热法和硅-氧加热法。其中,铝-氧加热法应用最为广泛。它是利用喷枪吹氧使钢水中的溶解铝燃烧,放出大量热能,使钢液升温。该法的优点是:吹氧时喷枪浸在钢水中,很少产生烟雾;氧气全都与钢水直接接触,可以准确地预测升温结果;对钢包寿命没有影响;设备简单,投资费用低。但如果操作不当,易使钢中氧化物夹杂的总量升高。

需要注意的是:在使用化学加热期间,除了要控制加铝量和吹氧量外,还需要进行吹氩搅拌以均匀温度和成分,否则过热钢水会集中在钢包上部。

(5)喷吹和喂丝　炉外精炼中金属液(铁水或钢液)的精炼剂分为两类:一类为以钙化合物(CaO 或 CaO_2)为基的粉剂或合成渣,另一类为合金元素(如 Ca、Mg、Al、Si 及稀土元素等)。将这些精炼剂加入钢液中,可起到脱硫、脱氧、去除夹杂物、进行夹杂物变性处理以及调整合金成分的作用。

喷吹法是用载气(Ar)将精炼粉剂流态化,形成气-固两相流,通过喷枪直接将精炼剂送入钢液内部。由于在喷吹法中精炼粉剂粒度小,其进入钢液后与钢液的接触面积大大增加,因此可以显著提高精炼效果。

钢包吹氩精炼最常见的有 CAS 和 CAS-OB 两种。

① CAS　提高钢包吹氩强度,有利于熔池混匀和夹杂物上浮。吹氩强度过大,会使钢液面裸露,造成二次氧化,为解决这一问题,采用强吹氩工艺将渣液面吹开后,将封闭的浸渍钟罩内迅速形成氩气保护气氛,避免了钢水氧化的工艺,这一吹员工艺通常称为 CAS 法,如图 5-1(a)所示。CAS 法不仅提高了吹氩强度,而且钟罩内氩气氛使合金收得率提高,又使钢包吹氩工艺增加了合金微调的功能。

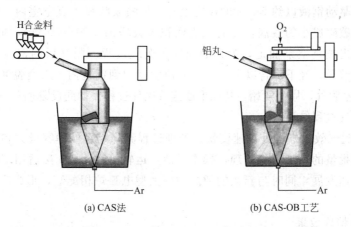

(a) CAS 法　　　　　　　(b) CAS-OB 工艺

图 5-1　CAS 与 CAS-OB 工作原理图

② CAS-OB　为了解决钢水升温的问题,日本又在 CAS 上增设顶吹吹氧枪和加铝丸设备,通过溶入钢水内的铝氧化发热,实现钢水升温,通常称为 CAS-OB 工艺,如图 5-1(b)所示。

CAS-OB 工艺的工作原理是在一个密闭、惰性、无渣的环境下,通过铝的氧化反应放热使钢水升温，并在此惰性气氛下加入合金。

5.2 炉外精炼的方法

5.2.1 真空脱气法

为了防止大型钢铸锻件产生白点等含氢缺陷，最初真空精炼的主要目的是脱除钢液中的氢，后来又增加了脱氮、真空碳脱氧、真空氧脱碳、改善钢液洁净度及合金化等功能。常见的真空脱气方法主要有真空循环脱气法（RH 法）、钢包真空脱气法（VD 法）等。

（1）RH 法

① RH 法的工作原理及特点 钢液真空循环原理类似于"气泡泵"的作用，如图 5-2 所示。当进行真空脱气处理时，将真空室下部的两根浸渍管插入钢液内 100～150mm 的深度后，启动真空泵将真空室抽成真空，于是真空室内、外形成压差，钢液便从两根浸渍管中上升到压差相等的高度（所谓的循环高度）。此时钢液并不循环，为了使钢液循环，与此同时从上升管下部约三分之一处吹入驱动气体（一般为氩气），该气体进入上升管内的钢液以后由于受热膨胀和压力降低，引起等温膨胀，在上升管内瞬间产生大量的气泡核，由于该气泡受热膨胀和压力降低而使体积成百倍的增大，钢液比重变小；又由于氩气泡内的氢气和氮气的分压力为零，所以钢液内溶解的气体向氩气泡内扩散，膨胀的气体驱动钢液以约 5m/s 的速度上升，呈喷泉状喷入真空室内。气泡进入真空室后破裂，钢液被破碎成小的液滴，使脱气表面积大大增加（20～30 倍），加速了脱气过程，气体自钢液内析出被真空泵抽走，大大的加速了脱气过程。脱气后的钢液汇集到真空室底部，由于重量的差异，经下降管以 1～2m/s 的速度返回到钢包内。未经脱气的钢液又不断从上升管进入真空室脱气，周而复始，从而形成连续循环过程。如此反复循环 n（2～4）次后达到脱气目的，脱气过程结束。

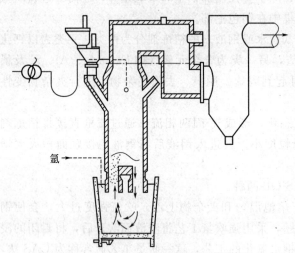
图 5-2 循环脱气装置的主要部分

RH 法具有脱气效果好、处理速度快、处理过程温降小、处理容量大和适用范围广等特点。其适用于大批量的钢液脱气处理，操作灵活，运转可靠。RH 法适用范围广，在转炉大发展时期获得迅速发展，同时与新兴的超高功率大型电弧炉相配套，形成广大批量生产特殊钢的工艺体系。

② RH 法的精炼效果

a. 脱氢。RH 法的脱氢效果明显，脱氧钢可脱氢约 65%，未脱氧钢可脱氢 70%。处理后钢中的氢含量都降到 2×10^{-6} 以下。如果延长处理时间，氢含量还可以进一步降低到 1×10^{-6} 以下。

b. 脱氮。与其他真空脱气法一样，RH 法的脱氮效果不明显。当原始氮含量较低，如氮含量小于 4×10^{-5} 时，处理前后氮含量几乎没有变化。当氮含量大于 1×10^{-4} 时，脱氮率一般只有 10%～20%。

　　c. 脱氧。循环处理时碳有一定的脱氧作用，特别是当原始氧含量较高（如处理未脱氧的钢）时，这种作用就更明显。用 RH 法处理未脱氧的超低碳钢时，氧含量可由 $(2～5)×10^{-4}$ 降到 $(0.8～3)×10^{-4}$；处理各种碳含量的镇静钢时，氧含量可由 $(0.6～2.5)×10^{-4}$ 降到 $(2～4)×10^{-5}$。从获得最低终点氧含量的角度出发，还是以脱氧钢为优。

　　d. 脱碳。RH 法具有很强的脱碳能力，采取一定的措施后，可以在较短的时间内（20min）脱碳至 10^{-5} 数量级。

　　e. 钢的质量。钢液经处理后，由于其中氢、氧、氮及非金属夹杂物的减少，使钢的纵向和横向力学性能均匀，伸长率、断面收缩率和冲击韧性得以提高，钢的加工性能和力学性能得到显著改善。RH 法处理的钢种范围很广，包括锻造用钢、高强钢、各种碳素钢和合金结构钢、轴承钢、工具钢、不锈钢、电工钢、深冲钢等各种高附加值产品。

　　(2) VD 法

　　① VD 法的装置及工艺特点　如图 5-3 所示 VD 法所用钢包比普通钢包稍深一些，使钢包液面以上留有 800～1000mm 的净空高度，以适应钢液沸腾的需要。包底装有透气元件或透气砖，真空盖上装有加料设备，可以在真空状态下添加合金料。实现真空有两种形式：a. 真空罐式，钢包坐入真空室内，盖上真空盖然后抽真空；b. 桶式密封结构，连接真空系统的包盖盖在带凸臂的钢包上代替真空室。多数采用真空罐式密封结构。

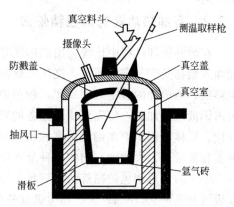

　　图 5-3　VD 钢液真空脱气装置

　　工艺过程如下。需要处理的钢液在电弧炉或转炉内冶炼，炉内预脱氧，并造流动性良好的还原渣，出钢温度比不处理时高 10～20℃，然后出钢。将钢包坐入真空室内，接通吹氩管吹氩搅拌，测温取样，再盖上真空盖，启动真空泵，大约 10～15min 后可达到工作真空度（13.33～133.3Pa），在真空下保持 10min 左右，达到脱气、去夹杂、均匀成分和温度的作用，整个精炼时间约 30min，吹氩搅拌贯穿整个精炼过程。

　　VD 法一般很少单独使用，往往与具有加热功能的 LF 法等双联。由于 VD 法精炼设备能有效地去除气体和夹杂物，而且建设投入和生产成本均远远低于 RH 法及 DH 法，因此，VD 炉具有较明显的优势，广泛用于小规模电炉厂家等进行特殊钢的精炼。

　　VD 法与喷粉结合的 V-KIP 法（Vacuum-Kimitsu Injection Process），于 1986 年在新日铁君津厂开发出来。此方法是在真空容器中设置钢包，以 Ar 作为载气，通过喷枪把粉粒状的精炼剂喷入钢液，用于脱气、脱硫、控制夹杂物的形态等。

　　② VD 法的精炼效果　VD 法是减少和控制钢液中气体含量的主要手段之一，同时还具有脱氧、去除夹杂物、调整钢液成分和控制钢液温度的功能。在 VD 炉冶炼过程中，强烈的惰性气体搅拌和熔池反应可确保钢-渣间充分反应，实现钢液脱硫；通过喂丝处理，还可以对硫化物夹杂做变性处理。

　　以国内某厂 100tVD 炉为例，其取得了以下精炼效果。

　　a. 67Pa 高真空，时间在 18min 以上，吹氩压力在 0.16MPa 以上，真空处理温降为

2.0℃/min，精炼渣量在 10kg/t 以下，就能使真空脱氢率达 70％以上。真空脱气后，钢中氢含量最低达到 $5×10^{-7}$。

b. 碳素钢的真空脱氮趋势要高于含有合金元素的钢种。较小的钢包高径比、合适的吹氩位置和吹氩点以及长的真空处理时间，有利于提高真空脱氮率。真空脱硫率越高，真空脱氮率越低。

c. GCr15 的真空脱硫率平均达 29％，钢中硫含量可降至 0.01％以下；中碳钢的真空脱硫率在 37％～39％之间，钢中硫含量可降至 0.01％以下；低碳钢的真空脱硫率在 42％～46％之间，钢中硫含量可降至 0.019％以下。高、中、低碳钢的真空脱硫能力为：高碳钢＞中碳钢＞低碳钢。

美国某厂将 90t 电弧炉冶炼的 52110 轴承钢（GCr15）装入具有电磁搅拌功能的真空脱气装置中进行真空处理。处理后钢中的氧含量从 $6×10^{-5}$ 降至 $1×10^{-5}$。经真空处理后，钢的疲劳寿命提高了 1～2 倍。

总之，精炼钢的质量比未精炼钢的质量好得多。通过精炼，钢中气体、氧的含量都显著降低，夹杂物评级也都明显降低。

5.2.2　有加热功能的钢包精炼法

在炉外处理过程中比较突出的问题是钢液温度不可避免地要降低，使钢水精炼时间和合金加入量都受到一定的限制，浇注温度难以控制，对后续连铸工序的稳定生产和质量控制产生影响。与单纯的真空处理相比，钢包炉精炼法的一个突出特点是具有加热功能，可以对钢包内钢液进行加热，为完成精炼任务的吸热以及在精炼过程中的散热损失均可通过加热得到补偿。这样，钢包炉在钢液温度和精炼时间方面不再依赖于初炼炉的出钢温度，合金加入的种类和数量也大大增加，钢的品种显著增加。

典型的加热钢包炉精炼法有三种，即电弧加热的真空精炼炉法（ASKA-SKF 法）、空电弧脱气精炼炉法（VAD 法）和电弧加热的钢包吹氩炉法（LF 法）。

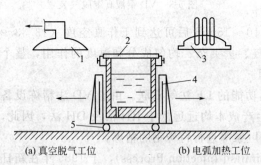

图 5-4　ASEA-SKF 法精炼工艺流程
1—真空室盖；2—钢包；3—加热炉盖；
4—电磁搅拌器；5—钢包车

（1）ASEA-SKF 法　ASEA-SKF 炉的工艺操作方便且有很大的灵活性，因此使这一设备不断得到完善和发展。到 20 世纪 70 年代末除瑞典本国有 10 余台外，世界上其他国家如日本、美国、英国、意大利、巴西、前苏联及我国都先后从瑞典引进钢包精炼设备，容量从最小的 20t 到最大的 150t。现在世界上约有 100 台左右 ASEA-SKF 钢包精炼炉。ASEA-SKF 钢包精炼炉具有电磁搅拌、真空脱气和电弧加热三个功能，如图 5-4 所示。可以进行脱气、脱氧、脱碳、脱硫、加热、去除夹杂物、调整合金成分等操作。ASEA-SKF 炉具有电弧加热与低频电磁搅拌的功能，是一般真空脱气设备所不具备的。它的主要优点有：

① 钢液温度能很快均匀，有利于钢洁净度的提高，并可减少耐火材料的消耗；

② 使加入的合金熔化快、成分均匀、稳定；

③ 电弧加热可提高熔渣的流动性，加快钢-渣反应速度，有利于脱氧、去除夹杂；

④ 电磁搅拌可提高真空脱气的效率。

（2）VAD 法　VAD 是 Vacuum Arc Degassing（真空、电弧加热、脱气）的缩写。德国用 Heat（加热）取代 Arc，称 VAD 法为 VHD 法。

美国芬克尔父子公司在将早期钢包真空处理改进为钢包真空吹氩处理时，因吹氩钢液温度降低快，处理时间受到限制，使真空吹氩的处理效果不能充分发挥，为补偿温度损失与摩尔公司合作完善了粗真空下电弧加热手段，从而诞生了 VAD 法。加热调温手段的实现使原来简单的钢包处理发生了质的飞跃，形成了一个运用自如、行之有效的钢包精炼方法。1967年，芬克尔公司建成世界上第一台容量为 65t VAD 炉。中文称为电弧加热钢包脱气法或称真空电弧钢包脱气法。1972 年，奥地利将 3个电极之间加设了氧枪，发展成 MVAD。我国抚顺钢厂于 1997 年从原联邦德国引进一台与 VOD 组合在一起的 30～60t VAD/VOD 炉外精炼设备。VAD 法设备示意图见图 5-5。

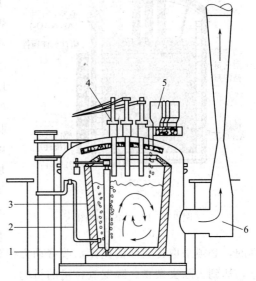

图 5-5　VAD 法设备示意图
1—真空室；2—底吹氩系统；3—钢包；4—电弧加热系统；5—合金加料系统；6—抽真空装置

VAD 法具有电弧加热、吹氩搅拌钢包内造渣及合金化等多种精炼手段，能对钢液进行脱硫、脱氧、脱氢、脱氮、去夹杂处理。该法具有以下特点：

① 由于加热是在真空下进行的，可形成良好的还原性气氛，防止钢液在加热过程中的氧化，在加热过程中还对以获得良好的脱气效果；

② 精炼炉完全密封．加热过程噪声较小，加热过程中几乎无烟尘；

③ 能够准确地调整浇注温度，而且钢包内衬充分蓄热，浇注时温降稳定；

④ 由于精炼过程中搅拌充分，钢液成分均匀、稳定；

⑤ 可以在真空条件下进行成分微调，可加入大量的合金，能冶炼范围很厂的碳素钢和合金钢；

⑥ 可以在一个工位达到多种精炼目的，可以加入造渣剂和其他渣料进行脱硫和脱碳。

（3）LF 法　LF（Ladle Furnace）法是于 1971 年在日本特殊钢（现称大同特殊钢）大森厂开发出来的。它采用氩气搅拌，在大气压力下用石墨电极埋弧加热，再与白渣精炼技术组合而成。LF 法的功能有：用强还原性渣脱硫、脱氧，进而进行夹杂物控制；用电弧加热熔化铁合金；调整成分、温度等。

① LF 法的设备组成　LF 法的主要设备包括炉体、电弧加热系统、合金及渣料加料系统、喂线系统、底吹氩系统、炉盖及冷却水系统等，参见图 5-6。由于设备简单、投资费用低、操作灵活和精炼效果好，其成为钢包精炼的后起之秀，在冶金行业得到广泛的应用和发展，在我国的炉外精炼设备中已占据主导地位。

② LF 法的精炼功能及特点　LF 法精炼期间所进行的操作，可以简化为埋弧加热、惰性气体搅拌钢液、造碱性白渣和惰性气体保护。

a. 强还原气氛。LF 本身一般不具有真空系统，精炼时，由于钢包与炉盖密封，可起到

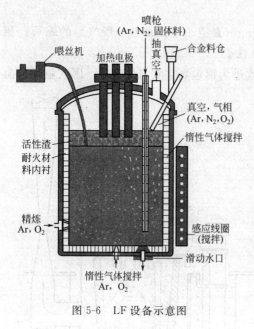

图 5-6 LF 设备示意图

喷枪
(Ar, N₂, 固体料)

喂丝机　加热电极　合金料仓
　　　　　　　　抽真空

活性渣
耐火材
料内衬

真空，气相
(Ar, N₂, O₂)

惰性气体搅拌

精炼
Ar, O₂

感应线圈
(搅拌)

滑动水口

惰性气体搅拌
Ar, O₂

隔离空气的作用。加热时，石墨电极与渣中 FeO、MnO、Cr_2O_3 等氧化物作用生成的 CO 气体以及来自搅拌钢液的氩气，增加了炉气的还原性，这样就阻止了炉气中氧向金属的传递，保证了精炼时炉内的还原气氛。钢液在还原条件下精炼，可以进一步地脱氧、脱硫及去除非金属夹杂物，有利于钢液质量的提高。

b. 惰性气体搅拌钢液。良好的氩气搅拌是 LF 精炼的又一特点。氩气搅拌有利于钢-渣之间的化学反应，它可以加速钢-渣之间的物质传递。吹氩搅拌还有利于钢液脱氧、脱硫反应的进行，可加速渣中氧化物的还原。吹氩搅拌的另一作用是可以加速钢液中温度与成分的均匀，能精确调整复杂的化学组成，而这对优质钢来说又是必不可少的。此外，吹氩搅拌还可以去除钢液中的非金属夹杂物。钢液中的夹杂物靠自然上浮是很困难的，必须采取比较强的搅拌，改善动力学条件，并且要有足够的搅拌时间使夹杂物聚集上浮，达到去除夹杂物、降低氧含量的目的。

c. 埋弧加热。LF 电弧加热类似于电弧炉冶炼过程，是采用三根石墨电极进行加热的。加热时电极插入渣层中，采用埋弧加热法，电极与钢液之间产生的电弧被白渣埋住。这种方法辐射热小，对炉衬有保护作用。与此同时，加热的热效率也比较高，热利用率好。浸入渣中的石墨电极在送电过程中会与渣中氧化物发生如下反应：

$$C+(FeO)\!=\!=\![Fe]+CO$$
$$C+(MnO)\!=\!=\![Mn]+CO$$

其结果不仅是使渣中不稳定的氧化物减少，提高了炉渣的还原性，而且还可提高合金元素的收得率，合金元素的收得率比电炉单独冶炼有了较大程度的提高。石墨电极与氧化物作用的另一结果是生成 CO 气体，CO 的生成使 LF 内气氛具有还原性。

d. 造碱性白渣。LF 法是利用白渣进行精炼的，它不同于主要靠真空脱气的其他精炼方法。白渣在 LF 内具有很强的还原性，这是 LF 内良好的还原气氛和氩气搅拌互相作用的结果。一般渣量为钢液量的 2%～8%。通过白渣的精炼作用，可以降低钢中的氧、硫及夹杂物含量。LF 冶炼时可以不加脱氧剂，而是靠白渣对氧化物的吸附来达到脱氧的目的。造好碱性白渣的前提条件是：控制好钢液成分、温度和熔炼过程参数，前期氧化渣量少（无渣出钢），钢液已经脱氧，钢包内衬为碱性耐火材料，渣容易熔化，渣中 FeO 与 MnO 总含量应低于 1.0%。

LF 四大精炼功能是互相影响、互相依存与互相促进的。炉内的还原气氛以及有加热条件下的钢渣搅拌，提高了白渣的精炼能力，创造了一个理想的炼钢环境，从而能生产出质量和生产率优于普通电弧炉钢的钢种。

5.3　不锈钢的炉外精炼法

（1）AOD 法　AOD（Argon Oxygen Decarburization）法为氩氧脱碳法，是美国联合

碳化物公司的克里大斯基的专利发明，是专为冶炼不锈钢而设计的一种钢液炉外精炼方法，如图 5-7 所示。1968 年，乔斯林不锈钢公司建成并投产了世界上第一台 15t AOD 炉。1983 年，太原钢铁公司建成了我国第一台 18t 国产 AOD 炉。

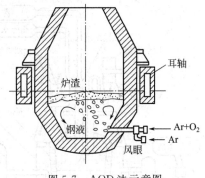

图 5-7 AOD 法示意图

AOD 法是以氩、氧的混合气体脱除钢中的碳、气体及夹杂物，可以用廉价的高碳铬铁在高的铬回收率下炼出优质的低碳不锈钢，目前主要用于高铬钢的冶炼，一般用于冶炼不锈钢。这是一种非真空下精炼含铬不锈钢的方法，其原理是：当氩、氧混合气体吹入钢液中，混合气体气泡中的氧在气泡表面与钢中的碳反应生成 CO，由于气泡中存在氩气，其中 CO 分压低，对生成的 CO 来说相当于真空室，因此生成的 CO 立即被气泡中的氩气稀释，降低了碳氧反应所生成的 CO 分压（氩气的稀释作用），从而促使碳氧反应继续进行。

AOD 法的主要优点有：钢的产量高、质量高，铬的回收率高，成本低，投资低；AOD 炉内可造渣脱硫，加上强烈的氩气搅拌，脱硫效果好，硫含量一般可达到 0.005% 以下；由于氩气泡对钢液中的气体来说相当于一个真空室，有明显的去氢效果，钢液中氢含量为 $(1\sim4)\times10^{-6}$，比电弧炉钢低 25%~65%；钢液中夹杂物含量低，而且几乎不存在大颗粒夹杂物。

AOD 法最大的缺点是氩气消耗及 Si-Fe 合金用量大，其成本大约占 AOD 法生产不锈钢成本的 20% 以上。AOD 法冶炼普通不锈钢的氩气消耗为 $11\sim12m^3/t$，冶炼超低碳不锈钢时为 $18\sim23m^3/t$，用量十分巨大。此外，AOD 炉寿命短，一般只有几十炉，国内最好的 AOD 炉也只有一两百炉。

AOD 法的精炼效果很好，表现在以下方面。

脱硫：AOD 法炉对脱硫十分有效。由于加入石灰、硅铁可造高碱度炉渣，又有强烈的氩气搅拌，因此可以深度脱硫。其脱硫能力超过电炉白渣法冶炼。[S] 可降至 0.005%，这是电炉难以达到的。有人认为 AOD 炉最低，[S] 可低于 0.001%，总之 AOD 有极强的脱硫能力是毋庸置疑的。

脱氢：AOD 法虽然没有真空脱气过程，但是吹入氩气搅拌，也有明显的脱氢效果，[H] 约 $(1\sim4)\times10^{-4}\%$，比电炉钢低 25%~65%。

脱氮：比电炉钢低 30%~60%。

脱氧：由于 AOD 炉氩气的激烈搅拌，可使钢中的氧化物分离上浮，[O] 比电炉钢低 10%~30%。基本上比电炉 DH 真空处理还低 $10\times10^{-4}\%$ 左右。

去夹杂物：由于钢中氧化物夹杂易于分离上浮，纯净度提高，不仅夹杂物含量少，而且几乎不存在大颗粒夹杂。夹杂物主要由硅酸盐组成，其颗粒细小，分布均匀。

（2）VOD 法　VOD 法（Vacuum Oxygen Decarburization）为真空氧气脱碳法，它是将钢包置于一个固定的真空室内，钢包内的钢液在真空减压条件下用顶氧枪进行吹氧气脱碳，同时通过从钢包底部吹氩促进钢液循环，在冶炼不锈钢时能很容易地将钢中碳含量降到 0.02%~0.08% 范围内，几乎不氧化铬。由于对钢液进行真空处理，加上氩气的搅拌作用，对反应的热力学和动力学条件十分有利，能获得良好的去气、去夹杂的效果。该方法主要用于超纯铁素体、超低碳不锈钢及合金的精炼。

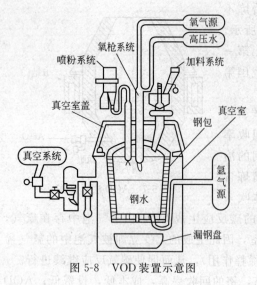

图 5-8　VOD 装置示意图

VOD 法的设备由钢包、真空罐、抽真空系统、吹氧系统、吹氩系统、自动加料系统、测温取样装置和过程检测仪表等组成，如图 5-8 所示。

VOD 法的主要优点有：氩气消耗少（小于 $1m^3/t$）；铬的氧化低、收得率高；在真空下吹炼及精炼，钢的洁净度高，碳、氮含量低，可达到 $w(C)+w(N) \leqslant 0.02\%$；与电弧炉返回吹氧法冶炼相比，可提高生产率 45%，节约电能 30%；由于显著提高了钢质量，降低了钢中气体及夹杂物的含量，消除了锻轧废品。

VOD 法的缺点是：受供氧限制，精炼效率较低，生产率不如 AOD 法高；多了一套真空系统，设备复杂，冶炼费用高；初炼炉需要进行粗脱碳；钢包寿命较短。

思 考 题

1. 简述 LF 主要的设备构成及功能特点。
2. 试比较 AOD 与 VOD 炉外精炼法之间的异同。

第6章 钢的连续浇注

6.1 钢的浇注概述

铸坯或铸锭是炼钢产品最终成形的工序,直接关系到炼钢生产的产量和质量。钢的浇注通常采用模铸和连铸两种方法。模铸法生产钢锭已有一百多年的历史,目前在炼钢生产中仍然占有一定的位置。由于我国的钢铁工业起步比较晚,目前国内部分钢铁公司,特别是小型钢铁公司仍在采用模铸法生产钢锭。近年来,随着世界钢铁工业的迅猛发展,连续铸钢法已经逐渐取代模铸法,成为钢液浇注的主要方法。

模铸设备包括钢包、钢锭模、保温帽、底板、中注管等。模铸分为上注和下注两种。

(1)上注法。上注法是指钢液由钢包经中间装置,或由钢包直接从钢锭模上部注入的一种方式。其适用于大型或特殊钢的铸锭。这种方法铸锭的准备工作简单,耐火材料消耗少,钢锭收得率高,成本低。由于浇注时钢锭模内的高温区始终位于钢锭上部,钢锭的翻皮、缩孔、疏松等缺陷有所减少。但是,上注法每次只能浇注2~4根钢锭,在开浇时容易产生飞溅而造成结疤、皮下气泡等钢锭表面缺陷。此外,浇注时钢液直接冲刷模底,锭模、底板易被熔蚀,使材料的消耗增加。

(2)下注法。下注法中钢液由钢包流经中注管、流钢砖,再分别由钢锭模底部注入各钢锭模。该法每次可浇注多根钢锭,钢液在模内上升平稳,钢锭质量好,生产效率高。但采用下注法生产钢锭的准备工作复杂,浇注1t钢要额外增加5~25kg的浇口、流钢通道的钢损耗,金属收得率低,生产成本增加,劳动条件较差。

模铸工艺如图6-1所示。模铸法通过采用快速浇注、增大钢锭单重、改进设备,其生产能力有所增大;采用合成固体保护渣、气体保护浇注,显著改善了钢锭质量。

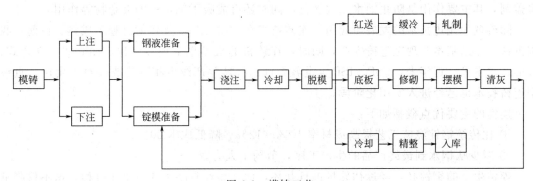

图 6-1 模铸工艺

模铸由于准备工作复杂、综合成材率较低、能耗高;劳动强度大及生产率低,目前已基本上被连铸所取代。

连铸是将液态钢用连铸机浇铸、冷凝、切割而直接得到铸坯的工艺。它是连接炼钢和轧钢的中间环节,是炼钢生产的重要组成部分。一台连铸机主要是由钢包回转台、中间包、中间包车、结晶器、结晶器振动装置、二次冷却装置、拉矫装置、切割装置和铸坯运出等装置组成的，如图 6-2 所示。

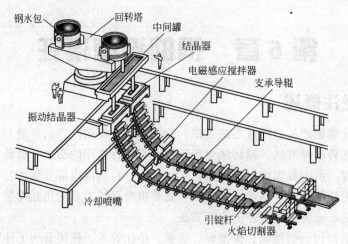

图 6-2　二流连铸示意图

浇铸时，把装有钢水的钢包运载到连铸机上方，经钢包底部的流钢孔把钢水注入到中间包内。打开中间包塞棒（或滑动水口），钢水流入到下口用引锭杆封堵的水冷结晶器中，钢水很快沿结晶器周边开始凝固成坯壳，并和引锭杆部结在一起。结晶器外壁通水冷却，以加速钢水的凝固；同时，结晶器上下振动，以避免凝固壳与结晶器黏结，减少拉坯阻力。当结晶器下端出口处坯壳有一定厚度时，拉坯机带动引锭杆和芯部仍为液态的凝固壳，以一定速度连续、均匀地离开结晶器，沿结晶器下方弧形辊道运行，已离开结晶器的坯壳立即受到来自结晶器下方的二次冷却装置的直接强制冷却，铸坯的结晶层也随之向中心区域推进。在全部凝固完毕或仍带有液芯的状态下，铸坯被矫直，随后被切割成定尺长度的坯料。上述过程是连续进行的。同时，在此过程中，钢包中钢水表面一直有一层覆盖剂，其主要作用是防止钢水在浇铸过程中因吸氧吸氮而影响钢的质量，同时，覆盖剂也具有保温作用，防止钢水温降过快而使浇铸钢水没有浇铸所必需的过热度；中包内的钢水表面也覆盖着一层渣，为中包覆盖剂，其主要作用是防止钢水二次氧化，同时还有能吸附钢水中的夹杂物等作用。

随着现代先进技术的发展与应用，连铸技术在 20 世纪 80 年代就已趋于成熟。目前，我国钢铁企业已基本实现全连铸生产，同时，连铸机的机型也呈现多元化，如立式、立弯式、弧形、水平等。近年来，CSP、ISP 等世界先进的板坯生产线也相继建成并投入生产，近终型连铸技术也已经进入实用化阶段。

连铸的主要优点概括如下：

① 比传统钢锭浇铸工艺提高成材率 10%～12%，降低成本 20%；

② 减少从钢水到最终产品的生产工序，节约了人力。

模铸生产的钢锭必须经过初轧机进行开坯，而连铸坯省略了这一工序过程，这不仅降低了均热炉加热能耗，而且缩短了从钢水到成坯的周期时间，近年来连铸的主要发展方向之一，是浇铸接近成品断面尺寸的铸坯，这会大大简化轧钢工序。图 6-3 为模铸与连铸的比较示意图。同时由于取消了初轧工序，使连铸的总体投资有所降低，如果说模铸与初轧工序的整体投资为 100%，而取消初轧后的连铸投资仅为 50% 左右。

传统钢锭浇铸主要有浇钢和整模两个岗位，工人要从事繁重的体力劳动。采用连铸后基本实现了机械化，许多实现了自动化，使操作工从模铸那样的繁重体力劳动中解放出来。近

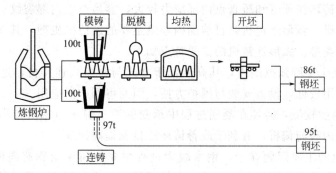

图 6-3　模铸与连铸的比较示意图

年来，随着计算机技术和通信技术的发展，其连铸的自动化水平也进一步有所提高。

6.2　连铸机的机型及特点

连铸是把钢液用连铸机浇注、冷凝、切割，直接得到铸坯的工艺。连铸机的机型直接影响铸坯的产量和质量、基本建设投资及生产成本。从 20 世纪 50 年代连铸工业化以来，经历了 20 多年的发展，连铸机的机型基本上完成了一个由立式、立弯式到弧形的演变过程。

连铸机按结构外形，可分为立式连铸机、立弯式连铸机、多点弯曲的立弯式连铸机、弧形连铸机（分直形结晶器和弧形结晶器两种）、多半径弧形（即椭圆形）连铸机和水平式连铸机等。图 6-4 为这几种用于工业生产的连铸机机型简图。

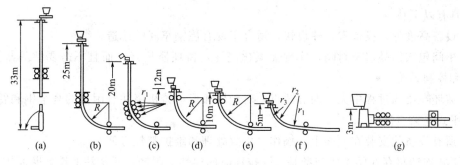

图 6-4　连铸机机型简图

(a) 立式连铸机；(b) 立弯式连铸机；(c) 直形结晶器多点弯曲连铸机；(d) 直形结晶器弧形连铸机；
(e) 弧形连铸机　(f) 多半径弧形（椭圆形）连铸机；(g) 水平式连铸机

(1) 立式连铸机　立式连铸机的结晶器、二冷段和全凝固铸坯的剪切等设备均设置在一条垂直线上，因而有利于钢水中夹杂物的上浮，铸坯各方向的冷却条件较均匀，并且铸坯在整个凝固过程中不受弯曲、矫直等变形作用，即使裂纹敏感性高的钢种也能顺利地连铸。但其缺点是：铸机设备高，钢水静压力大；设备较笨重，维修也不方便；安装立式连铸机需要很高的厂房或地坑，基建费用也高。

(2) 立弯式连铸机　立弯式连铸机是连铸发展过程中的一种过渡机型。其上半部与立式连铸机相同，而在铸坯全凝固后将其顶弯 90°，使铸坯沿水平方向出坯。这样，它既具有立式连铸机夹杂物上浮条件好的优点，又比立式连铸机的高度低，而且水平出坯，铸坯定尺长度不受限制，铸坯的运送也较方便。立弯式连铸机主要适用于小断面铸坯的浇注，对于大断面铸坯来说，全凝固后再顶弯，冶金长度已经很长了，其降低设备高度方面的优势已不明显。此外，该机型铸坯在顶弯和矫直点内部应力较大，容易产生内部裂纹。

（3）弧形连铸机 弧形连铸机是目前国内外最主要的连铸机机型，其又分为直形结晶器和弧形结晶器两种类型。弧形连铸机的主要特点如下。

① 由于布置在1/4圆弧范围内，其高度低于立式与立弯式连铸机，这就使得它的设备重量较轻，投资费用较低，设备安装与维护方便，因而得到广泛应用。

② 由于设备高度较低，铸坯在凝固过程中承受的钢水静压力相对较小，可减少坯壳因鼓肚变形而产生的内裂与偏析，有利于改善铸坯质量和提高拉速。

③ 弧形连铸机的主要问题在于，钢水凝固过程中非金属夹杂物有向内弧聚集的倾向，易造成铸坯内部夹杂物分布不均匀。此外，内外弧易产生冷却不均，造成铸坯中心偏析而影响铸坯质量。

（4）椭圆形连铸机 为了进一步降低连铸机高度，发展了椭圆形连铸机。它是指从结晶器向下圆弧半径逐渐变大，将结晶器和二冷段夹辊布置在1/4椭圆弧上，又称为超低头连铸机。这种机型除了弧形区采用多半径、高度有所降低外，其基本特点与弧形结晶器连铸机相同。但是由于椭圆形连铸机是多半径的，其安装、对弧调整均较复杂，弧度的检查和连铸机的维护也比较困难。

（5）水平式连铸机 为了最大限度地降低连铸机高度，将其主要设备（中间包、结晶器、二冷段、拉坯机和切割设备）均布置在水平位置上，这种连铸机称为水平式连铸机。它的中间包与结晶器是紧密相连的，相连处装有分离环。拉坯时，结晶器不振动，而是通过拉坯机带动铸坯做拉、反推、停不同组合的周期性运动来实现的。水平式连铸机与弧形连铸机相比，具有以下特点。

① 设备高度低，投资省，建设快，适合于现有炼钢车间的改造。

② 中间包与结晶器全封闭，实现无氧化浇注，铸坯质量好，而且不需要结晶器钢液液面检测和控制系统。

③ 铸坯在凝固过程中无弯曲和矫直，对于用弧形连铸机浇注有困难的合金钢和特殊钢，可用水平式连铸机浇注。

④ 所有设备均安装在地面上，操作、事故处理和维护都较方便。

水平式连铸机存在的主要问题是：受拉坯时的惯性力限制，所浇注的铸坯断面较小；结晶器的石墨套和分离环价格较高，增加了铸坯成本。

6.3 连铸机的主要设备

6.3.1 钢包回转台

钢包回转台是现代连铸中应用最普遍的运载和承托盛钢桶进行浇铸的设备，通常设置于钢水接收跨与浇铸跨柱列之间。通过设计的钢包回转半径，使得浇钢时钢包水口处于中间包上面的规定位置。用钢水接收跨一侧的吊车将盛钢桶放在回转台上，通过回转台回转，使钢包停在中间包上方供给钢水。浇铸完的空包则通过回转台回转，再运回钢水接收跨。钢包回转台结构形式有：直臂整体旋转升降式、直臂整体旋转单独升降式、双臂整体旋转单独升降式和双臂单独旋转升降式。蝶形钢包回转台是属于双臂整体旋转单独升降式，它是较广泛采用的一种形式。

采用钢包回转台，占用浇注平台的面积较小，易于定位，钢包更换迅速，发生事故或停电时可用气动或液压电动机迅速将钢包旋转到安全位置，有利于实现多炉连浇和浇钢事故的处理。

6.3.2　中间包及其载运设备

中间包构造如图 6-5 所示。

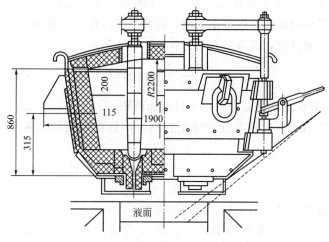

图 6-5　中间包构造图（双水口）

中间包是盛钢桶和结晶器之间的中转设备。使用中间包的作用有：减少钢水冲击和飞溅，使钢流平稳；钢水在中间包内停留时使钢中非金属夹杂有机会上浮；在多流浇铸上，用中间包起分流作用；在多炉连浇时，中间包可以储存一定数量的钢水以保证在更换盛钢桶时继续浇铸。中间包外壳为钢板，内衬耐火材料，罐内的钢液高度一般维持在 400～550mm。一个中间包可以安设几个水口，以实现多流浇铸的目的。

中间包车是放置和运送中间包的设备。在浇铸前，中间包车载着预热好的中间包开到结晶器上方，对准结晶器中心位置即可开浇。浇铸完毕或发生浇铸事故时，中间包车可迅速离开浇铸位置。为实现多炉连浇，一般实施快速更换中间包的操作，每台连铸机通常配有两台中间包车，对称布置在结晶器两边。此外，中间包内常加砌挡墙和堤坝，以改善钢水的流场，有利于温度均匀和促使夹杂物上浮分离。

6.3.3　结晶器及其振动装置

结晶器是连铸设备中最关键的部件，称为连铸设备的"心脏"，其主要作用是钢液在结晶器内冷却，初步凝固成一定坯壳厚度的铸坯外形，并被连续地从结晶器下口拉出而进入二冷区。对结晶器的要求是：具有良好的导热性和刚性，内表面耐磨，结构简单，质量小，易于制造、安装、调整和维修，造价低。

（1）结晶器的结构形式　结晶器的结构一般由铜内壁、水套和冷却水水缝三部分组成，此外，还有进出水管和固定框架等。

结晶器可分为直形和弧形两类。按铸坯断面形状，其可分为方坯、板坯、圆坯和异形坯结晶器；按本身结构，其可分为整体式、管式、组合式和在线调宽结晶器等。

（2）结晶器主要参数的选择

① 结晶器的断面尺寸。由于铸坯在冷凝过程时收缩和矫直时变形等因素，要求结晶器

的断面尺寸应比冷铸坯的断面（连铸坯公称断面）尺寸大 2%～3%（厚度方向约取 3%，宽度方向约取 2%）。

② 结晶器的长度。结晶器的长度是一个非常重要的参数。结晶器越长，在相同的拉速下，出结晶器的坯壳越厚，浇注安全性越好。然而，结晶器过于长的话，冷却效率就会降低。通常采用的结晶器长度为 700～900mm。

③ 结晶器的锥度。由于铸坯在结晶器内凝固的同时伴随着体积的收缩，结晶器铜板内腔必须设计成上大下小的形状，以减小气隙、提高导热性能、加速铸坯壳的生成。因此，结晶器内腔尺寸有一个倒锥度，其表示方法为：

$$\Delta = \frac{S_1 - S_2}{S_1 L} \times 100\% \tag{6-1}$$

式中，S_1，S_2 分别为结晶器上口、下口断面面积，mm^2；L 为结晶器的长度，m。

板坯连铸机的结晶器一般将宽面做成平行的，倒锥度可按结晶器上口、下口的宽度来计算：

$$\Delta = \frac{l_1 - l_2}{l_1 L} \times 100\%$$

式中，l_1，l_2 分别为结晶器上口、下口的宽度，mm。

锥度是连铸机结晶器的重要参数之一。组合式结晶器的倒锥度依钢种不同而不同，0.4%～0.9%/m。

（3）结晶器的振动装置

① 结晶器振动的作用。结晶器振动在连铸过程中扮演着非常重要的角色。结晶器的上下往复运行实际上起到了"脱模"的作用。由于坯壳与铜板间的黏附力因结晶器振动而减小，防止了在初生坯壳表面产生过大应力而导致裂纹的产生或引起更严重的后果。当结晶器向下运动时，因为"负滑脱"（振动过程中结晶器下行速度大于拉坯速度）作用，可"愈合"坯壳表面裂痕，并有利于获得理想的表面质量。

② 结晶器的振动方式。根据结晶器振动的运动轨迹，可将其振动方式分为正弦振动和非正弦振动两大类，如图 6-6 所示。

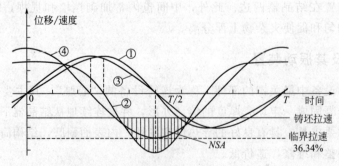

图 6-6 非正弦振动与正弦振动曲线对比
①—非正弦振动位移曲线；②—非正弦振动速度曲线；③—正弦振动位移曲线；④—正弦振动速度曲线

a. 正弦振动。正弦振动是结晶器的振动速度按正弦规律变化，是最常见的一种振动形式。正弦振动的主要运动特点为：没有稳定的速度阶段，结晶器与铸坯之间没有同步运动阶段，但有一小段负滑动时间，过渡平稳，没有很大冲击，因加速度小，有可能提高振动频率。正弦振动是通过偏心轮实现的，制造比较容易。近年来，正弦振动被国内外在各种断面的连铸机上普遍采用。

b. 非正弦振动。同步振动是最早的一种振动方式，同步振动的主要特点是结晶器下降时与铸坯作同步运动，然后以 3 倍的拉速上升，即结晶器上升与下降速度之比为 3∶1，所以结晶器上升时间与下降时间之比为 1∶3，设结晶器的振动周期为 T，结晶器的上升时间为 $T/4$，结晶器下降时间为 $3T/4$。由于结晶器在由下降转为上升时，转折点处速度变化很大，结晶器的运动过程产生冲击力，影响结晶器的平稳性，机构也复杂，所以这种振动方式已不再采用。

负滑动振动是同步振动的改进形式，负滑动振动先是结晶器以稍大于拉速的速度 $[V_2 = (1+\varepsilon)V]$ 下降，然后再以较高的速度 $[V_1 = (2.8 \sim 3.2)V]$ 上升。负滑动振动方式的主要特点是：结晶器下降速度稍大于拉速，因此在结晶器下降时坯壳中产生压应力，有利于防止裂纹，也有利于脱模。结晶器在上升和下降的转折点处，速度变化比较缓和，有利于提高运动的平稳性。结晶器上升时坯壳承受拉应力，下降时承受压应力，因此在确定振动参数时，应使开始下降时的加速度 a_2 大些，开始上升时的加速度 a_1 小些，通常来说结晶器下降加速度与上升加速度之比为：$K = a_2/a_1 = 2 \sim 3$。

③ 结晶器的振动参数。结晶器的振动分为两部分，即结晶器的振动方式及结晶器的振动机构。结晶器的振动是防止连铸坯与结晶器壁间的黏结，结晶器振动实际上是强制脱模，因此铸坯的表面状况与结晶器的振动方式及参数有很大的关系。结晶器振动参数主要是指振幅和频率，通常是振幅与频率成反比。

振动周期：结晶器上下振动一次的时间为振动的周期，用 T 表示，min；

振动频率：结晶器每分钟振动的次数，用 f 表示，次/min；

振幅：结晶器从水平位置运动到最高或最低位置所移动的距离，用 S 表示，mm。

随着连铸技术的发展，结晶器的振动频率不断在增加。结晶器振动频率高，对提高拉速和减轻振痕有利，目前采用 0~250 次/min，已开始采用 400 次/min 或更高的频率。振幅小，结晶器钢水的液面波动小，铸坯表面振痕小，通常在 25mm 以下，多偏于下限，已有取振幅为 2~4mm。结晶器的振动参数对铸坯表面质量有显著的影响，通常情况下，随结晶器振动频率的提高，铸坯振痕深度和振痕间隔减小；负滑动时间越长，铸坯振痕深度越深，相应铸坯的横裂纹指数也越高；结晶器振动振幅增加，铸坯振痕深度也要有所增加。铸坯的表面横裂纹与振痕深度有很大关系，铸坯表面振痕越深，铸坯表面所产生横裂纹指数也就越大。

6.3.4　二次冷却装置

二次冷却装置由支撑导向系统、喷水冷却系统和安装底座组成，如图 6-7 所示。

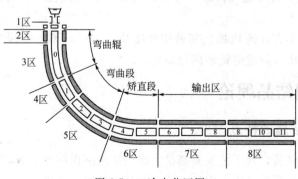

图 6-7　二冷水分区图

（1）二次冷却装置的作用

① 用水或气-水对带液芯的铸坯直接强制冷却，加速凝固，以进入拉矫区。

② 通过夹辊和侧导辊，对铸坯和引锭杆的运动起导向和支撑作用，以防止铸坯可能产生的鼓肚、菱形、弯曲等变形。

③ 对于带直形结晶器的弧形连铸机，还有对铸坯的顶弯作用；对于超低头连铸机，此区又是分段矫直区。

（2）二冷区的工艺要求

① 二冷装置在高温铸坯作用下应有足够的强度和刚度。

② 结构简单，对中准确，调整方便，能适应改变铸坯断面的要求，便于快速更换和维修。

③ 能按要求调整喷水量，以适应铸坯断面、钢种、浇注温度和拉坯速度等变化的要求。

6.3.5 拉坯矫直装置

对拉坯矫直装置的工艺要求是：①在浇注过程中能克服结晶器和二冷区的阻力，把铸坯顺利拉出；②具有良好的调速性能，以适应改变钢种、断面和上引锭杆等的要求，对自动控制液面的拉坯系统能实现闭环控制；③在保证铸坯质量的前提下，能实现完全凝固或带液芯铸坯的矫直；④结构简单，工作可靠，安装和调整方便。

6.3.6 引锭装置

引锭装置包括引锭头、引锭杆和引锭杆存放装置。引锭装置的作用是在开浇时堵住结晶器的下口（通常引锭头伸入结晶器下口内约200mm，尾部在拉矫机内保持500~1000mm的长度），并使钢水在引锭头处凝固，通过拉辊把铸坯带出，在铸坯进入拉矫机后将引锭杆脱去，进入正常拉坯状态，引锭杆则送入存放装置待下次开浇时使用。

引锭杆按结构形式可分为挠性和刚性两类，按安装方式又分为下装和上装两种。

6.3.7 铸坯切割装置

铸坯切割装置的作用是在铸坯前进过程中将其切成所需的定尺长度，其有火焰切割和机械切割两种形式。

一般在板坯、大方坯、圆坯和多流连铸机上多采用火焰切割。它的优点是：设备质量小，不受铸坯温度和断面大小限制，切口较齐，设备的外形尺寸较小。它的缺点是：金属烧损较大，为1%~2%；对环境有污染，需设置消烟和清渣设备；当切割短定尺时，需增加二次切割设备。

机械切割多用于小方坯连铸机。其剪切速度快，定尺可调，金属损失小；但设备质量大，消耗功率较高，切口附近的铸坯部分易变形。

6.4 钢液凝固结晶理论

6.4.1 钢液凝固结晶的特点

无论是连铸还是模铸，其工艺实质都是完成钢从液态向固态过程，也称为钢的凝固。钢的结晶需具备以下两个条件：①一定的过冷度，此为热力学条件；②必要的核心，此为动力学条件。

（1）结晶温度范围　钢是合金，含有 C、Si、Mn、P、S 等元素，而且钢的凝固在实际上属于非平衡结晶，因此钢液的结晶具有不同于纯金属的特点。钢液中含有各种合金元素，它的结晶温度不是一点，而是在一个温度区间内，见图 6-8。钢水在 T_1 时开始结晶，到达 T_s 时结晶完毕。T_1 与 T_s 的差值为结晶温度范围，用 ΔT_c 表示：

$$\Delta T_c = T_1 - T_s \tag{6-2}$$

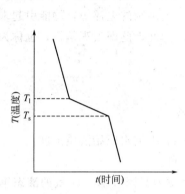

图 6-8　钢水结晶温度变化曲线

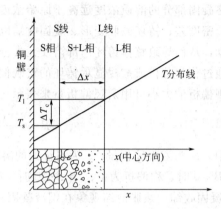

图 6-9　钢水结晶时两相区状态图

由于钢液结晶是在一个温度区间内完成的，在这个温度区间里固相与液相并存。实际的结晶状态如图 6-9 所示。钢液在 S 线左侧完全凝固，在 L 线右侧全部为液相，在 S 线与 L 线之间固-液相并存，称为两相区，S 线与 L 线之间的距离称为两相区宽度 Δx。

从结晶温度范围和两相区宽度的关系中可以看出，ΔT_c 对凝固组织的影响。当 Δx 较大时，晶粒度较大，反之则小。晶粒度大意味着树枝晶发达，发达的树枝晶使凝固组织的致密性变差，易形成气孔，偏析也较严重。

两相区宽度与结晶温度范围和温度梯度有关，可用下式表示

$$\Delta x = \frac{1}{dT/dx} \Delta T_c \tag{6-3}$$

式中，dT/dx 为温度梯度。

可见，当冷却强度大时，温度在 x 方向上变化急剧，温度梯度大，Δx 较小，反之则较大，两相区宽度与冷却强度成反比关系。当 ΔT_c 较大时，Δx 较大，反之则较小，两相区宽度与结晶温度范围成正比关系。较宽的两相区对铸坯质量不利，因此应适当减小两相区宽度。减小两相区宽度应从加强冷却强度入手，并落实到具体的工艺措施之中。

（2）化学成分偏析　钢液结晶时，由于选分结晶，最先凝固的部分溶质含量较低，溶质聚集于母液中，浓度逐渐增加，因而最后凝固的部分溶质含量很高。显然，在最终凝固结构中，溶质浓度的分布是不均匀的。这种成分不均匀的现象称为偏析。

在分析一支铸坯或一个晶粒的成分分布时可发现，铸坯中心溶质的浓度较高，而一个晶粒的晶界处溶质的浓度较高。前者为宏观偏析，后者为显微偏析。

① 显微偏析　实际生产中，钢液是在快速冷却的条件下结晶，因而属于非平衡结晶，形成了晶粒内部溶质浓度的不均匀性，中心晶轴处浓度低，边缘晶间处浓度高。这种呈树枝状分布的偏析称为显微偏析或树枝偏析。显微偏析的大小可用显微偏析度来表示：

$$A = \frac{c_{间}}{c_{轴}} \qquad (6-4)$$

式中，A 为显微偏析度；$c_{间}$ 为晶间处的溶质浓度；$c_{轴}$ 为晶轴处的溶质浓度。

当 $A > 1$ 时，称偏析为正，即正偏析；当 $A < 1$ 时，称偏析为负，即负偏析。

② 宏观偏析 钢液在凝固过程中，由于选分结晶，使树枝晶枝间的液体富集了溶质元素，再加上凝固过程中钢液的流动将富集了溶质元素的液体带到未凝固区域，使得铸坯横截面上最终凝固部分的溶质浓度远高于原始浓度。引起钢液流动的因素很多，如注流的注入、温度差、密度差、铸坯鼓肚变形、凝固收缩以及气体、夹杂物的上浮等，均能引起未凝固钢液的流动，从而导致整体铸坯内部溶质元素分布的不均匀性，此即宏观偏析，也称为低倍偏析。可通过化学分析或酸浸显示铸坯的宏观偏析。

宏观偏析的大小可用宏观偏析量来表示：

$$B = \frac{c - c_0}{c_0} \times 100\% \qquad (6-5)$$

式中，B 为宏观偏析量；c 为测量处的溶质浓度；c_0 为钢水原始溶质浓度。

当 $B > 0$ 时，称偏析为正；当 $B < 0$ 时，称偏析为负。

③ 凝固收缩 热胀冷缩现象在钢液凝固过程中表现为凝固收缩。1t 重的液态钢冷却到常温的固态钢，其体积由 $0.145m^3$ 缩小至 $0.128m^3$，收缩了近 12%。随成分、温降的不同，其收缩量也有差异。

钢液的收缩随温降和相变可分为如下三个阶段。

a. 液态收缩。钢液由浇注温度降至液相线温度过程中产生的收缩称为液态收缩，即过热度消失时的体积收缩。这个阶段钢保持液态，收缩量为 1%。液态收缩危害并不大，尤其对于连铸坯而言，液态的收缩被连续注入的钢液所填补，对已凝固的外形尺寸影响极小，可以忽略。

b. 凝固收缩。钢液在结晶温度范围内形成固相并伴有温降，这两个因素均会对凝固收缩有影响。结晶温度范围越宽，则收缩量越大，其收缩量约是总量的 4%。由于钢液的连续补充，也可认为凝固过程的收缩对铸坯的结构影响较小。

c. 固态收缩。钢由固相线温度降至室温，钢处于固态，此过程的收缩称为固态收缩。由于收缩使铸坯的尺寸发生变化，故其也称为线收缩。固态收缩的收缩量为总量的 $7\% \sim 8\%$。固态收缩的收缩量最大，在温降过程中产生热应力，在相变过程中产生组织应力，应力的产生是铸坯裂纹的根源。因此，固态收缩对铸坯质量影响甚大。

6.4.2 连铸坯的凝固结构

连铸坯凝固相当于高宽比特别大的钢锭凝固，且铸坯在连铸机内边运行边凝固，形成了很大的液相穴。一般情况下，连铸坯从边缘到中心也是由激冷层、柱状晶带和中心等轴晶带（锭心带）组成，与钢锭无本质区别。

（1）激冷层 钢液在结晶器内开始的凝固速率为 $50 \sim 120mm/min$。激冷层为细小的等轴晶带，厚度为 $5 \sim 10mm$。

（2）柱状晶带 激冷层形成过程中的收缩，使结晶器液面以下 $100 \sim 150mm$ 的器壁处产生了气隙，降低了传热速度。同时钢液内部向外散热使激冷层温度升高，不再产生新的等轴晶。在定向传热得到发展的条件下，柱状晶带开始形成。由于水冷铜模及二冷喷水使铸坯的内外温差比模铸大，故柱状晶细长而致密，而且柱状晶带范围较模铸宽。

（3）锭心带　连铸坯锭心带比模铸坯窄，亦为粗大等轴晶组成，晶粒较模铸稍细。

对于断面较大的连铸坯，由于锭心温降较缓，亦形成分叉柱状晶，然后才形成大粒等轴晶。

浇注温度、冷却条件对连铸坯的结构有影响。二冷区冷却强度加大，温度梯度大，促进柱状晶发展。铸坯断面大，温度梯度减小，柱状晶宽度减小，并出现分叉柱状晶带。

对于弧形连铸机，由于内弧侧和外弧侧的冷却条件不同，外弧侧激冷层厚且柱状晶短，内弧侧则相反。

对于沸腾钢的连铸，由于冷却强度大导致沸腾时间短，钢坯结构不易控制。国外采用半镇静钢代替沸腾钢，或将沸腾钢经真空处理后连铸，得到与半镇静钢相似结构的铸坯。铸坯组织致密、无气泡、化学成分均匀。

6.5　连铸工艺

在连铸生产过程中，其工艺参数对铸坯的表面质量、内部质量及生产效率产生巨大的影响。连铸工艺参数包括的内容很多，本节仅就拉速、二冷比水量、浇注温度等主要工艺参数的确定做简要介绍。

6.5.1　连铸拉速的确定

拉坯速度（简称拉速）是指连铸机每一流单位时间内拉出铸坯的长度（m/min），或每一流单位时间内拉出铸坯的重量（t/min）。它是连铸机重要的工艺参数之一，其大小决定了连铸机的生产能力，同时又直接影响着钢水的凝固速度、铸坯的冶金质量以及连铸过程的安全性。拉速过高会造成结晶器出口处坯壳厚度不足，从而不足以承受拉坯力和钢水静压力，以致坯壳被拉裂而产生漏钢事故。即使不漏钢，当钢水静压力和拉坯力产生的应力超过钢产生裂纹的临界应力时，就会造成铸坯形成裂纹。因此，拉速应以获得良好的冶金质量、连铸过程安全性和连铸机生产能力为前提。通常在一定工艺条件下，拉速有一最佳值，过大或过小都是不利的。

（1）满足结晶器出口处坯壳安全厚度的最大拉速的确定　确保铸坯出结晶器时有一个足够的坯壳厚度，以防止漏钢并能承受钢水静压力和拉坯力产生的应力，这个厚度称为安全厚度。根据经验，对于方坯，安全厚度与断面的关系见表 6-1；对于板坯，安全厚度应大于或等于 15mm（板坯宽度中间部位）。

表 6-1　不同断面尺寸坯壳要求的最小安全厚度　　　　单位：mm

断面尺寸	137×137	158×158	184×184	217×217	238×238	263×263	296×296
坯壳厚度	11	13	15	17	19	22	25

由凝固定律可知：

$$\delta = k_结 \sqrt{t_结} \tag{6-6}$$

式中，δ 为结晶器出口处坯壳厚度，mm；$k_结$ 为结晶器内凝固系数，$mm/min^{1/2}$，主要取决于结晶器的冷却条件、断面尺寸、浇注钢种及温度，小方坯的 $k_结$ 值取 $28\sim31mm/min^{1/2}$，大方坯的 $k_结$ 值可取 $24\sim26mm/min^{1/2}$，板坯随宽度比的增大 $k_结$ 值取小一些；$t_结$ 为铸坯在结晶器内的停留时间，min。

若在结晶器出口处要求的最小坯壳厚度为 δ_{min}，结晶器有效长度为 L，则最大拉速

V_{max} 为：

$$V_{max} = L\left(\frac{k_{结}}{\delta_{min}}\right)^2 \qquad (6-7)$$

（2）按连铸机冶金长度计算的理论最大拉速　铸坯出拉矫机后即按定尺要求切割，铸坯的液相长度不能超过冶金长度。由凝固定律，铸坯完全凝固时可得：

$$\frac{D}{2} = k\sqrt{t} = \sqrt{\frac{l}{v_{理论}}} \qquad (6-8)$$

式中，D 为铸坯厚度，mm；k 为综合凝固系数，mm/min$^{1/2}$，它是铸坯在结晶器和二冷区的凝固系数的平均值，主要取决于钢种、断面大小和冷却凝固条件，对于方坯、矩形坯和圆坯取上限，对于板坯取下限；l 为冶金长度或液芯长度，m；$v_{理论}$ 为最大理论拉速，m/min。

由式(6-8)得：

$$v_{理论} = 4l\left(\frac{k}{D}\right)^2 \qquad (6-9)$$

在实际生产中不存在使用最大理论拉速的必要。因此，在编制技术标准、设定工艺参数时，将可能使用的最大拉速称为最大操作拉速。根据经验，最大操作拉速与最大理论拉速之间的关系是，最大理论拉这是最大操作拉速的 1.1 倍。

6.5.2　连铸过程冷却控制

铸坯冷却控制包括结晶器冷却（一次冷却）控制和二冷区（二次冷却）冷却控制两部分。

（1）结晶器冷却控制　结晶器冷却的作用是保证坯壳在结晶器出口处有足够的厚度，以承受钢水的静压力，防止拉漏；同时，又要使坯壳在结晶器内冷却均匀，防止表面缺陷的产生。而一次冷却能否满足这些要求，主要是由结晶器的冷却能力、热流分布、参数（长度、锥度、材质、厚度等）以及冷却水的质量、流速、流量等因素来决定的。

① 冷却水的流量。冷却水的流量越大，冷却强度也越大。但当冷却水的流量增加到一定数值后，冷却强度就不再增加。可按以下经验公式来计算结晶器冷却水的流量：

对方坯连铸机 $\qquad\qquad W = 4aQ_k \qquad (6-10)$

对板坯连铸机 $\qquad\qquad W = 2(L+D)Q_k \qquad (6-11)$

式中，W 为结晶器冷却水的流量，L/min；a 为方坯边长，mm；L 为板坯宽面尺寸，mm；D 为板坯窄面尺寸，mm；Q_k 为单位时间水流量，L/min，小方坯为 2.5～3L/min，板坯为 2L/min。

② 冷却水的压力。结晶器冷却水的压力一般控制在 0.4～0.6MPa 范围内。为防止结晶器水缝产生间断沸腾，可提高水压，缩小水缝，以增加水流速，避免结晶器铜管产生热变形。实际生产操作中大多使水压保持在 0.5MPa 左右，不应低于 0.4MPa。

③ 冷却水的温度。生产中要保持结晶器冷却水进出温度差的稳定，以利于坯壳均匀生长。结晶器冷却水进出温度差应小于 10℃，一般控制在 3～8℃之间。

（2）二冷区冷却控制　铸坯从结晶器拉出后，其芯部仍为液体，为使铸坯在进入矫直点之前或者在切割机之前完全凝固，就必须在二冷区进一步对铸坯进行冷却。为此，在连铸机的二冷区设置有铸坯冷却系统。

① 确定冷却强度的原则。确定冷却强度时应遵循以下原则。

a. 由结晶器拉出的铸坯进入二冷区上段时，内部液芯量大，坯壳薄，热阻小，坯壳凝固收缩产生的应力也小。此时加大冷却强度可使坯壳迅速增厚，即使在较高的拉速下也不会拉漏。当坯壳厚度增加到一定程度以后，随着坯壳热阻的增加，应逐渐减小冷却强度，以免铸坯表面热应力过大而产生裂纹。因此，在整个二冷区应当遵循自上而下、冷却强度由强到弱的原则。

b. 为了提高连铸机生产率，应当采取高拉速和高冷却效率。但在提高冷却效率的同时，要避免铸坯表面温度局部剧烈降低而产生裂纹，故应使铸坯表面横向及纵向都能均匀降温。通常铸坯表面冷却速度应小于 $200℃/m$，铸坯表面温度回升速度应小于 $100℃/m$。铸坯断面越大，其表面冷却速度及表面温度回升速度应越小。

c. 二冷配水应使矫直时铸坯表面温度避开脆性"口袋区"，控制在钢延性最高的温度区。$700\sim900℃$ 的温度范围是铸坯的脆性温度区。对于低碳钢，矫直时铸坯表面温度应高于 $900℃$；对于含 Nb 的钢，矫直时铸坯表面温度应高于 $980℃$。此外，为了保证铸坯在二冷区支承辊之间形成的鼓肚量最小，在整个二冷区应限定铸坯表面温度，通常控制在 $1100℃$ 以下。同时，在铸坯进行热送和直接轧制时，还要控制切割后铸坯表面温度高于 $1000℃$。

d. 在确定冷却强度时必须满足不同钢种的需要，特别是裂纹敏感性强的钢种，要采用弱冷。

② 二冷比水量的确定。二次冷却强度常用"比水量"来表示，是指通过二冷区单位重量铸坯所使用的冷却水量，单位为 L/kg。二冷比水量随着钢种、铸坯断面尺寸、连铸机机型、拉坯速度等参数的不同而变化，通常在 $0.3\sim1.51L/kg$ 之间波动。表 6-2 列出了不同类别钢种的比水量。

表 6-2　不同类别钢种的比水量　　　　　　　　单位：L/kg

钢种类别	比水量	钢种类别	比水量
普碳钢、低合金钢	1.0～1.2	裂纹敏感性强的钢	0.4～0.6
中高碳钢、合金钢	0.6～0.8	高速钢	0.1～0.3

具体选择二冷强度时，除考虑钢种、拉速等因素外，还要考虑铸坯矫直温度以及是否热送、直接轧制等。目前，一般采用"热行"，也称软冷却。在整个二冷区铸坯表面温度缓慢下降，在保证铸坯不鼓肚的情况下，应尽可能提高出钢温度，以便热送或直接轧制，至少也应做到铸坯矫直以前的表面温度不低于 $900℃$。

6.5.3　浇注温度的确定

连铸浇注温度是指中间包内的钢水温度，通常一炉钢水需要在中间包内测 3 次或 4 次温度，即在开浇 5min、浇注过程中期和浇注结束前 5min 时均应测温，所测温度的平均值为平均浇注温度。浇注温度的确定可由下式表示：

$$t = t_L + \Delta t \tag{6-12}$$

式中，t 为浇注温度，$℃$；t_L 为液相线温度，$℃$；Δt 为钢液过热度，$℃$。

（1）钢液过热度的确定　钢液过热度是根据浇注钢种、铸坯断面、中间包的容量和材质、烘烤温度、浇注过程小的热损失情况、浇注时间等因素综合考虑确定的，但主要是根据铸坯的质量要求和浇注性能来确定。如高碳钢、高硅钢、轴承钢等钢种，钢液的流动性好、导热性较差，同时体积收缩较大，应控制较低的过热度。对于低碳钢，尤其是 Al、Cr、Ti 含量较高的一些钢种，钢液发黏，过热度应相对高些。铸坯断面大，过热度可取低些。对于某一钢种来说，液相线温度加上合适的过热度数值即为该钢种的目标浇注温度。表 6-3 所示为中间包钢液过热度的参考值。

表 6-3　中间包钢液过热度的参考值　　　　　　　　　　　单位：℃

浇注钢种	板坯和大方坯	小方坯
高碳钢、高锰钢	10	15~20
合金结构钢	5~15	15~20
铝镇静钢、低合金钢	15~20	25~30
不锈钢	15~20	20~30
硅钢	10	15~20

（2）钢液在传递过程中的温度变化　出钢后，钢液进入钢包直到注入结晶器的整个传递过程经历了一系列的温降。过程总温降可用 $\Delta t_{总}$ 表示：

$$\Delta t_{总} = \Delta t_1 + \Delta t_2 + \Delta t_3 + \Delta t_4 + \Delta t_5 \qquad (6\text{-}13)$$

式中，Δt_1 为出钢过程的温降，℃，主要是指钢流的辐射散热、对流散热和钢包内衬吸热所形成的温降，其取决于出钢温度的高低、出钢时间的长短、钢包容量的大小、内衬的材质和温度状况、加入合金的种类和数量等因素，尤其是出钢时间和包衬温度的波动对 Δt_1 影响较大；Δt_2 为从出钢完毕到钢液精炼之前的温降，℃，主要是指钢包内衬的继续吸热、钢液面通过渣层的散热、运输路途和等待时间的热损失；Δt_3 为钢液精炼过程的温降，℃，主要根据钢液炉外精炼方式和处理时间而定；Δt_4 为钢液处理完毕至开浇之前的温降，℃，从出钢至钢液精炼这段时间，钢包内衬已充分吸热，钢液与包衬之间的温差很小，几乎达到平衡，因此 Δt_4 主要取决于钢包开浇之前的等待时间，通常温降速度在 $0.5\sim1.2℃/\min$ 之间；Δt_5 为钢液从钢包注入中间包的温降，℃，这一过程的温降与出钢过程相似，包括注流的散热、中间包内衬的吸热及钢液面的散热等，钢包注流的散热温降与注流的保护状况、中间包的容量和内衬材质、是否烘烤和烘烤温度、浇注时间以及液面有无覆盖和覆盖材料等因素有关。

6.5.4　连铸坯

（1）连铸坯表面质量　连铸坯表面质量的好坏决定了铸坯在热加工之前是否需要精整，是影响金属收得率和成本的重要因素，也是铸坯热送和直接轧制的前提条件。表面缺陷主要有各种类型的表面裂纹（表面纵裂纹、表面横裂纹、表面星状裂纹）、深振痕、表面夹渣、皮下气泡与气孔、表团凹坑和重皮。

（2）连铸坯内部质量　连铸坯内部质量是指铸坯是否具有正确的凝固结构、偏析程度、内部裂纹、夹杂物含量及分布状况等。内部缺陷主要有内部裂纹（皮下裂纹、中间裂纹、角部裂纹、矫直裂纹、中心星状裂纹）、中心偏析、中心疏松、中心缩孔。

（3）连铸坯形状缺陷　连铸坯形状缺陷包括脱方（菱形）缺陷和铸坯鼓肚。

6.5.5　连铸技术的发展趋势

连铸技术的开发与应用是钢铁工业继氧气转炉之后又一次重大的技术革命。目前，许多国家连铸比已达 70%以上，连铸比达 100%的国家已超过 30 个。连铸比的高低在一定程度上代表一个国家钢铁业的发展水平。

　　进入 20 世纪 90 年代，连铸技术呈现出更加强劲的发展态势，生产过程的高效化、铸坯洁净化、产品近终形、操作自动化以及与后续工艺衔接上的连续化代表了世界现代连铸的发展方向。我国也已广泛开展了对现有铸机的技术改造，并注重新建铸机合理性和先进性的结合。以连铸取代模铸是炼钢生产流程中的一场革命，而高效连铸和近终形连铸又是对传统连铸工艺的一次重大革新。

　　高效连铸是 20 世纪 90 年代最引人注目的连铸技术之一。高效连铸的发展十分迅速。早在 20 世纪 50 年代，英国巴路厂就创下以平均 6～7m/min 的速度（最高达 14.5m/min）浇铸 55mm×55mm 方坯的纪录。在常规连铸上，日本钢管福山 6 号板坯连铸机，浇铸 220mm 厚的板坯时，速度达到了 3.0m/min。高效连铸的技术具有如下一些特征。

　　(1) 高的铸机作业率　国外新建铸机作业率均在 80%～90%，有些铸机作业率已超过 90%。实践表明，为充分发挥铸机的作用，提高铸机作业率，必须对铸机设备进行改造，包括提高铸机热负荷承受能力，实现零部件的快速更换和离线检修，提高控制水平，实现自动化控制，提高检修水平和精度。

　　(2) 高的单机产量，实现连铸机大型化　国外大板坯连铸机的单流年产能力均超过 100 万吨。国外大多数小方坯连铸机的单流年产能力在 6 万～10 万吨，而国内小方坯连铸一般为 5 万吨。

　　(3) 高的拉坯速度　提高拉坯速度是提高铸机生产效率的有效措施。由于其高的生产效率和低的能量消耗，加之连铸坯热送热装工艺的日趋成熟，高速连铸机在国际上逐步得到广泛采用。目前国外已经成功地开发了最大拉速达 5m/min 的高速板坯连铸机。

　　(4) 多炉连浇　多炉连浇不仅可提高钢水收得率和稳定工艺过程，而且可以提高铸机的作业率，增加铸机的有效作业时间，提高铸机的年生产能力。提高连浇炉数，减少事故中断，需要采取各种有效的精炼和钢水再加热措施，如钢包炉、铝氧加热、中间罐等离子加热、感应加热、电渣加热等，以保证浇注过程中钢水温度适宜，炼钢-连铸生产节奏稳定和谐调。

6.5.6　洁净钢连铸技术

　　连铸比模铸具有无可比拟的优越性，但出于连铸的特殊条件，欲获得夹杂物含量极低的洁净铸坯比模铸存在更大的困难。所以只有在适当地组织浇注并且在钢包至结晶器之间使钢流得到充分保护、增大中间罐内夹杂物上浮机会时，连铸的优越性才能得以实现，以克服钢流暴露时间长、钢流与耐火材料（中间罐内衬）接触多带来的弊端。洁净钢连铸技术包括有无氧化保护浇注和中间罐夹杂物分离技术等。

　　(1) 无氧化保护浇注　据研究，铸坯中 70%的氧化物夹杂源于钢液的二次氧化。目前，无氧化保护浇注技术已在国内外连铸机上得到普遍应用，技术上包括 5 个方面的内容：①大包内钢水的保护；②大包至中间罐钢水的保护；③中间罐内钢水的保护；④中间罐至结晶器钢水的保护；⑤结晶器内钢水的保护。其中大包、中间罐和结晶器内钢水分别采用钢水覆盖剂和结晶器保护渣，大包至中间罐钢流使用保护套管法或气幕法，中间罐至结晶器钢流采用整体式或分段式浸入水口进行保护浇注。

　　(2) 中间罐夹杂物分离技术　在中间罐内设置各种形式的挡渣墙能有效地使钢水中的夹

杂物上浮分离。挡渣墙的高度、位置和数量对夹杂物的去除有很大的影响。中间罐内设置挡渣墙，具有如下一些效果：①提高钢的洁净度；②使中间罐内钢液流场均匀；③增大钢水滞留时间；④增大钢-渣相互作用时间；⑤减少水口堵塞。

为了进一步提高钢的洁净度，防止和减少水口堵塞，近年来，美国、日本相继开发了钢水过滤技术。新日铁使用石灰石质过滤器（CaO93%，MgO7%）浇注 Si-Al 镇静钢，团块状 Al_2O_3 减少约 1/3，单体 Al_2O_3 减少约 1/2。神户制钢公司采用含 $Al_2O_3$50.5% 的多孔耐火材料套管，钢水流过孔隙时 Al_2O_3 夹杂物被吸收。

奥斯克里冶金公司设计了原理新颖的过滤精炼系统——钢水自动净化过滤器。该过滤器的工作区不是使夹杂物沉淀而是使之凝聚、上浮。

6.5.7　近终形连铸

近终形连铸指的是所有浇铸接近最终产品尺寸形状的浇铸方式。近终形连铸是当代钢铁工业发展中一项重大的高新技术，分为薄板坯连铸、薄带坯连铸、喷雾成形的板坯热型三类。传统的热轧薄钢板的生产是将 $150\sim300mm$ 厚的板坯热轧成薄板。薄板坯连铸连轧工艺是将钢水浇铸成 $15\sim20mm$ 的板坯，均热后直接热轧成薄板；薄带坯连铸工艺则是取消热轧工艺，钢水直接连铸成 $2\sim5mm$ 厚的钢板；喷雾成形工艺则是利用喷雾沉积原理将雾化钢水沉积成形。这些技术与传统工艺相比：流程短、设备简单、建设投资省、能耗低、成材率高、生产成本低。目前真正工业化的近终形连铸只有薄板坯连铸。

目前，世界上应用较为成功的薄板坯连铸下艺主要有西马克开发的 CSP（Compact Strip Production）和德马格开发的 ISP（Inline Strip Production）。

第一台 CSP 铸机于 1987 年 7 月在美国 Nucor 公司顺利投产，浇铸厚 50mm、宽 1200mm 的薄板坯。其主要特点为采用一个漏斗形的结晶器使坯壳在结晶器内产生较大的变形，由中部最厚的 150mm 减薄到 $50\sim60mm$。

CSP 是目前最为流行的薄板坯连铸工艺，它的基本概念是通过一个均热炉将一台新型薄板坯铸机与现代化轧机直接连接起来，这种工艺具有极高的生产率。生产表明，从钢水注入结晶器到以热轧带卷的形式离开地下卷取机，所需时间不足 0.5h。

ISP 是德马格为采取铸轧技术后，将铸坯在铸机内进行连续轧制（压缩变密）的一种新设备。世界上第一台 ISP 生产线于 1992 年在意大利的 Arvedi 公司投产，其与 CSP 生产线最根本的区别是结晶器形状不一样，ISP 生产线采用平行结晶器，结晶器内腔厚度仅为 $60\sim80mm$。采用扁平形浸入式水口，最后提供的薄板坯厚度为 $15\sim25mm$，宽度为 $650\sim1330mm$，铸机浇铸速度可达 6m/min，经铸轧变形后出坯速度为 16m/min。由于从铸机出来的坯厚小于 30mm，薄板坯就有可能用卷取机将其成卷，然后进入均热炉保温，接下去是四架四辊精轧机，这种形式使铸机出口至地下卷取机距离很短，因此，ISP 系统的长度只有 150mm 左右，Nucor 的 CSP 轧制线总长为 250m 左右。

6.5.8　连铸操作的自动化、机械化

实现自动化、机械化是提高生产率的根本出路，钢水包与中间罐下渣判定、钢水连续测温、钢水重量检测、自动开浇和浇注结束技术、漏钢预报、结晶器液面测量及控制、铸坯缺陷预报技术等都将引入现代连铸机设备和工艺操作中。随着设备的可靠性不断提高、过程控制智能化的实现，连铸的自动化、机械化程度将得到明显改善。

6.5.9　工序衔接的连续化

连铸坯热送热装和直接轧制因其节能、提高成材率、简化工艺流程、节约基建投资、缩短生产周期等优点，一直是连铸技术的发展方向。实现上述工艺的前提条件是，连铸车间提供高温无缺陷铸坯。因此，为了保证铸坯质量，应采取一系列质量保证技术，如钢水质量保证技术、无氧化浇注技术、结晶器及二冷区冷却技术等。

思　考　题

1. 简述连铸机的主要设备构成。
2. 简述连铸坯常见的表面缺陷。

第7章 锌冶金

本章摘要　本章主要介绍了金属锌冶炼的原料、基本原理及冶炼工艺。

7.1　锌的性质和用途

7.1.1　物理性质

金属锌是银白色略带蓝灰色的金属，断面有金属光泽，晶体结构为密排六方晶格。锌在熔点附近的蒸气压很小，液体锌蒸气压随温度的升高急剧增大，这是火法炼锌的基础。在不同温度下锌的蒸气压如下：

温度/K　　692.5　　773　　　973　　　1180　　　1223

蒸气压/Pa　21.9　　188.9　8151.1　101325　150439.1

在室温下锌很脆，布氏硬度为 7.5。加热到 373~423K 时，锌变得很柔软，延展性变好，可压成 0.05mm 的薄片，或拉成细丝。当加热到 523K 时则失去延展性而变脆。锌的主要物理性质列于表 7-1。

表 7-1　锌的主要物理性质

性质	单位	数值	性质	单位	数值
半径	pm	83(Zn^{2+}),125(共价),133.2(Zn)	汽化热	kJ/mol	114.2
熔点	K	692.73	密度	kg/m³	7133(293K)
沸点	K	1180	热导率	W/(m·K)	116(300K)
熔化热	kJ/mol	6.67	电阻率	Ω·m	$5.916×10^{-6}$(293K)

7.1.2　化学性质

锌是元素周期表中第 4 周期 ⅡB 族元素，元素符号 Zn，原子序数 30，相对原子质量 65.39。锌原子的外电子构型为 [Ar]$3d^{10}4s^2$，在形成化合物时容易失去 4s 轨道上的 2 个电子，+2 是锌离子常见的价态。

锌在 420℃时开始与硫发生反应，而与氧反应在 225℃时已开始了。锌对氧的亲和力比较大，硫化锌在空气中加热氧化生成稳定的氧化锌。氧化锌既能在高温下被碳还原，又能很好地溶解于稀硫酸溶液中，因此硫化锌的氧化焙烧对于火法炼锌和湿法炼锌都是重要的矿物原料预处理过程。

锌是比较活泼的重金属，在室温的干燥空气中不起变化，但在潮湿而含有 CO_2 的大气中，锌的表面会逐渐氧化生成灰白色致密的碱式碳酸锌 [$ZnCO_3 \cdot 3Zn(OH)_2$] 薄膜层，阻止锌继续氧化。更为重要的是，锌的电位较铁负，通过电化作用它能代替铁被腐蚀，所以锌被大量用于镀覆钢铁材料，以防腐蚀。随着汽车业和建筑业对镀锌钢材的需求不断增长，镀锌已经成为锌的一项主要消费。锌是负电性金属，标准电位为 -0.76V；又由于锌价廉易得，在化学电源中锌是应用最多的一种负极材料，如锌-二氧化锰干电池、锌-空气电池、锌-银蓄电池等。

锌能和多种金属形成合金，其中最主要的是锌与铜组成的黄铜，用于机械制造业；锌与铝、镁、铜等组成的压铸合金，用于制造各种精密铸件。

锌的化合物也很重要。例如，氧化锌用于橡胶工业和医药工业；硫酸锌用于制革、纺织、医药、饲料工业；氯化锌用于木材防腐和干电池工业。

7.1.3 锌的用途

锌的用途很广，主要用于镀锌方面，作为覆盖物以保护钢材或钢铁制品。锌能和许多有色金属形成合金，其中主要是铜锌形成的黄铜、铜锡锌形成的青铜、铜锡铅锌形成的抗磨合金等，广泛应用于机械制造业、国防工业和交通运输业；锌与铝、镁、铜等组成压铸合金，可用于制造各种精密铸件。

在化学工业中，锌可供制造颜料，氧化锌还用于橡胶制造业，氯化锌可作为木材防腐剂，硫酸锌用于制革、纺织和医药等工业；在冶金工业中，锌可用来从含金溶液中置换金；在湿法炼锌中，用锌粉净液除铜镉等。

7.1.4 锌的资源和炼锌原料

锌在自然界多以硫化物状态存在，主要矿物是闪锌矿（ZnS），但这种硫化矿的形成过程中有 FeS 固溶时，称为铁闪锌矿（nZnS·mFeS）。含铁高矿的闪锌矿会使提取冶金过程复杂化。硫化矿床的地表部位还常打一部分被氧化的氧化矿，如菱锌矿（$ZnCO_3$）、硅锌矿（Zn_2SiO_4）等。

锌资源的特点是铅锌共生。世界上极少发现有单独的铅矿和锌矿。闪锌矿与方铅矿（PbS）在天然矿床中常紧密共生。

我国是铅锌资源较丰富的国家之一，已探明的铅锌储量 1.1 亿吨，约占目前全世界已探明的铅锌储量的四分之一，居世界首位，其中铅储量 3300 万吨，锌储量 8400 万吨，铅锌平均品位 4%，锌铅比 2.4∶1。

我国铅锌资源的特点是多金属硫化物共生矿床多，矿石类型复杂，较难分选，成分复杂，但伴生综合利用价值高。我国的铅锌矿是镉、铟、银等金属的主要矿源，也是硫、铋、锗、铊、碲等元素和金属的重要来源。

铅锌矿的开采分为露天开采和地下开采两种。由于金属品位不高，铅锌共生，并含有大量脉石和其他杂质金属，矿石须先经过选矿。通常是采用优先浮选法选出锌精矿，副产铅精矿和硫精矿。我国某些大型铅锌矿产出的锌精矿成分实例如表 7-2 所示。

表 7-2 锌精矿成分实例

精矿来源	Zn/%	Pb/%	S/%	Fe/%	Cu/%	Cd/%	As/%	Sb/%	SiO₂/%	Ag/(g/t)
湖南某矿山	44.83	0.98	32.43	15.60	0.64	0.20	<0.20	0.001	1.32	80
黑龙江某矿山	51.34	0.88	32.53	11.48	0.12	0.02	0.04	0.02	0.50	85
广东某矿山	51.92	1.40	32.69	7.03	0.20	0.14	<0.20	0.01	3.88	180
甘肃某矿山	55.00	1.09	30.35	4.40	0.04	0.12	0.01	0.011	3.05	33

硫化锌精矿是生产锌的主要原料，成分一般为：锌 45%～60%，铁 5%～15%，硫的含量变化不大，为 30%～33%。可见，锌精矿的主要组分为 Zn、Fe 和 S，三者共占总重的 90%左右。从经济价值来考虑处理锌精矿的目的，首先应该回收锌和硫，因为两者加起来占

精矿总量的 80% 左右。从冶炼过程和回收率来考虑，铁是最主要的杂质金属，采用的冶炼工艺流程要有利于原料中的锌铁分离，相近的化学性质决定了它们在冶金过程中的行为相似，应使铁全部进入熔炼渣或湿法冶金浸出后的铁渣中，且渣量要少，分离性能好，减少随渣带走的金属损失。

硫化锌精矿的粒度细小、95% 以上小于 $40\mu m$、表现密度为 $1.7\sim2g/cm^3$。在选用精矿氧化焙烧脱硫设备时，应当充分利用精矿粒度小，表面积大，活性高，硫化物本身也是一种"燃料"的特点，既使硫化锌能迅速氧化生成氧化锌，又能充分利用精矿的自身能量。

氧化锌矿的选矿比较困难，目前的应用多以富矿为对象，一般将氧化锌矿经过简单选矿进行少许富集，或用回转窑或烟化炉挥发处理，以得到富集的氧化锌物料。含锌品位较高的氧化矿（30%～40%Zn）可以直接冶炼。

此外，炼锌原料有含锌烟尘、浮渣和锌灰等。氧化锌烟尘主要有烟化炉烟尘和回转窑还原挥发的烟尘。

我国工业用锌的牌号与化学成分列于表 7-3。

表 7-3　GB/T 470—1997 锌锭的化学成分

牌号	Zn（不小于）	化学成分/%								
		杂质含量（不大于）								
		Pb	Cd	Fe	Cu	Sn	Al	As	Sb	总和
Zn 99.995	99.995	0.003	0.002	0.001	0.001	0.001	—	—	—	0.0050
Zn 99.99	99.99	0.005	0.003	0.003	0.002	0.001				0.010
Zn 99.95	99.95	0.020	0.020	0.010	0.002	0.001	—	—	—	0.050
Zn 99.5	99.5	0.3	0.07	0.04	0.002		0.010	0.005	0.01	0.50
Zn 98.7	98.7	1.0	0.20	0.05	0.005	0.002	0.010	0.01	0.02	1.30

7.2　硫化锌精矿的焙烧

现代锌的冶炼方法分为火法与湿法两大类。火法炼锌有竖罐炼锌、ISP 鼓风炉炼锌、电炉炼锌。湿法炼锌即为电解法。传统的火法炼锌或湿法炼锌工艺中，硫化锌精矿均必须先焙烧，氧压浸出新工艺取消了硫化锌精矿焙烧，真正实现了全湿法炼锌流程。

传统的湿法炼锌实际上是火法与湿法的联合流程，是 20 世纪初出现的炼锌方法，包括焙烧、浸出、净化、电积和熔铸五个主要过程。一般新建的锌冶炼厂大都采用湿法炼锌，其主要优点是有利于改善劳动条件，减少环境污染，有利于生产连续化、自动化、大型化和原料的综合利用，可提高产品质量，降低综合能耗，增加经济效益等。全湿法炼锌是在硫化锌精矿直接加压浸出的技术基础上形成的，于 20 世纪 90 年代开始应用于工业生产。该工艺省去了传统湿法炼锌工艺中的焙烧和制酸工序，锌精矿中的硫以元素硫的形式富集在浸出渣中另行处理。

火法炼锌和传统湿法炼锌的原则工艺流程分别示于图 7-1 和图 7-2。

无论火法炼锌或湿法炼锌，生产流程皆较复杂，在选择时，应根据原材料性质，力求技术先进可行，经济合理，耗能少，环境保护好，成本低等原则。

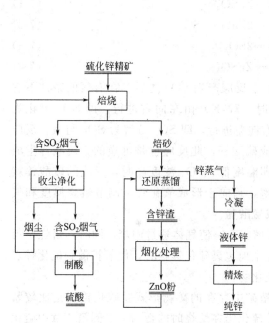

图 7-1 火法炼锌原则工艺流程

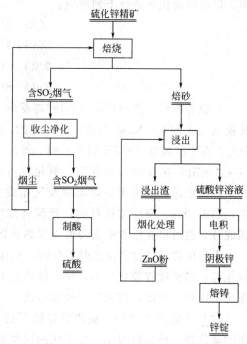

图 7-2 传统湿法炼锌原则工艺流程

7.2.1 焙烧的目的和要求

从硫化锌精矿中提取锌，传统的火法炼锌或湿法炼锌工艺中硫化锌精矿均必须先焙烧，使焙烧产物适合下一步冶炼要求，因此焙烧是生产锌的第一个冶金过程，但随采用的生产流程不同，对焙烧过程的要求也不同。

(1) 竖罐炼锌、电炉炼锌 ①通过焙烧力求除去全部硫和绝大部分的铅、镉，获得主要以金属氧化物组成的多孔度的焙烧矿，这样可使蒸馏过程强化，且得到较纯的锌；②电收尘部分烟尘作为提铅、镉的原料；③得到 SO_2 浓度高的烟气，用以制造硫酸。

(2) ISP 鼓风炉炼锌 ①通过烧结机进行焙烧，要求脱硫、结块，还要控制铅的挥发；②为回收精矿中的铜，根据含铜高低，还要适当残留一部分硫，以便在熔炼中制造冰铜。

(3) 湿法炼锌 在高温（930～950℃）下采用流态化技术，使硫化锌和空气中的氧发生化学反应生成氧化锌。湿法炼锌对焙烧的具体要求是：①尽可能完全地氧化金属硫化物，并在焙烧矿中得到氧化物及少量硫酸盐；②使砷、锑氧化，并以挥发物状态从精矿中除去；③焙烧时，尽可能地减少铁酸锌，以便提高锌直收率；④得到 SO_2 浓度高的烟气，用以制造硫酸；⑤得到细小粒状焙烧矿，以利浸出进行。

由上述可知，硫化锌精矿焙烧的具体要求是将硫化锌矿转变为氧化锌，并脱出精矿中的部分伴生元素，以利于下一步的冶炼过程。尽管火法炼锌、湿法炼锌采用的生产流程不同，工艺多种多样，对焙烧过程的要求也不同，但近年来的发展趋势是，尽可能提高焙烧温度，强化生产，加强硫化锌氧化反应速度，降低焙烧残硫量，提高焙烧矿的质量。

7.2.2 焙烧时硫化锌精矿中各成分的行为

(1) 硫化锌（ZnS） 硫化锌以闪锌矿或铁闪锌矿（mZnS·nFeS）的形式存在于锌精矿

中。焙烧时硫化锌进行下列反应：

$$ZnS + 2O_2 \longrightarrow ZnSO_4 \tag{7-1}$$

$$2ZnS + 3O_2 \longrightarrow 2ZnO + 2SO_2 \tag{7-2}$$

$$2SO_2 + O_2 \longrightarrow 2SO_3 \tag{7-3}$$

$$ZnO + SO_3 \longrightarrow ZnSO_4 \tag{7-4}$$

焙烧开始时，进行反应（7-1）与反应（7-2），反应产生 SO_2 之后，在有氧的条件下它又被氧化成 SO_3。反应（7-3）是可逆的，低温时（773K）由左向右进行，即 SO_2 氧化为 SO_3；在较高温度（873K 以上）时，该反应由右向左进行，即 SO_3 分解为 SO_2 与氧。反应（7-4）表明，在有 SO_3 存在时，氧化锌可以形成硫酸锌，此反应也是可逆的。硫酸锌生成的条件及数量，取决于焙烧温度及气相成分，即温度低、SO_3 浓度高时，形成的硫酸锌就多，当温度高、SO_3 浓度低时，硫酸锌发生分解，趋向于形成氧化锌。调节焙烧温度和气相成分，就可以在焙砂中获得所需要的氧化物或硫酸盐。

ZnS 在焙烧过程中受热时不分解，仍保持紧密状态，使气体透过困难，同时，焙烧所得氧化锌，其密度较硫化锌小，所占体积较大，完全地包裹硫化锌核心，使氧扩散到硫化锌表面也很困难。因此，硫化锌是较难焙烧的一种硫化物。

（2）硫化铅（PbS） 硫化铅是铅在硫化锌精矿中存在的矿物形式。硫化铅也是比较紧密的硫化物，热分解很小，被氧化的速率很慢。硫化铅在焙烧时的行为可参阅第 4 章中硫化铅精矿的焙烧过程。

（3）硫化铁（FeS$_2$） 硫化铁通称为黄铁矿，它是锌精矿中常有的成分。焙烧时，在较低的温度下即发生热分解：

$$FeS_2 \longrightarrow FeS + 1/2S_2$$

也按下列反应生成氧化物：

$$4FeS_2 + 11O_2 \longrightarrow 2Fe_2O_3 + 8SO_2$$

$$3FeS + 5O_2 \longrightarrow Fe_3O_4 + 3SO_2$$

焙烧结果是得到 Fe_2O_3 与 Fe_3O_4，两者数量之比随温度改变而有所不同。由于 FeO 在焙烧条件下继续被氧化以及硫酸铁容易分解，故可以认为焙烧产物中没有或极少有 FeO 与 Fe_3O_4 存在。

（4）硅酸盐的生成 硫化锌精矿中脉石常含有游离状态的二氧化硅和各种结合状态的硅酸盐，二氧化硅量有时达到 $2\% \sim 8\%$。二氧化硅与氧化铅接触时，形成熔点不高的硅酸铅（$2PbO \cdot SiO_2$），促使精矿熔结，妨碍焙烧进行。熔融状态的硅酸铅可以溶解其他金属氧化物或其硅酸盐，形成复杂的硅酸盐。二氧化硅还易与氧化锌生成硅酸锌（$2ZnO \cdot SiO_2$），硅酸锌和其他硅酸盐在浸出时虽容易溶解，但二氧化硅变成胶体状态，对澄清和过滤不利。

为了减少焙烧时硅酸盐的形成，对入炉精矿中的铅、硅含量有严格控制。除注意操作外，还应从配料方面使各种不同精矿按比例混合得到含铅与二氧化硅尽可能少的焙烧物料。

硅酸盐的生成对火法炼锌来说，不致造成生产上的麻烦，无需特别予以注意。

（5）铁酸锌的生成 当温度在 873K 以上时，焙烧硫化锌精矿生成的 ZnO 与 Fe_2O_3 按以下反应形成铁酸锌：

$$ZnO + Fe_2O_3 \longrightarrow ZnO \cdot Fe_2O_3$$

在湿法浸出时，铁酸锌不溶于稀硫酸，留在残渣中而造成锌的损失。因此，对于湿法炼锌厂来说，力求在焙烧中避免铁酸锌的生成，尽量提高焙烧产物中的可溶锌率，可采用下列措施。

① 加速焙烧作业，缩短反应时间，以减少在焙烧温度下 ZnO 与 Fe_2O_3 颗粒的接触时间。

② 增大炉料的粒度，以减小 ZnO 与 Fe_2O_3 颗粒的接触表面。

③ 升高焙烧温度并对焙砂进行快速冷却，能有效地抑制铁酸锌生成。秘鲁一家工厂曾采用 1423K 的高温沸腾焙烧，证明铁酸锌生成的数量较原 1223K 焙烧减少了 14%。高铁锌精矿（50%Zn，11.3%Fe）的高温沸腾焙烧试验，也证实了这一点。

④ 将锌焙砂进行还原沸腾焙烧，用 CO 还原铁酸锌，由于其中的 Fe_2O_3 被还原，破坏了铁酸锌的结构而将 ZnO 析出。还原反应如下：

$$3(ZnO \cdot Fe_2O_3) + CO = 3ZnO + 2Fe_3O_4 + CO_2$$

硫化锌精矿的焙烧是一个复杂过程。焙烧作业的速度、温度及气氛控制受多种因素的影响。国内外的工业实践表明，传统湿法炼锌工艺要求精矿含铁不能太高，一般为 5%～6%。含铁过高在焙烧时将生成铁酸锌，影响锌的浸出效果，即使采用高温高酸浸出及新型除铁工艺等措施，也将使工艺流程复杂和不可避免地造成锌的损失。

7.2.3 硫化锌精矿的沸腾焙烧

焙烧硫化锌精矿的设备广泛采用沸腾焙烧炉。沸腾焙烧是强化焙烧过程的新方法，使空气自下而上地吹过固体炉料层，使精矿悬浮于炉气中进行焙烧，运动的粒子处于悬浮状态，其状态如同水的沸腾。

目前采用的沸腾焙烧可分为带前室的直形炉、道尔型湿法加料直形炉和鲁奇上部扩大型炉三种类型。鲁奇型沸腾炉具有生产率高，热能回收好及焙砂质量较高等优点。20 世纪 70 年代以来，各厂均改建或新建鲁奇型炉（结构如图 7-3 所示），主要包括内衬耐火材料的炉身、装有风帽的空气分布板、下部的钢壳送风箱、炉顶、炉气出口、侧边的加料装置和焙砂溢流排料口。

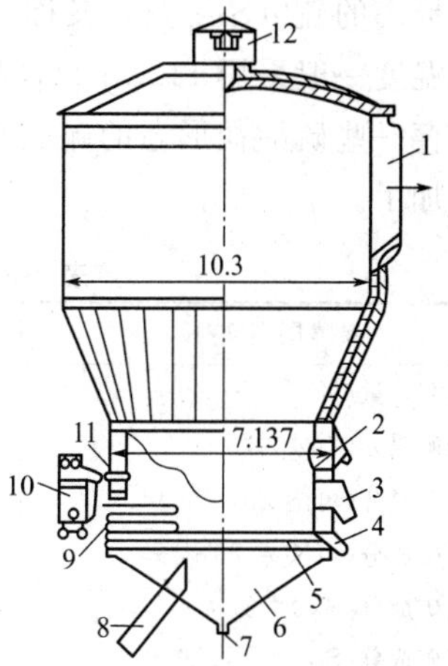

目前世界上最大的锌沸腾焙烧炉的床面积为 $123m^2$，日处理 800t 精矿。

在焙烧实践中，根据下一步工序对焙砂的要求不同，沸腾焙烧分别采用高温氧化焙烧和低温部分硫酸化焙烧两种不同的操作。

图 7-3　鲁奇上部扩大型沸腾炉

1—排气道；2—烧油嘴；3—焙砂溢流口；4—底卸料口；5—空气分布板；6—风箱；7—风箱排放口；8—进风管；9—冷却管；10—高速皮带；11—加料孔；12—安全罩

7.2.3.1 高温氧化焙烧

采用高温氧化焙烧主要是为了获得适于还原蒸馏的焙砂。除了把精矿含硫脱除至最低限度外，还要把精矿中铅、镉等主要杂质脱除大部分，以便得到较好的还原指标。高温焙烧主要是利用铅、镉的氧化物和硫化物的挥发性大，以及硫酸锌的分解特性来除去杂质。在沸腾层中硫、铅、镉的脱除主要取决于焙烧温度。生产实践表明，在过剩空气量为 20% 的条件下，随沸腾层温度的升高，焙烧矿中硫、铅、镉的含量降低，如表 7-4 所示。

表 7-4 沸腾层温度对硫、铅、镉脱除的影响

沸腾层温度/K	1223	1273	1323	1343	1373	1423
焙烧矿含铅/%	0.85	0.71	0.61	0.47	0.36	0.16
焙烧矿含镉/%	0.25	0.22	0.08	0.04	0.02	0.006
焙烧矿含硫/%	1.5	1.3	0.95	0.45	0.21	0.16

实践证明，在固定温度1363K的条件下，减少过剩空气量，也可以提高铅、镉的脱除率，而且对硫的脱除率没有很大的影响，如表7-5所示。这是由于在沸腾层内激烈搅拌造成良好的传质条件，使硫得以很好地烧去，同时硫化铅和硫化镉较其氧化物容易挥发。但是，沸腾焙烧温度的升高受到精矿烧结成块的限制，因此高温氧化焙烧时以采用1343～1373K温度为适宜。

表 7-5 沸腾焙烧时过剩空气量对硫、铅、镉脱除的影响

过剩空气量/%	20	14	9	6	2
焙烧矿含铅/%	0.42	0.22	0.12	0.077	0.052
焙烧矿含镉/%	0.026	0.012	0.0089	0.0071	0.0065
焙烧矿含硫/%	0.30	0.24	0.22	0.32	0.72

7.2.3.2 低温部分硫酸化焙烧

这种焙烧主要是为了得到适合传统湿法炼锌浸出用的焙砂。这种焙砂要求含一定数量的硫酸盐形态的硫（2%～4%S_{SO_4}），为了保证在脱除大部分硫的同时又能获得一定数量的硫酸盐形态的硫（S_{SO_4}%，又称可溶性硫），沸腾层焙烧温度不能像高温焙烧那样高，沸腾层焙烧温度一般采用1123～1173K。温度对焙砂质量的影响如表7-6所示。可见，低温焙烧对于保存一些硫酸盐形态的硫是有利的，但这时焙砂含硫化物形态的硫（S_S%，又称不溶硫）也增加了。

表 7-6 焙烧温度对部分硫酸化焙烧质量的影响

沸腾层温度/K	1103	1143	1173	1223	1273
过剩空气/%	18	17.6	18	17	17
焙烧矿成分(Zn全)/%	55.14	53.0	56.7	53.6	54.5
焙烧矿成分(可溶 Zn)/%	49.65	49.3	53.2	50.4	51.3
焙烧矿成分(可溶率 Zn)/%	90.0	93.0	93.8	94.0	94.1
焙烧矿成分($S_全$)/%	3.11	2.19	1.74	1.46	1.30
焙烧矿成分(S_{SO_4})/%	1.66	1.35	1.21	1.06	0.94
焙烧矿成分(S_S)/%	1.45	0.74	0.53	0.40	0.36

高温氧化焙烧和低温部分硫酸化焙烧的主要技术经济指标列于表7-7中。

表 7-7 高温氧化焙烧和低温部分硫酸化焙烧的主要技术经济指标

指标	高温氧化焙烧	低温部分硫酸化焙烧	指标	高温氧化焙烧	低温部分硫酸化焙烧
炉子处理能力/[t/(m²·d)]	6.44～7.5	4.8～5.9	烟尘率/%	20～25	45～55
过剩空气量/%	5～10	20～30	脱硫率/%	98～99	89～92
沸腾层直线速度/(m/s)	0.55～0.70	0.5～0.6	烟气含 SO₂/%	10～12	9～9.5
温度:沸腾层/K	1343～1373	1123～1173	脱铅率/%	60～75	—
炉顶部/K	1303～1323	1093～1143	脱镉率/%	90～95	—

强化沸腾焙烧的措施有高温沸腾焙烧、富氧空气沸腾焙烧、制粒、利用二次空气或贫SO_2烧结烟气焙烧、多层沸腾炉焙烧等。

7.3 火法炼锌

7.3.1 火法炼锌的基本理论

7.3.1.1 ZnO 的还原

火法炼锌是基于在高温（>1273K）下 ZnO 能被碳质还原剂还原。

$$ZnO(s)+CO(g)=\!=\!=Zn+CO_2(g) \tag{7-5}$$
$$+ \quad CO_2(g)+C(s)=\!=\!=2CO(g) \tag{7-6}$$
$$\overline{ZnO(s)+C(s)=\!=\!=Zn(g)+CO(g)} \tag{7-7}$$

反应（7-5）、反应（7-6）都是吸热反应，又都是可逆反应。从氧化锌用碳还原的条件图（见图7-4）可以看出，氧化锌还原的温度很高，从1223K左右开始，比其他金属的还原温度都要高得多。而且锌的沸点是1180K，因此，还原反应不能直接得到液体金属锌，而只能得到锌蒸气。这种锌蒸气容易从固体炉料中逸出，故还原蒸馏法炼锌不产生液体炉渣。其次，氧化锌的还原必须在强还原气氛中进行，比所有其他金属的还原气氛都要强。而且由于锌蒸气冷凝时容易被CO_2气体氧化，故要求还原后的炉气中含有很高浓度的CO，或者配料中要加入足够的碳质还原剂。因此还原蒸馏法炼锌常常在密闭的蒸馏罐内进行，而加热则在罐外，即间接加热。最后，还原蒸馏得到的锌蒸气必须在冷凝器中冷凝成为液体锌。如果将焙砂预先脱除铅、钧，则这种锌可达到相当纯度。

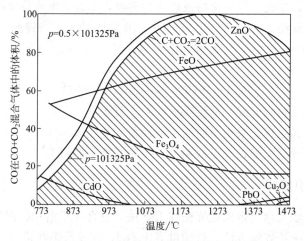

图7-4 氧化锌用碳还原的条件图

ZnO 用固体炭还原生产液体锌的必要条件是温度高于1280K，总压大于350kPa。存在于焙砂中的铁酸锌（$ZnO \cdot Fe_2O_3$）在蒸馏过程中可被CO按如下反应还原：

$$ZnO \cdot Fe_2O_3+CO=\!=\!=ZnO+2FeO+CO_2$$
$$ZnO \cdot Fe_2O_3+3CO=\!=\!=ZnO+2Fe+3CO_2 \quad (<1173K)$$
$$ZnO+CO=\!=\!=Zn+CO_2$$

可见，铁酸锌可以被很好地还原，焙烧形成铁酸锌对火法炼锌不是特别有害。焙砂中的硅酸锌在配入石灰后也容易还原，但焙砂中的$ZnSO_4$和ZnS实际上完全进入蒸馏残渣而引起锌的损失。

7.3.1.2 锌蒸气的冷凝

锌蒸气的冷凝是一个相变过程，即由气态锌冷凝变成液态锌。为此必须使锌蒸气温度降到露点以下。所谓露点就是锌蒸气压和凝聚相达到平衡的温度，如 101325Pa 时锌蒸气的露点为 1180K，这也就是锌的沸点。

在蒸馏法炼锌过程中，锌蒸气常为其他气体（主要是 CO）稀释，因此还原蒸馏罐逸出的气体是 CO、锌蒸气和少量 CO_2 等组成的混合气体。锌蒸气在罐气中的含量不超过 50%，或分压不大于 50662Pa，工厂蒸馏罐中锌的分压在 $(4.0\sim4.9)\times10^4$ Pa 之间，此时锌蒸气的露点为 1103~1143K。

锌蒸气冷凝过程中，所获得的液体锌量取决于所控制的冷凝温度。如果只是控制在露点温度，则只能得到极少量的锌。锌的冷凝效率在理论上可用下式表示：

$$冷凝效率=\frac{冷凝所获得的锌量}{冷凝前炉气含锌量}\times100\%=\frac{p_1-p_2}{p_1}\times100\%$$

式中，p_1 为开始冷凝时的锌蒸气分压；p_2 为熔点时的锌蒸气压强。

因此，降低冷凝温度直到接近锌的熔点，使剩余的锌蒸气压力接近零，则可获得最大冷凝效率。但实际上，由于温度控制得不准确，故被气体带走的锌量常达 2%~3%。在冷凝器中，锌蒸气的冷凝发生在冷凝器内壁，最先冷凝于器壁上的锌为极细的点滴，随后逐渐聚成较大的点滴而汇流于冷凝器底部。冷凝器内壁上液体锌的存在，将有利于锌蒸气的继续冷凝。若锌蒸气在气流中冷凝为微细的点滴，又来不及凝聚成为较大的点滴，即成为细尘状的锌粒，沉积于冷凝器内锌液的表面，这种锌粒叫做冷凝灰。如锌蒸气刚刚冷凝成小点滴，其表面即被氧化或硫化，生成一层氧化物或硫化物薄膜，不能汇聚成较大的点滴，最终凝固为细粉，这种细粉叫做蓝粉。引起蓝粉生成的主要因素是 CO_2，当锌蒸气和气体混合物冷却时，由于 CO 按 $2CO \Longrightarrow CO_2+C$ 离解，冷凝器内 CO_2 的分压增加，促使部分锌蒸气在冷凝器内按下式氧化：

$$Zn(g)+CO_2 \Longrightarrow ZnO(s)+CO$$

无论锌冷凝灰或蓝粉的生成，都将降低锌的冷凝效率。

对不同的火法炼锌过程，采用不同的冷凝设备。现代火法炼锌工业应用最多的冷凝器是飞溅式冷凝器，包括锌雨飞溅式冷凝器和铅雨飞溅式冷凝器两类。

7.3.2 密闭鼓风炉炼锌

密闭鼓风炉炼锌法又称为帝国熔炼法或 ISP 法，它合并了铅和锌两种火法冶炼流程，是目前世界上最主要的火法炼锌方法。目前世界上有 13 台鼓风炉在进行锌的生产。鼓风炉炼锌直接加热炉料，作为还原剂的焦炭同时又是维持作业温度所需的燃料。在间接加热的蒸馏罐内，炉料中配有过量的炭，出罐气体中 CO_2 浓度小于 1%，可以防止锌蒸气冷凝时被重新氧化。直接加热的鼓风炉炼锌由于焦炭燃烧反应产生的 CO、CO_2、鼓入风中的 N_2 和还原反应产生的 Zn 蒸气混在一起，炉气被大量 CO、CO_2 和 N_2 气所稀释，其组成为 5%~7%Zn、11%~14%CO_2、18%~20%CO，入冷凝器炉气温度高于 1273K。这使从含 CO_2 高的高温炉气中冷凝低浓度的锌蒸气存在许多困难。冷凝时，为了防止锌蒸气被氧化为 ZnO，应该采取急冷与降低锌活度的措施。铅雨冷凝器的出现，克服了从含 CO_2 高含锌低的炉气中冷凝锌的技术难关，使鼓风炉炼锌在工业上获得成功，是处理复杂铅锌物料的较理想方法，迅速发展成为一种重要的铅锌冶炼工艺。

铅锌精矿与熔剂配料后在烧结机上进行烧结焙烧，烧结块和经过预热的焦炭一道加入鼓风炉，烧结块在炉内被直接加热到 ZnO 开始还原的温度后，ZnO 被还原得到锌蒸气，锌蒸气与风口区焙烧产生的 CO_2 和 CO 气体一道从炉顶进入铅雨冷凝器，锌蒸气被铅雨吸收形成 Pb-Zn 合金，从冷凝器放出再经冷却后析出液体锌，形成的粗铅、锍和炉渣从炉缸放入前床分离，粗铅进一步精炼，炉渣经烟化或水淬后堆存。

7.3.2.1　鼓风炉炉内的主要反应

鼓风炉炼锌的原料是台铅锌结块，也可以是单纯锌的烧结块。这些炉料在炼锌鼓风炉内发生的主要反应如下：

$$C+O_2 = CO_2+408kJ \tag{7-8}$$

$$2C+O_2 = 2CO+246kJ \tag{7-9}$$

$$CO_2+C = 2CO-162kJ \tag{7-10}$$

$$ZnO+CO = Zn(g)+CO_2-188kJ \tag{7-11}$$

$$PbO+CO = Pb(1)+CO_2-67kJ \tag{7-12}$$

为了便于分析，按鼓风炉的高度将其划分为炉料加热带、再氧化带、还原带和炉渣熔化带四个带来叙述。炉内各带的温度变化情况如图 7-5 所示。

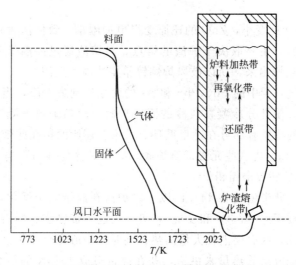

图 7-5　鼓风炉炼锌炉内各带划分示意图

（1）炉料加热带　加入炉内的烧结块温度为 673K 左右，在此带内烧结块从炉气中吸收热量被迅速地加热到 1273K，从料面逸出的炉气温度则被降低到 1073～1173K。在这种温度变化的范围内，炉气中的锌有一部分重新被氧化，即发生上述反应（7-11）的逆反应。

为了保证进入冷凝器的含锌炉气具有足够高的温度［超过反应（7-11）的平衡温度 20K 左右］，必须使炉料降低了的炉气温度再升高，需从炉顶吸入空气，使其与炉气中的一部分 CO 燃烧，放出热量来补偿加热炉料所消耗的热量。炉料加热到 1273K 所需的大部分热量，是炉顶吸入空气燃烧炉气中的 CO 放出来的热量，只有少量来自锌蒸气的再氧化。氧化反应产生的 ZnO，随固体炉料下降至高温区时，又需要消耗焦炭的燃烧热来还原挥发。所以这部分锌的还原与氧化，只起着热量的传递作用。

在此带还发生 PbO 的还原反应，因为该反应为放热反应，不需外加热量。反应的进行只占次要地位。

(2) 再氧化带　在此带内炉料与炉气的温度相等。发生的主要化学反应为：炉料从炉气中吸收热量后进行的反应 (7-10)，炉气中部分锌蒸气按反应 (7-11) 逆向进行而被氧化，放出热量给炉气。因此，在这一带的炉气与炉料的温度几乎保持不变，维持在 1273K 左右。

在再氧化带内，炉料中的 PbO 按反应 (7-12) 被大量还原，同时也被锌蒸气按下式还原为金属铅：

$$PbO + Zn(g) = Pb + ZnO$$

由于 ZnS 在 1273K 下是最稳定的，在高温区挥发出来的 PbS 都将被锌蒸气还原，产生的 ZnS 固体部分沉积在炉壁上，助长炉身炉结的生成，另一部分将随固体炉料下降至高温带。

(3) 还原带　这一带的温度范围为 1273～1573K，是炉料中的 ZnO 与炉气中的 CO 和 CO_2 保持平衡的区域。许多 ZnO 在此带按反应 (7-11) 被还原，使炉气中锌的浓度达到最大值。上升炉气中的 CO_2 少部分被固体炭按反应 (7-10) 被还原。此带发生的这两个主要反应均为吸热反应，热量主要由炉气的显热来供给。因此炉气通过此带后，温度降低 300K 左右。因为通过此带后的炉料将熔化造渣，ZnO 会溶于渣中，因此希望 ZnO 在此带以固态还原越多越好。

由于渣中 ZnO 的活度变小，ZnO 的还原变得更加困难，致使渣含锌增加。ZnO 在此带能否以固态尽量被还原，主要取决于炉渣的熔点。易熔渣通过高温带时将会很快熔化，使 ZnO 不能完全从渣中还原出来，所以鼓风炉炼锌希望造高熔点渣。

通过这一带的炉气，其中的 Pb、PbS 和 As 的含量达到最大值，当炉气上升到上部较低的温度带时，这些组分使部分冷凝在较冷的固体炉料上，随炉料下降至此带高温区时又挥发。所以这些易挥发的物质有部分在这里循环。大量被还原的铅在此带溶解其他被还原的金属，如 Cu、As、Sb、Bi，将这些元素带至炉底，减少对锌冷凝的影响。同时，粗铅还捕集了 Au 和 Ag，最后从炉底放出粗铅。

(4) 炉渣熔化带　此带温度在 1473K 以上。炉渣在此带完全熔化，熔于炉渣中的 ZnO 在此带还原，焦炭则按反应 (7-8) 和反应 (7-9) 在这一带燃烧。约有 60% 的 ZnO 在这一带从液态炉渣中被还原，因而要消耗大量的热；同时，炉渣完全熔化也要消耗大量的热。这些热量主要靠焦炭燃烧放出的热量来供给，并在此带造成 1673K 的最高温度来保证炉渣熔化与过热。

比较反应 (7-8) 和反应 (7-9) 的燃烧可知，鼓风炉炼锌应尽可能从反应 (7-8) 获得热量，以降低焦炭的消耗。但是炉渣中的 ZnO 还原又需要炉气中有较高的 CO 浓度，这就希望提高炉料中的炭锌比。这样不仅要消耗更多的焦炭，而且还将造成 FeO 的还原。这一问题的解决有赖于在生产中确定适当的炭锌比与鼓风量，预热鼓风是解决鼓风炉炼锌这一矛盾的重要基础。

在生产实践中，根据具体的生产条件，正确选定炭锌比、鼓风量及热风温度是提高产量的一个有效方法。

7.3.2.2　鼓风炉炼锌的设备及生产实践

鼓风炉炼锌的主要设备包括密闭鼓风炉炉体、铅雨冷凝器、冷凝分离系统以及铅渣分离的电热前床。密闭鼓风炉的设备配制如图 7-6 所示。

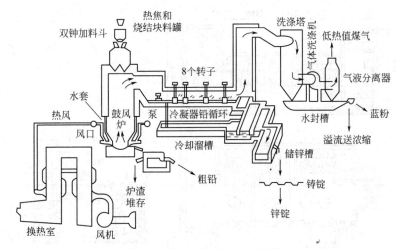

图 7-6 鼓风炉炼锌设备配制图

铅锌密闭鼓风炉的处理能力用每天燃烧的炭量来表示。标准炉（炉身断面积为 $17.2m^2$）的能力为每天燃烧炭量为 94t。鼓风炉炼锌每生产 1t 锌约耗焦炭 0.9~1.1t。

铅锌密闭鼓风炉是鼓风炉系统的主体设备，由炉基、炉缸、炉腹、炉身、炉顶、料钟及炉身两侧水冷风嘴等部分组成。炉体横截面为矩形，两端为半圆形，其结构见图 7-7 所示。

炼锌鼓风炉的炉腹最初用水套砌成，内衬铝镁砖，现已将水套改为喷淋炉壳。炉身用轻质黏土隔热混凝土和轻质黏土砖砌成。由于密闭鼓风炉炉顶需要保持高温高压，故钢板围成的炉身上部内衬用高铝砖砌筑。整个密封式炉顶是悬挂式的。整个炉顶采用异型吊砖和低钙铝砖砌，用轻质热混凝土浇铸而成，在炉顶上装有双钟加料器或环形塞加料钟。在炉顶一侧或两侧开设排气孔与铅雨冷凝器相通。在炉顶还开设有数个炉顶风口，必要时鼓入热风燃烧炉气中的部分 CO，以维持炉顶的高温至约 1273K。

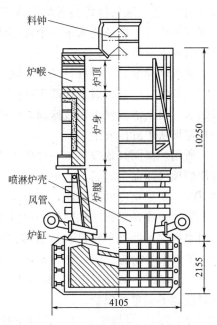

图 7-7 炼锌密闭式鼓风炉

鼓风炉产出的含锌炉气经炉身上的烟道口导出，引入铅雨冷凝器中（见图 7-8）。铅雨冷凝器是鼓风炉炼锌的特殊设备，每个冷凝器有三个带轴的垂直转子浸入冷凝器内的铅池中。转子旋转造成强烈铅雨，将气体迅速冷却到与铅液相同的温度（873K 以上），在其离开冷凝器之前又进一步冷却至 723K 左右。这样可使冷凝器出来的气流中未冷凝的锌减少到进入冷凝器时总锌量的 5% 以下。

每个冷凝器的铅液用铅泵以 300~400t/h 的速度不断循环着。循环系统包括一个冷凝器、一个铅泵池、一个长的水冷溜槽。改变水冷槽水冷面积，就可控制传出的热量；改变铅液的泵出速度，就可调节冷凝器冷热两端的温度差。铅锌的分离一般采用冷却凝析法将锌分离出来。水冷槽使铅液冷至约 723K，进入分离槽内完成铅、锌分离（液体锌成为上部液层

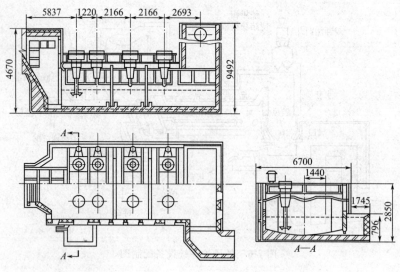

图 7-8　铅雨冷凝器

而分离）。适当地安排锌与铅的溢流面，使分离槽中保持一个深度为 380mm 的锌层。这样液体锌便可以不断地流入下一个加热池，以便必要时加钠除砷，然后浇铸成锭。冷却了的铅液不断地返回冷凝器。

炉气经冲凝后，再进行洗涤，洗涤后的废气热值为 2.59～2.97MJ/m³，此废气用以预热空气和焦炭。热风温度提高 100K，可提高炉子的熔炼能力 20%。由喷雾塔和洗涤器排出来的水，引至浓液槽内回收蓝粉，所得蓝粉返回配料。炉渣和粗铅（当料中含铜多时还有冰铜）定期从炉缸内放出。

所用炉料同其他鼓风炉一样要求块料，烧结块和焦炭的块度最好在 60～80mm 范围内。为使炉顶气体保持高温，入炉的焦炭要预热至 1073K，入炉的烧结块一般都是刚从烧结机上卸下的，如果是冷的烧结块，也要预热到同焦炭一样的温度。

鼓风炉炼锌是火法炼锌的一项技术革新，与竖罐炼锌相比，它具有生产能力大，燃料热利用率高，可处理铅锌复合矿直接回收金属锌和金属铅等许多优点。其缺点是容易生成炉结，消耗大量冶金焦炭，还有铅污染和综合利用等问题。而且火法炼锌一般只能得到 4～5 号锌（98.7%～99.5%Zn），其中含有 0.5%～1.3%杂质，必须精炼。因此，鼓风炉炼锌的发展受到了一定的限制。

7.3.2.3　鼓风炉炼锌炉渣的处理

为了提高锌的挥发率和降低渣含锌，要求鼓风炉炼锌炉渣具有较高的熔点（1473K）和较高的氧化锌活度，因此鼓风炉炼锌炉渣为高氧化钙炉渣，炉渣的 CaO/SiO₂ 一般为 1.4～1.5，炉渣中一般含 0.5%Pb 和 6%～8%Zn，锌随渣的损失占入炉总锌量的 5%。为了减少渣含锌损失，应减少渣量和降低渣含锌。采用高钙炉渣有利于减少熔剂消耗量和渣量，从而提高锌的回收率。

由于鼓风炉炼锌炉渣一般含 6%～8%Zn 和小于 1%Pb，可采用烟化炉或贫化电炉处理，回收其中的锌、铅、锗等有价金属。

7.3.3　粗锌的精炼

鼓风炉和其他火法生产的锌都是粗锌，含锌量只有 98%左右，常见的杂质元素是铅、镉、铜、铁。这种粗锌可直接用于镀锌工业，但市场上销售的一般是品位为 99.99% 的精锌，因此必须对粗锌进行精炼。火法炼锌厂采用的精炼方法都是精馏精炼。

精锌精馏的原理是根据锌和所含的杂质各有不同的沸点：锌的沸点为 907℃，镉 767℃，铅 1754℃，铜 2360℃，铁 2735℃。如果将粗锌加热到锌的沸点以上而低于铅的沸点，即作业温度为 1150~1200℃（指燃烧室温度），那么锌和镉便成蒸气挥发，而铅、铜、铁等沸点高的金属仍溶解在残留的锌液内，因此铅和其他高沸点金属就被分离出去了。按同样的做法，再将含镉的锌熔体加热到镉的沸点以上，锌的沸点以下，即作业温度为 800℃左右，则镉成蒸气挥发出去而锌仍绝大部分留下来，这样就得到不含杂质的纯锌。

火法炼锌厂采用的精馏设备叫做精馏塔（如图 7-9 所示），第一个塔主要是除铅和其他沸点高的金属杂质，故称铅塔；另一个塔主要是除镉，称镉塔。一般是二个铅塔配一个镉塔。精馏塔如同竖罐蒸馏炉一样，为了防止锌蒸气的氧化，也做成密闭的，采用间接加热。塔内装有很多层塔盘。塔盘是用导热性能好的碳化硅材料做成的。生产时，液态粗锌从铅塔上部加入，沿塔盘逐层往下流动，与此同时锌、镉蒸气挥发，并向上升经塔外冷凝器冷凝后，再流入镉塔上部塔盘，同样逐层往下流动，此时镉成蒸气状态上升，并进入镉塔外冷凝器冷凝，锌则流至下层塔盘放出，即为除镉后的精锌，含锌量可达 99.99%。

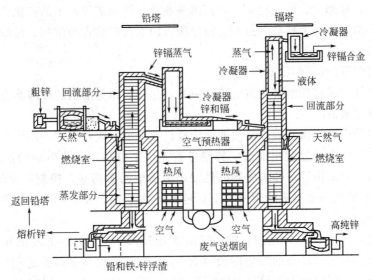

图 7-9　锌精馏车间设备连接图

7.3.4　火法炼锌新技术

7.3.4.1　等离子炼锌技术
等离子发生器将热量从风口输送到装满焦炭的炉子的反应带，在焦炭柱的内部形成一个高温空间，粉状 ZnO 焙烧矿与粉煤和造渣成分一起被等离子喷枪喷到高温带，反应带的温度为 1973~2773K，ZnO 瞬时被还原，生成的锌蒸气随炉气进入冷凝器被冷凝为液体锌。由于炉气中不存在 CO_2 和水蒸气，所以没有锌的二次氧化问题。

7.3.4.2　锌焙烧矿闪速还原
该方法包括硫化锌精矿在沸腾炉内死焙烧、在闪速炉内用炭对 ZnO 焙砂进行还原熔炼和锌蒸气在冷凝器内冷凝为液体锌三个基本工艺过程。

7.3.4.3 喷吹炼锌

喷吹炼锌是在熔炼炉内装入底渣，用石墨电极加热到 1473～1573K 使底渣熔化，用 N_2 将小于 0.074mm 的焦粉与氧气通过喷枪喷入熔渣中与通过螺旋给料机送入的锌焙砂进行还原反应，产出的锌蒸气进入铅雨冷凝器被冷凝为液体锌。

7.4 湿法炼锌

湿法冶金是在低温（298～523K）及水溶液中进行的一系列冶金作业过程。传统的湿法炼锌过程可分为焙烧、浸出、净化、电解和熔铸五个阶段，以稀硫酸为溶剂溶解含锌物料中的锌，使锌尽可能地全部溶入溶液中，得到硫酸锌溶液，再对此溶液进行净化以除去溶液中的杂质，然后从硫酸锌溶液中电解析出锌，电解析出的锌再熔铸成锭。

与火法炼锌相比，湿法炼锌具有产品纯度高，金属回收率高，环境易达标，过程易于实现自动化和机械化等优点。

7.4.1 锌焙砂的浸出

湿法炼锌的浸出是以稀硫酸溶液作溶剂，控制适当的酸度、温度和压力等条件，将含锌物料（如锌焙砂、锌烟尘、锌氧化矿、锌浸出渣及硫化锌精矿等）中的锌化合物溶解呈硫酸锌进入溶液，不溶固体形成残渣的过程。浸出所得的混合矿浆再经浓缩、过滤，将溶液与残渣分离。

7.4.1.1 锌焙砂浸出的原则流程

锌焙砂浸出是以稀硫酸溶液去溶解焙砂中的氧化锌。作为溶剂的硫酸溶液实际上是来自锌电解车间的废电解液。

锌焙砂浸出分中性浸出和酸性浸出两个阶段。常规浸出流程采用一段中性浸出和一段酸性浸出或两段中性浸出的复浸出流程。锌焙砂首先用来自酸性浸出阶段的溶液进行中性浸出，中性浸出的实质是用锌焙砂去中和酸性浸出溶液中的游离酸，控制一定的酸度（pH＝5.2～5.4），用水解法除去溶解的杂质（主要是 Fe、Al、Si、As、Sb），得到的中性溶液经净化后送去电积回收锌。

中性浸出仅有少部分 ZnO 溶解，锌的浸出率为 75%～80%，因此浸出残渣中还含有大量的锌，必须用含酸浓度较大的废电解液（含 100g/L 左右的游离酸）进行二次酸性浸出。酸性浸出的目的是使浸出渣中的锌尽可能完全溶解，进一步提高锌的浸出率，同时还要得到过滤性能良好的矿浆，以利于后一步进行固液体分离。为避免大量杂质同时溶解，所以终点酸度一般控制在 H_2SO_4 浓度为 1～5g/L。

经过两段浸出，锌的浸出率为 85%～90%，渣中含锌约 20%。为了提高锌的回收率，需采用火法或湿法对浸出渣进行处理以回收其中的锌。火法一般采用回转窑还原挥发法，得到的 ZnO 粉再用废电解液浸出。湿法主要采用热酸浸出，就是将中性浸出渣进行高温高酸浸出，在低酸中难以溶解的铁酸锌以及少量其他尚未溶解的锌化合物得到溶解，进一步提高锌的浸出率。采用热酸浸出，可使整个湿法炼锌流程缩短，生产成本降低，并获得含贵金属的铅银渣，各种铁渣容易过滤洗涤，但锌焙砂中的铁也大量溶解进入溶液中，溶液中铁含量可达 20～40g/L。

锌焙砂浸出的常规工艺流程与热酸浸出工艺流程分别见图 7-10 和图 7-11。

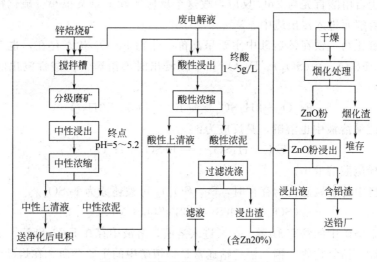

图 7-10　锌焙砂浸出的常规工艺流程

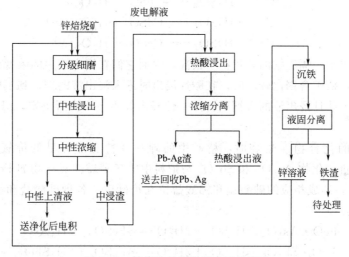

图 7-11　锌焙砂的热酸浸出工艺流程

7.4.1.2　锌焙砂各组分在浸出时的行为

(1) 锌的化合物　氧化锌是焙烧矿的主要成分，浸出时与硫酸作用，按以下反应进入溶液：

$$ZnO + H_2SO_4 \Longrightarrow ZnSO_4 + H_2O$$

它是浸出过程中的主要反应。硫酸锌很易溶于水，溶解时放出溶解热，溶解度随温度升高而增加。铁酸锌（$ZnO \cdot Fe_2O_3$）在通常的工业浸出下（温度 333～343K，终点酸度 1～5g/L H_2SO_4），浸出率一般只有 1%～3%，这说明相当数量与铁结合着的锌仍将保留在残渣中。采用高温高酸浸出，铁酸锌可按以下反应溶解：

$$ZnO \cdot Fe_2O_3 + 4H_2SO_4 \Longrightarrow ZnSO_4 + Fe_2(SO_4)_3 + 4H_2O$$

与此同时，大量的铁进入溶液。因此，采用此法时必须首先解决溶液的除铁问题。

硫化锌仅能在热浓硫酸中按如下反应溶解：

$$ZnS + H_2SO_4 \Longrightarrow ZnSO_4 + H_2S$$

在浸出槽内由于自由酸首先与 ZnO 反应,故这个反应实际上意义很小。硫化锌在实际浸出过程中基本不溶解而进入浸出渣中。

(2) 铁的氧化物　铁在锌焙砂中主要呈高价氧化物 Fe_2O_3 状态存在,也有少量的呈低价形态 (FeO、Fe_3O_4、$FeSO_4$)。Fe_2O_3 在中性浸出时不溶解,但酸性浸出时,部分地按如下反应进入溶液:

$$Fe_2O_3 + 3H_2SO_4 = Fe_2(SO_4)_3 + 3H_2O$$

FeO 在很稀的硫酸溶液中也溶解,其反应为:

$$FeO + H_2SO_4 = FeSO_4 + H_2O$$

Fe_3O_4 不溶于稀硫酸溶液中。

当浸出物料中有金属硫化物存在时,$Fe_2(SO_4)_3$ 可被还原为 $FeSO_4$。

$$Fe_2(SO_4)_3 + MeS = 2FeSO_4 + MeSO_4 + S$$

中性浸出时,焙烧矿中的铁有 10%~20% 进入溶液,溶液中存在 Fe^{2+} 和 Fe^{3+} 两种铁离子。

(3) 铜、镉、钴氧化物　铜、镉、钴通常是锌精矿中的主要杂质。在焙砂中大多呈氧化物形态存在,酸性和中性浸出时很容易溶解,生成硫酸盐进入溶液:

$$CuO + H_2SO_4 = CuSO_4 + H_2O$$
$$CdO + H_2SO_4 = CdSO_4 + H_2O$$
$$CoO + H_2SO_4 = CoSO_4 + H_2O$$

一般说来,焙砂中铜、镉、钴的含量都不很高,因而它们在浸出液中的浓度也都比较低。在某些特殊情况下,精矿含铜比较高时,在酸性浸出时进入浸出液的铜,到了中性浸出阶段又会部分水解析出,并且浸出液的含铜量将由中性浸出终点 pH 值所决定,pH 值越高,溶液含铜量就会越低。

(4) 砷和锑的化合物　焙烧时,精矿中的砷和锑特有部分呈低价氧化物 As_2O_3 和 Sb_2O_3 挥发,高价氧化物 As_2O_5 和 Sb_2O_5 与炉料中的各种碱性氧化物如 FeO、ZnO、PbO 尤其是 CaO 结合,形成相应的砷酸盐和锑酸盐留在焙砂中。各种砷酸盐和锑酸盐都容易和硫酸按下式反应:

$$FeO \cdot As_2O_5 + H_2SO_4 + 2H_2O = FeSO_4 + 2H_3AsO_4$$
$$FeO \cdot Sb_2O_5 + H_2SO_4 + 2H_2O = FeSO_4 + 2H_3SbO_4$$

砷酸和锑酸在溶液中按以下反应发生离解:

$$AsO_4^{3-} + 8H^+ = As^{5+} + 4H_2O$$
$$SbO_4^{3-} + 8H^+ = Sb^{5+} + 4H_2O$$

只有当溶液中氢离子有较大的浓度时,平衡才会自左向右移动。因此,在工业浸出条件下,砷和锑在浸出液中主要以络阴离子存在,很少形成简单的高价阳离子。

(5) 金与银　金在浸出时不溶解,完全留在浸出残渣中。银在锌焙砂中以硫化银 (Ag_2S) 与硫酸银 ($AgSO_4$) 的形态存在。硫化银不溶解,硫酸银溶入溶液中,溶解的银与溶液中的氯离子结合为氯化银沉淀进入渣中。

(6) 铅与钙的化合物　铅的化合物在浸出时呈硫酸铅 ($PbSO_4$) 和其他铅的化合物 (如 PbS) 留在浸出残渣中。钙常以氧化物和碳酸盐含于焙砂中,浸出时按如下反应生成硫酸钙:

$$CaO + H_2SO_4 = CaSO_4 + H_2O$$
$$CaCO_3 + H_2SO_4 = CaSO_4 + H_2O + CO_2$$

$CaSO_4$ 微溶，实际上不进入溶液，而是进入浸出渣中，消耗硫酸。

（7）二氧化硅 在焙砂中，二氧化硅一般呈游离状态（SiO_2）和结合状态硅酸盐（$MeO \cdot SiO_2$）存在。在浸出过程中游离的二氧化硅不会溶解，而硅酸盐则在稀硫酸溶液中部分溶解，如硅酸锌可按下列反应溶解进入溶液中：

$$2ZnO \cdot SiO_2 + 2H_2SO_4 = 2ZnSO_4 + 2H_2O + SiO_2$$

生成的二氧化硅不能立即沉淀而呈胶体状态存于溶液中，使浓缩与过滤发生困难。中性浸出时，随着溶液温度和酸度降低，硅酸将凝聚起来，并随同某些金属的氢氧化物（氢氧化铁）一起发生沉淀。pH＝5.2～5.4 时沉淀得最完全。因此，在中性浸出阶段，不仅某些金属杂质的盐类能发生水解沉淀从溶液中除去，而且硅酸发生凝聚和沉淀也可从溶液中除去。溶液中硅酸含量可降到 0.2～0.3g/L。

为了加速浸出矿浆的澄清与过滤，提高设备生产率，在湿法冶金中常使用各种凝聚剂。我国各湿法炼锌厂采用的国产三号凝聚剂，是一种人工合成的聚丙烯酰胺聚合物，其凝聚效果良好。锌焙砂中性浸出时，加入 5～20g/L 三号凝聚剂，可提高其沉降速度 12 倍。

7.4.1.3 锌焙砂浸出的生产实践

湿法炼锌常压浸出采用浸出槽，根据搅拌方式的不同分为空气搅拌槽与机械搅拌槽两种。浸出槽一般用混凝土或钢板制成，内衬耐酸材料。浸出槽的容积一般为 50～100m³。目前趋向大型化，120～400m³ 的大槽已在工业上应用。图 7-12 为连续浸出空气搅拌槽结构图。

锌焙砂浸出的实际操作各厂不一样。一般中性浸出所用的溶液含有 100～110g/L Zn 与 1～5g/L H_2SO_4。开始浸出时，液：固＝10～15，浸出温度为 313～343K，整个浸出时间为 30～150min，终点 pH 值为 5.2～5.4。将 3～4 个空气搅拌槽串联起来，矿浆连续地由一个搅拌槽流入另一个搅拌槽。浸出过程中矿浆不需另外加热，依靠焙砂的热、放热反应的热以及溶解热，可使温度维持在 313～343K。

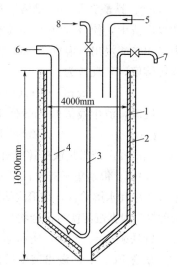

图 7-12 空气搅拌浸出槽

1—混凝土槽体；2—防腐衬里；
3—扬升器用风管；4—扬升器；
5—砂浆输入管；6—矿浆输出
管；7—搅拌用风管；8—进风管

在中性浸出终了时，pH＝5.2～5.4，此时 Fe^{2+} 不水解，而 Fe^{3+} 则很易水解形成 $Fe(OH)_3$ 沉淀除去。为了使溶液中的铁在浸出终了时用中和水解法除去，需要将 Fe^{2+} 氧化成 Fe^{3+}。常用的氧化剂一般为二氧化锰（软锰矿或阳极泥），所以在浸出时向第一台搅拌槽内加入由电解锌时所获得的泥状二氧化锰。二氧化锰在酸性介质中使硫酸亚铁氧化，其反应如下：

$$2FeSO_4 + MnO_2 + 2H_2SO_4 = Fe_2(SO_4)_3 + MnSO_4 + 2H_2O$$

在最后的搅拌槽内硫酸铁水解，形成氢氧化铁沉淀除去。反应如下：

$$Fe_2(SO_4)_3 + 6H_2O = 2Fe(OH)_3 + 3H_2SO_4$$

反应中所产出的硫酸又被锌焙砂中的氧化锌和加入的石灰乳中和，总的反应可写成下式：

$$Fe_2(SO_4)_3 + 3ZnO + 3H_2O = 3ZnSO_4 + 2Fe(OH)_3$$

用中和法沉淀铁的同时，溶液中的 As、Sb 可与铁共同沉淀进入渣中。所以在生产实践中，如果溶液中 As、Sb 含量较高时，为使它们沉淀完全，使 As、Sb 降至 0.1mg/L 以下，必须保证溶液中有足够的铁离子，生产实践中一般控制 Fe 与 As＋Sb 总量之比为 10～15 倍。如果溶液中铁不足，必须补加 $FeSO_4$。

矿浆从最后的搅拌槽送入浓缩槽进行浓缩。由浓缩槽澄清的溶液就是中性硫酸锌溶液，溶液送去净化以除去其中的杂质，然后电解。浓缩产物是浓稠矿浆状的中性浸出不溶残渣，送至酸性浸出槽进行酸性浸出。

酸性浸出的溶液是从电解槽内放出的电解液。浸出开始时矿浆中液固比约等于 10，而浸出结束时，由于部分的锌从固相进入溶液中，故液固比提高到 20。矿浆温度开始时是 313～323K，由于锌的化合物与硫酸之间的放热反应以及溶解热影响，使矿浆温度在酸性浸出结束时升高至 323～343K。酸性浸出的时间是 3～4h。酸性浸出的矿浆在浓缩槽内进行浓缩，澄清液送往中性浸出，而液固比等于 2.5～4 的浓缩产物送往过滤，滤渣称为浸出渣，其中含锌约 20％，送烟化处理系统以回收锌。

通常锌焙砂经过两段浸出的锌浸出率约 80％，而氧化锌粉（尘）的浸出率为 92％～94％。

7.4.1.4 热酸浸出及铁的沉淀

在锌精矿的沸腾焙烧过程中，生成的 ZnO 与 Fe_2O_3 不可避免地会结合成铁酸锌（ZnO·Fe_2O_3）。铁酸锌是一种难溶于稀硫酸的铁氧体，在一般的酸浸条件下不溶解，全部留在中性浸出渣中，使渣含锌在 20％左右。根据铁酸锌能溶解于近沸的硫酸的性质，在生产实践中采用热酸浸出（温度为 363～368K，始酸浓度高于 150g/L，终酸 40～60g/L），使渣中铁酸锌溶解，其反应为：

$$ZnO·Fe_2O_3 + 4H_2SO_4 \longrightarrow ZnSO_4 + Fe_2(SO_4)_3 + 4H_2O$$

同时，渣中残留的 ZnS 使 Fe^{3+} 还原成 Fe^{2+} 而溶解：

$$ZnS + Fe_2(SO_4)_3 \longrightarrow ZnSO_4 + 2FeSO_4 + S$$

热酸浸出结果是铁酸锌的溶出率达到 90％以上，金属锌的回收率显著提高（达到 97％～98％），铅、银富集于渣中，但大量铁也转入溶液中，溶液中铁含量可达 20～40g/L。若采用常规的中和水解除铁，因形成体积庞大的 $Fe(OH)_3$ 溶胶，无法浓缩与过滤。为从高铁溶液中沉淀除铁，根据沉淀铁的化合物形态不同，生产上已成功采用了黄钾铁矾 $[KFe_3(SO4)_2(OH)_6]$ 法、针铁矿（FeOOH）法和赤铁矿（Fe_2O_3）法等新的除铁方法。

从含 Fe^{3+} 高的浸出液中采用针铁矿法和赤铁矿法沉铁时，必须大大降低 Fe^{3+} 的含量，用 ZnS 或 SO_2 预先将 Fe^{3+} 还原为 Fe^{2+}，随后用空气将 Fe^{2+} 缓慢氧化析出针铁矿或赤铁矿。

（1）黄钾铁矾法 在自然界，有些矿物具有相似的组成、相同的结构和相同的结晶形态，这类物质称为类质同晶。所谓矾就是一系列类质同晶矿物的总称，而黄钾铁矾则是矾中的一种。矾的名称来源于人们熟知的明矾 $KAl(SO_4)_2·12H_2O$，它是由钾和铝的硫酸盐所组成的复盐。如果按照颜色的组成来命名，则明矾也可称白钾铝矾。在自然界，一价金属离子（如 K^+，Na^+，Ag^+，NH_4^+ 等）和三价金属离子（Al^{3+}，Fe^{3+}，Cr^{3+} 等）的硫酸盐最容易一起形成矾。

黄钾铁矾类的铁矾与明矾的组成相似，其化学通式为 $AFe_3(SO_4)_2(OH)_6$。A 可以是 K^+，Na^+，NH_4^+ 等一价金属离子。在湿法炼锌生产上，考虑试剂的经济成本，常以纯碱或液氨作沉铁试剂、以提供形成铁矾所需的一价金属离子。因此，黄钾铁矾法沉铁过程的反应式可表示如下：

$$Fe_2(SO_4)_3 + 2A(OH) + 10H_2O \Longrightarrow 2AFe_3(SO_4)_2(OH)_6 + 5H_2SO_4$$

式中，A 代表 K^+、Na^+、NH_4^+ 等碱离子。

这类铁矾复盐呈黄色或淡黄色斜方结晶，稳定而溶解度低，易于沉降、过滤和洗涤，所以除铁效果好。在铁矾形成过程中不断地有硫酸生成，因此在沉铁时须不断加入适当的中和剂（氧化锌粉或锌焙砂）、保持溶液的一定酸度（pH=1.5 左右），并控制 90℃ 以上的温度，以促进反应的进行。该法可使溶液中的铁含量从 $20\sim30g/L$ 降至 $1g/L$ 以下，然后送往中性浸出工序进一步沉铁。

（2）针铁矿法　针铁矿沉铁法又称空气氧化除铁法。它是在高温（90℃ 左右）和低酸浓度的硫酸盐溶液中，通入分散空气使溶液中 Fe^{2+} 氧化成 Fe^{3+}，并形成与天然针铁矿（如纤铁矿 γ-FeOOH）在晶型与化学成分上相似的化合物沉淀，能使溶液中铁的浓度从 $20\sim30g/L$ 降至 $1\sim2g/L$，从而达到从热酸浸出液中除去铁的目的，其反应式可表示如下：

$$2FeSO_4 + 1/2O_2 + 2ZnO + H_2O \Longrightarrow 2FeOOH + 2ZnSO_4$$

该反应形成的针铁矿为 α-FeOOH，系棕色针状结晶；针铁矿法的重要条件是沉铁过程溶液中 Fe^{3+} 浓度应小于 $1g/L$，而溶液 pH 值控制在 $3\sim3.5$ 之间。

在热酸浸出溶液中，两种价态的铁离子并存且浓度都很高，而其中的 Fe^{3+} 水解沉淀的 pH 值为 2 左右，只要限制 Fe^{3+} 浓度很小，或者在沉淀前把溶液中的高铁离子还原成低铁离子，就可以不用担心形成胶体 $Fe(OH)_3$ 的析出问题。

在生产上，针铁矿法的操作分为两个阶段进行，首先把来自热酸浸出液中的高铁离子还原成低价状态，然后再把这种主要含 Fe^{2+} 的酸性 $ZnSO_4$ 溶液送到沉铁槽进行中和及氧化沉铁。

在湿法冶金中，把 Fe^{3+} 还原成 Fe^{2+} 可供选择的还原剂很多，例如，可以是金属元素（如锌、铁等）和氢气，也可以是 S^{2-}、二氧化硫和亚硫酸等；从理论上来看，凡是其还原电极电位值低于 $Fe^{3+}\rightarrow Fe^{2+}$ 的还原电位值的都可作为高价铁的还原剂。在生产实践中，还应当考虑还原剂被氧化后，不应给生产过程带来任何不利的影响，不会带入新的杂质，且还原剂价格低廉，操作简便，完全无害。

针铁矿法选用纯度较高的硫化锌精矿作还原剂，发生的还原反应如下：

$$Fe_2(SO_4)_3 + ZnS \Longrightarrow 2FeSO_4 + ZnSO_4 + S$$

从上述反应可见，三价铁离子的还原是通过将 S^{2-} 氧化成元素硫而完成的，没有后者的氧化就没有前者的还原。还原反应的温度和酸度条件与热酸浸出条件相近，因此针铁矿法处理锌浸出渣的基本过程是：热酸浸出，用硫化锌精矿还原三价铁，空气氧化沉铁，得到含铁小于 $1g/L$ 的 $ZnSO_4$ 溶液，再送往锌焙砂浸出系统。

（3）赤铁矿沉铁法　赤铁矿是钢铁工业广泛应用的炼铁原料。人们研究发现，在高温（$150\sim180℃$）条件下，当硫酸浓度不高时，溶液中的 Fe^{3+} 便会发生加水分解反应，得到 Fe_2O_3 沉淀。

日本饭岛电锌厂于 1972 年最先采用赤铁矿法从硫酸浸出液中除铁。该工艺首先是将浸出渣在浸出高压釜中通 SO_2（也可用 ZnS 精矿）进行还原浸出，使高价铁离子还原成低价，然后将这种含 Fe^{2+} 的热酸浸出液送往沉铁高压釜中，该容器内的温度为 200℃、压力为 $2\times10^6 Pa$，同时通入氧气，将亚铁离子氧化，以赤铁矿形态沉淀除铁，其反应如下：

$$2FeSO_4 + 1/2O_2 + 2H_2O \Longrightarrow Fe_2O_3 + 2H_2SO_4$$

从化学式所表示的化学成分可知，赤铁矿沉淀物中铁的含量（60%Fe）比黄钾铁矾法和针铁矿法铁渣中铁的含量都高，因此该法的铁渣量少，锌回收率高，但需要昂贵的高压釜设备。

上述三种沉铁方法产出的铁渣含铁量都在30%以上，其中赤铁矿法渣含铁可达60%，但由于它们含硫和含可溶性重金属离子都比较高，要作为弃渣或作为炼铁原料尚存在许多问题，有待进一步研究解决，以实现综合利用和减少污染。否则，这种大量的湿法冶金渣的堆存与排放会成为制约湿法炼锌进一步发展的重要因素。

7.4.1.5　锌氧化矿的浸出

氧化锌矿主要有菱锌矿、硅锌矿及异极矿，难以选矿富集。对于低品位的铅锌氧化矿，一般采用火法富集再湿法处理。对高品位的铅锌氧化矿及氧化锌精矿，可直接进行酸浸或碱浸（氨浸）。

由于氧化锌矿多为高硅矿，直接酸浸又往往产生硅酸胶体，使矿浆难以澄清分离和影响过滤速度。因此，在生产中一般采用特矿浆快速中和至 pH=4.5～5.5，提高浸出温度，添加 Al^{3+}、Fe^{3+} 或在343～363K下进行反浸出的措施。

氨浸是以氨或氨与铵盐为浸出剂，在净化过程中，因体系呈弱碱性，铜、钴、镉、镍等金属杂质均易被锌粉置换除去。

采用氨浸法处理含锌物料回收有价金属，具有原料适应性广环境污染小，产品品种多等特点。

7.4.1.6　硫化锌精矿的氧压浸出

传统的湿法炼锌实质上是湿法和火法的联合过程，只有硫化锌精矿直接酸浸工艺，才是真正意义上的全湿法炼锌工艺。

硫化锌精矿的氧压浸出是将硫化锌精矿不经焙烧，在高压釜内充氧高温（413～433K）高压（350～700kPa）下加入废电解液，使硫化物直接转化为硫酸盐和元素硫的工艺过程。主要反应如下：

$$ZnS+H_2SO_4+1/2O_2 =\!=\!= ZnSO_4+S+H_2O$$

此工艺克服了"焙烧-浸出-电积"流程的工艺复杂，流程长，SO_2 烟气污染等缺点，具有对环境污染小，硫以元素硫回收，锌回收率高，工艺适应性好的优点，是一种具有发展潜力的工艺。

硫化锌精矿的主要矿物形态有高铁闪锌矿［(Fe，Zn)S］、磁黄铁矿（FeS）、方铅矿（PbS）、黄铜矿（$CuFeS_2$）等，浸出时析出元素硫并生成硫酸盐。Fe^{2+} 可进一步氧化成 Fe^{3+}，Fe^{3+} 可加速硫化锌的分解：

$$2Fe^{3+}+ZnS =\!=\!= Zn^{2+}+2Fe^{2+}+S$$

为了提高浸出过程的反应速度，要求精矿的粒度应有98%小于 $44\mu m$，同时需加入木质磺酸盐（约0.1g/L）破坏精矿粒表面上包裹的熔融硫。

硫化锌精矿氧压酸浸的浸出温度一般为423K，氧分压为700kPa，浸出时间约1h。锌的浸出率可达98%以上，硫的回收率约88%，经浮选或热过滤可得含硫99.9%以上的元素硫产品。

硫化锌精矿的加压氧化浸出设备采用高压釜，其结构如图7-13所示。

7.4.1.7　浸出的生产实践

浸出槽是浸出的主要设备。浸出槽有空气搅拌槽、机械搅拌槽、沸腾浸出槽，空气搅拌

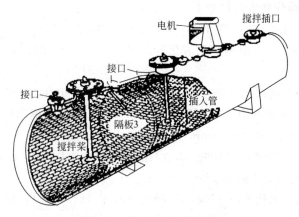

图 7-13　卧式压力釜截面图

槽、机械搅拌槽一般用混凝土或钢板制作，内衬耐酸砖，沸腾浸出槽一般用不锈钢板制作。

　　湿法炼锌中，溶液的体积平衡、金属平衡、渣平衡，对浸出过程的稳定操作和技术控制具有非常重要的意义；体积平衡是指溶液体积维持一定，具体讲就是进入系统的水（含加热用蒸汽冷凝水、添加硫酸、硫酸亚铁、石灰乳等）的体积与浸出渣等带山水分所占的体积平衡；金属平衡是指溶液含锌量维持一定，具体讲就是进入系统的锌量与电解析出的锌量平衡；渣平衡指浓泥体积维持一定，具体讲就是进入系统的含锌物料量与排出的渣量平衡。

　　浸出过程是最大限度地将焙砂、烟尘中的氧化锌用稀硫酸溶液溶出，并对整个湿法炼锌系统进行体积平衡和调整，浸出率的大小直接影响整个湿法炼锌的直收率和回收率。在处理含 SiO_2 量较高的物料时，浸出过程除考虑上述目的外，更主要的是要研究采取措施来降低 SiO_2 对生产工艺的危害，保障生产的顺利进行。

　　(1) 提高浸出温度　即加快了反应速度，在操作上，要在相同条件下达到相同的 pH 值，由于反应速度加快，可以减少焙砂、烟尘的加入量，并最大限度地溶出其中的锌金属，提高浸出率；由于反应速度加快，降低了浸出作业时间，有利于浸出过程快速度过 pH 值＝3～4 的危险区；提高浸出温度，有利于减少浸出过程中产生的硅酸胶体的黏度，且溶胶被破坏进入渣中，对浓缩和过滤工序十分有利。资料表明，矿浆温度由 60℃ 提高到 90℃，过滤速度增加一倍。如某企业，一次浸出温度控制在 65～70℃，二次浸出温度控制在 75～80℃，效果较佳。

　　(2) 添加反离子促凝剂（Fe^{3+}、Al^{3+} 等）　浸出过程承担着水解净化除 As^{3+}、Sb^{3+}、Ge^{4+} 等的任务，Fe^{3+} 水解沉淀时可吸附 As^{3+}、Sb^{3+}、Ge^{4+} 等杂质，形成共沉淀，而且由于溶液中的 H_4SiO_4 溶胶带负电荷，高电荷阳离子对溶胶起凝聚作用，可改善矿浆的澄清与过滤性能。

　　(3) 控制合理的一次浸出矿浆锌浓度　矿浆锌浓度的升高，意味着增加硫酸和焙砂烟尘的投入量，使溶液含固量增加。当焙砂、烟尘含 SiO_2 时，由于 SiO_2 的溶出，使矿浆黏度大幅增加，密度差减少，对浓缩澄清极为不利。根据原料实际，一次浸出矿浆锌浓度控制在 120～130g/L 较为合理。

　　(4) 减少 SiO_2 在系统中的积累　在酸性浸出时，大部分的 H_4SiO_4 凝块从中性浓密底流中浸出进入溶液，而后进入调浆液。为了避免 SiO_2 在系统中的积累，必须严格控制二次浸出过程酸为 pH 值＝1.5～2.5，终点 pH 值＝2.5～3.0。

某企业浸出主要操作技术条件如下。

① 氧化液制备：温度 40~50℃，H_2SO_4 为 10~30g/L，$Fe_全$ 为 0.8~2.5g/L，$Fe^{2+} \leqslant$ 0.01g/L，时间 20~30min，根据氧化液化验结果，每 15min 加锰粉一次（20~50kg/次），进出液流量 30~40m³/h。

② 沸腾浸出：冲矿液固比（6~8）∶1，投料量 5.5~6.5t/h、一级沸腾槽底部废电解液流量 15~20m³/h，一级沸腾槽出口 pH 值 2.5~3.5，二级沸腾槽出口 pH 值 5.2~5.4. 浸出温度 60~70℃，浸出时间 12~15min。

③ 普通酸性浸出：始酸 50~100g/L，浸出液固比（5~8）∶1，浸出温度 70~80℃，浸出时间 3~5h，浸出终点 pH 值＝2.0~3.0。

④ 高温高酸浸出：始酸 80~120g/L，浸出液固比（6~8）∶1，浸出温度 70~80℃，浸出时间 5~6h，终酸 30~40g/L，溶液含铁 $Fe_全$ 5~10g/L。

7.4.2 硫酸锌溶液的净化

锌焙烧矿经过中性浸出所得的硫酸锌溶液含有许多杂质，这些杂质的含量超过一定程度将对锌的电积过程带来不利影响。因此，在电积前必须对溶液进行净化，将浸出过滤后的中性上清液中的有害杂质除至规定的限度以下，以保证电积时得到高纯度的阴极锌及最经济地进行电积，并从各种净化渣中回收有价金属。中性浸出上清液和净化后电解新液成分如表 7-8 所示。

表 7-8 中性浸出上清液和净化后电解新液要求成分

成分/(mg/L)	中性上清液	新液
Zn	(130~150)×10³	(130~150)×10³
Cu	240~420	<0.5
Cd	460~680	<7
As	0.18~0.36	0.24~0.61
Sb	0.3~0.4	0.05~0.1
Ge	0.2~0.5	<0.1~0.05
Ni	2~7	1~0.5
Co	10~35	1~2
Fe	1~7	10~20
F	50~100	50~100
Cl	100~300	100~300
Mn	3000~6000	3000~6000
SiO₂	50~70	40~50
悬浮物	1000~1500	无

由于原料成分的差异，各个工厂中性浸出液的成分波动很大。因此所采用的净化工艺各不相同。净化方法按原理可分为两类：锌粉置换法和加特殊试剂沉淀法。

7.4.2.1 锌粉置换法

硫酸锌溶液中的铜和镉等杂质可以用锌粉置换除去。置换就是用较负电性的锌从硫酸锌溶液中还原较正电性的铜、镉、钴等金属杂质离子。置换沉淀的原理是在金属盐水溶液中用活泼金属（电位较负）将较惰性的金属（电位较正）还原成金属而沉淀的溶液净化方法。在硫酸锌浸出液的金属离子成分中，Zn^{2+} 的标准电极电位（-0.76V）较待净化除去的杂质

离子 Cu^{2+}（＋0.34V）、Cd^{2+}（－0.40V）和 Co^{2+}（－0.27V）更负，因而可用金属锌粉将杂质从溶液中置换出来。当锌加入溶液时，发生如下反应：

$$Cu^{2+}+Zn \Longrightarrow Zn^{2+}+Cu$$
$$Cd^{2+}+Zn \Longrightarrow Zn^{2+}+Cd$$
$$Co^{2+}+Zn \Longrightarrow Zn^{2+}+Co$$

置换反应在加入溶液中的锌表面上进行。为加速反应，常应用锌粉以增大反应表面。一般要求锌粉粒度应通过 $100\sim120$ 目筛。锌粉过细容易漂浮在溶液表面，也不利于置换反应的进行。锌粉消耗量一般为理论需要量的 $1\sim3$ 倍。

加锌粉的净化过程在机械搅拌槽或沸腾净化槽（如图 7-14 所示）内进行。净化后的过滤设备一般采用压滤机，滤渣由铜、镉和锌组成，送去回收铜、镉。

实践证明，钴、镍是溶液中最难除去的杂质，单纯用锌粉除钴、镍难以实现，必须采取其他措施，如砷盐净化法、锑盐净化法、合金锌粉净化法除钴，还有一些工厂采用加黄药或 β-萘酚除钴。

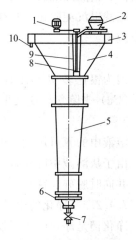

图 7-14　沸腾净化槽示意图
1—电动机；2—锌粉给料机；
3—溢流槽；4—沉降槽；
5—沸腾槽；6—进液槽；
7—放渣阀；8—搅拌器；
9—导流筒；10—排液口

7.4.2.2　加特殊试剂沉淀法

主要是除钴，其次是除氟和氯。

（1）黄药除钴　黄药系一种有机黄酸盐，常用的有黄酸钠（$C_2H_5OCS_2Na$）。黄药除钴基于在有硫酸铜存在的条件下，溶液中的钴离子与黄药作用，生成难溶的黄酸钴而沉淀。其反应如下：

$$8C_2H_5OCS_2Na+2CuSO_4+2CoSO_4 \Longrightarrow Cu_2(C_2H_5OCS_2)_2\downarrow+2Co(C_2H_5OCS_2)_3+4Na_2SO_4$$

由反应式可看出，钴以 Co^{3+} 与黄药作用形成稳定而难溶的盐，其中硫酸铜起了使 Co^{2+} 氧化成 Co^{3+} 的作用。

如果溶液中有铜、镉、砷、锑、铁等存在，它们也能与黄药生成难溶化合物，必然增加黄药的消耗。因此，在送去除钴之前，必须先净化除去其他杂质。

黄药除钴的条件为：温度 $308\sim313K$，溶液 pH 值为 $5.2\sim5.4$，黄药消耗量为溶液中钴量的 $10\sim15$ 倍，硫酸铜的加入量为黄药量 $1/5\sim1/3$。黄药也能与其他金属如铜、镉起作用，所以为了减少黄药的消耗，应该在预先加锌粉除去铜、镉杂质后，再加黄药除钴。该法净化后液含钴较高（$1\sim2mg/L$），仍达不到锌电解沉积的深度净化要求，且黄药会分解或蒸发产生臭味，恶化劳动条件，钴渣也难处理，因此用黄药除钴的工厂越来越少。

我国株洲冶炼厂采用黄药除钴两段净化流程。第一段加锌粉连续置换除铜、镉，在特殊结构的沸腾槽中进行。第二段加黄药除钴，在机械搅拌槽中间断进行。两段净化后的矿浆用尼龙管式过滤机过滤。

（2）β-萘酚除钴　β-萘酚除钴法是向锌溶液中加入 β-萘酚、NaOH 和 HNO_2，再加废电解液，使溶液的酸度达到 $0.5g/L\ H_2SO_4$ 后，控制净化温度为 $338\sim348K$，搅拌 1h，钴则按下式反应产生亚硝基 β-萘酸钴沉淀：

$$13C_{10}H_6ONO^-+4Co^{2+}+5H^+ \Longrightarrow C_{10}H_6NH_2OH+4Co(C_{10}H_6ONO)_3+H_2O$$

该反应速度很快，可深度除钴，试剂消耗为钴量的 $13\sim15$ 倍，还需用活性炭吸附残余试剂。

（3）硫酸锌溶液净化除氟和氯　氯存在于电解液中会腐蚀阳极，使阴极锌中铅含量升高而降低析出锌品级。电解液中的氟离子会腐蚀阴极铝板，使阴极锌剥离困难。当溶液含 Cl^- 高于 100mg/L、含 F^- 高于 80mg/L 时应在送去电解前进行净化。常用的除氯方法有硫酸银沉淀法、铜渣除氯法、离子交换法等。

硫酸银沉淀除氯，是往溶液中添加硫酸银与其中的氯盐作用，生成难溶的氯化银沉淀，其反应为：

$$Ag_2SO_4 + 2Cl^- = 2AgCl\downarrow + SO_4^{2-}$$

因为银比较贵，有的工厂用处理铜镉渣以后的海绵铜渣（$25\% \sim 30\% Cu$、$17\% Zn$、$0.5\% Cd$）来除氯，使之生成 Cu_2Cl_2 沉淀：

$$Cu(海绵铜) + 2Cl^- + Cu^{2+} = Cu_2Cl_2\downarrow$$

溶液中的氟可用加入少量石灰乳使其形成难溶化合物氰化钙（CaF_2）而除去。

由于从溶液中脱除氟、氯的效果不佳，一些工厂采用多膛炉焙烧法脱除锌烟尘中的氟、氯，并同时脱砷、锑。

7.4.2.3　净化的生产实践

净化槽是净化的主要设备。净化槽有机械搅拌槽、沸腾净化槽，机械搅拌槽一般用混凝土或钢板制作，内衬耐酸砖，沸腾净化槽一般用不锈钢板制作。

正确认识溶液深度净化工作在湿法炼锌中的重要作用至关重要。在锌电解过程中，溶液中的杂质对电解过程的进行具有很大影响，而且电解工序的劳动条件和产品产量、质量都与溶液的杂质密切相关。

溶液中的杂质多达 20 多种，按其对锌电解过程的影响程度可分为三类。第一类杂质对电解过程影响不大，主要有 Na、Mg、K、Ca、Al 等；第二类杂质对电解过程有一定的影响，且影响比较直观，主要有 Mn、Fe、F、Cl 等；第三类杂质对电解过程影响较大，主要有 Cd、Cu、Co、Ni、As、Sb、Ge 等。

在实际生产中，只要浸出工序严格按技术条件操作、控制得当，As、Sb、Ge 等在浸出过程中即能除到要求，净化工序的重点是除去溶液中的 Cd、Cu、Co、Ni 等杂质，确保新液达到深度净化要求。

某企业净化采取的主要措施如下。

① 一次净化温度控制在 $80 \sim 85℃$。随着温度的提高，Co 析出的超电压随之下降，锌粉能有效地置换溶液中的 Co。

② 合理添加降低 Co 析出的超电压的较正电性的金属（Cu、As、Sb 等），对某企业来说是添加 Sb_2O_3。

③ 改善锌粉的物理和化学性质，粒度要求 200 目大于 60%，含金属锌大于 80%，总锌大于 90%，并含有适量的 Pb、Sb[$w(Pb)=2\% \sim 3\%$、$w(Sb)=0.1\% \sim 0.2\%$]。

④ 精心操作，防止 Cd、Co 的复溶。

某企业净化主要操作技术条件如下。

① 高温净化除钴：溶液体积 $40 \sim 45m^3$，作业温度 $80 \sim 85℃$，锌粉加入量 $120 \sim 170kg/$槽，锑白加入量视溶液含锑量加入，作业时间 45min。

② 低温净化除铜镉：溶液体积 $40 \sim 45m^3$，作业温度 $40 \sim 45℃$，锌粉加入量 $50 \sim 70kg/$槽，$KMnO_4$ 加入量：视溶液含锑量加入，作业时间 1h。

近年来，出于原料杂质含量升高及为进一步提高电流效率，降低能耗，电解对溶液质量的要求日趋严格的原因，各大湿法炼锌企业逐步采用三段逆锑净化工艺代替原两段净化工艺。我国株洲冶炼厂Ⅱ系统净化主要操作技术条件如下。

① 第一段除铜镉：作业温度 55～60℃，pH 值 3.5～4.5，喷吹锌粉加入量 $2kg/m^3$，搅拌方式为机械搅拌，作业时间 60～90min。

② 第二段除钴：作业温度 85～90℃，pH 值 3.5～4.5，喷吹锌粉加入量 $4kg/m^3$，酒石酸锑钾 $4g/m^3$，搅拌方式为机械搅拌，作业时间 150～180min。

③ 第三段除残镉：作业温度 70～80℃，pH 值 5.0～5.4，喷吹锌粉加入量 $1kg/m^3$，搅拌方式为机械搅拌，作业时间 60～90min。

7.4.3 硫酸锌溶液的电解沉积

锌的电解沉积是湿法炼锌的最后一个工序，是用电解的方法从硫酸锌水溶液中提取纯金属锌的过程。

锌的电解沉积是将净化后的硫酸锌溶液（新液）与一定比例的电解废液混合，连续不断地从电解槽的进液端流入电解槽内，用含银 0.5%～1% 的铅-银合金板作阳极，以压延铝板作阴极，当电解槽通过直流电时，在阴极铝板上析出金属锌，阳极上放出氧气，溶液中硫酸再生。电积时总的电化学反应为：

$$ZnSO_4 + H_2O \Longrightarrow Zn + H_2SO_4 + 1/2O_2$$

随着电解过程的不断进行，溶液中的含锌量不断降低，而硫酸含量逐渐增加。当溶液中含锌达 45～60g/L、硫酸 135～170g/L 时，则作为废电解液从电解槽中抽出，一部分作为溶剂返回浸出，一部分经冷却后与新液按一定比例混合后返回电解槽循环使用。电解 24～48h 后将阴极锌剥下，经熔铸后得到产品锌锭。

7.4.3.1 阴极反应

锌电解液中的正离子主要是 Zn^{2+} 和 H^+，通直流电时，在阴极上可能的反应有：

$$Zn^{2+} + 2e \Longrightarrow Zn \tag{7-13}$$

$$2H^+ + 2e \Longrightarrow H_2 \uparrow \tag{7-14}$$

反应（7-14）是我们不希望的，因此，在电积时应创造条件使反应（7-13）在阴极优先进行，而使反应（7-14）不发生。

在 298K 时，Zn^{2+} 和 H^+ 的放电电位如下：

$$E_{Zn} = E_{Zn}^{\ominus} + \frac{2.303RT}{2F} \lg a_{Zn^{2+}} = -0.763 + 0.0295 \lg a_{Zn^{2+}}$$

$$E_{H_2} = E_H^{\ominus} + \frac{2.303RT}{F} \lg a_{H^+} = 0.0591 \lg a_{H^+}$$

在工业生产条件下，电解液含 Zn 55g/L、H_2SO_4 120g/L（相应活度 $a_{Zn^{2+}} = 0.0424$，$a_H^+ = 0.142$），密度 $1.25g/cm^3$ 或 $1250kg/m^3$，电解温度 313K，电流密度 $500A/m^2$，Zn 和 H_2 析出的平衡电位可表示为：

$$E_{Zn} = -0.763 + 0.0295 \lg a_{Zn^{2+}} = -0.763 + 0.0295 \lg 0.0424 = -0.806V$$

$$E_H = 0.0591 \lg a_{H^+} = 0.0591 \lg 0.142 = -0.0503V$$

从热力学上看，在析出锌之前，电位较正的氢应优先析出，锌的电解析出似乎是不可能的。然而在实际的电积锌过程中，伴随有极化现象而产生电吸反应的超电压（以 η 表示），加上这个超电压，阴极反应的析出电位应为：

$$E'_{Zn} = -0.763 + 0.0295 \lg a_{Zn}^{2+} - \eta_{Zn}$$

$$E'_{H_2} = 0.0591 \lg a_H^+ - \eta_H$$

在工业生产条件下，查得 $\eta_H = 1.105V$，$\eta_{Zn} = 0.03V$，计算得 $E'_{Zn} = -0.836V$，$E'_{H_2} = -1.158V$。可见，由于氢析出超电压的存在，使氢的析出电位比锌负，锌优先于氢析出，从而保证了锌电积的顺利进行。

氢的超电压与阴极材料、电流密度、电解液温度以及阴极表面结构等因素有关。表 7-9 列出了 25℃时不同流密度下、氢在金属铝和锌上的超电压；锌和铝都属于析 H_2 超电压高的一类电极材料。

表 7-9   25℃时氢的超电压

电流密度/(A/m²)	30	100	500	1000	2000
铝/V	0.745	0.826	0.968	1.066	1.176
锌/V	0.726	0.746	0.926	1.064	1.161

在生产实践中，氢的超电压值直接影响电解过程的电流效率。因此，为了提高锌电积的电流放率，必须设法提高氢的超电压。

7.4.3.2   阳极反应

在湿法炼锌厂的电解过程中，大多采用含银 0.5%～1% 的铅银合金板作"不溶阳极"。但从热力学的角度讲，铅阳极并不是完全不溶的。新的铅阳极板在电解初期侵蚀得很快并形成硫酸铅和氧化铅，以后则由于氧化膜对金属的保护作用，才使铅阳极的被侵蚀速度逐渐缓慢下来。

当通直流电后，阳极上首先发生铅阳极的溶解，并形成 $PbSO_4$ 覆盖在阳极表面：

$$Pb - 2e \Longrightarrow Pb^{2+}$$

$$Pb + SO_4 - 2e \Longrightarrow PbSO_4$$

随着溶解过程的进行，由于 $PbSO_4$ 的覆盖作用，铅板的自由表面不断减少，相应的电流密度就不断增大，因而电位也就不断升高，当电位增大到某一数值时，二价铅被进一步氧化成高价状态，产生四价铅离子 Pb^{4+}，并与氧结合成过氧化铅 PbO_2：

$$PbSO_4 + 2H_2O - 2e \Longrightarrow PbO_2 + 4H^+ + SO_4^{2-} \qquad E_{PbO_2/PbSO_4}^{\ominus} = 1.685V$$

待阳极基本上为 PbO_2 覆盖后，即进入正常的阳极反应：

$$2H_2O - 4e \Longrightarrow O_2 + 4H^+ \qquad E_{O_2/OH^-}^{\ominus} = 1.229V$$

结果在阳极上放出氧气，而使溶液中的 H^+ 浓度增加。比较过氧化铅形成反应和铅阳极正常反应的平衡电位（$E^{\ominus}$），可以看出前者的值高于后者，因此，从热力学观点来看，氧将优先在阳极上析出。但实际上氧的放出却是在 PbO_2 膜的形成以后才发生，这是由于氧的析出也存在着较大的超电压（约为 0.5V）。

氧析出超电压值也取决于阳极材料、阳极表面状态以及其他因素。锌电解过程伴随着在阳极上析出氧。氧的超电压越大，则电解时电能消耗越多，因此应力求降低氧的超电压。

7.4.3.3   电流效率及其影响因素

在实际电解生产中，电极上析出物质的数量往往与按法拉第定律计算的数值不一致。电流效率是指在阴极上实际析出的金属量与理论上按法拉第定律计算应得到的金属量的百分比：

$$电流效率 = \frac{阴极上产物的实际质量}{按法拉第定律计算所得产物的质量} \quad 即 \ \eta = \frac{G}{qIt} \times 100\%$$

式中，η 为电流效率，%；G 为阴极上实际析出锌的质量；I 为电流强度，A；t 为通电时间，h；q 为锌的电化当量，1.2195g/(A·h)。

生产实践中，由于阴阳极之间短路，电解槽漏电，阴极化学溶解以及其他副反应的发生都会使电流效率降低。目前，锌电解的电流效率为 85%～93%。

影响电流效率的因素主要有电解液的组成、阴极电流密度、电解液温度、电解液的纯度、阴极表面状态及电积时间等。

7.4.3.4　槽电压和电能消耗

槽电压是指电解槽内相邻阴、阳极之间的电压降。为简化计算，生产实践中是用所有串联电解槽的总电压降 V_1 减去导电板线路电压降 V_2，再除以串联电路上的总槽数 N，即为槽电压 $V_槽$，如：

$$V_槽 = \frac{V_1 - V_2}{N}$$

槽电压是一项重要的技术经济指标，它直接影响到锌电积的电能消耗。

实际电解过程中，当电流通过电解槽时，遇到的阻力除可逆的反电势（即理论分解电压）、极化超电压外，还由于电解质溶液本身电阻所引起的电压降、电解槽及接触点上和导体上的电压损失，所有这些都需要额外的外电压补偿。因此，电解槽的总电压（槽电压）应为这些电压值的总和，即：

$$V_槽 = V_分 + V_液 + V_接 + V_超$$

式中，$V_分$ 为理论分解电压；$V_液$ 为电解液电阻电压降；$V_接$ 为各接触点电阻及导体电压降；$V_超$ 为超电压，包括电化学极化超电压、浓差极化超电压。

可见，槽电压取决于电流密度、电解液的组成和温度、两极间的距离和接触点电阻等。而降低槽电压的途径则在于减少电解液的比电阻、减少接触点电阻以及缩短极间距离。工厂槽电压一般为 3.3～3.6V。

在锌电解过程中，电能消耗是指每生产 1t 电锌所消耗的直流电能：

$$W = \frac{实际消耗的电量}{析出锌产量} = \frac{V}{q\eta} \times 1000 = 820 \frac{V}{\eta}$$

式中，W 为直流电耗，kW·h/t；V 为槽电压，V；q 为锌的电化当量，1.2195g/(A·h)；η 为电流放率，%。

可见，电能消耗取决于电流效率和槽电压。当电流效率高，槽电压低时，电能的消耗就低，反之则高。因此，凡影响电流效率和槽电压的因素都将影响电能消耗。

电能消耗是锌电解的主要指标。湿法炼锌每生产 1t 锌锭的总能耗为 3800～4200kW·h，电解过程占 70%～80%，为 3000～3300kW·h，占湿法炼锌成本的 20%。

7.4.3.5　锌电解的主要设备及实践

锌电解车间的主要设备有：电解槽、阳极、阴极、供电设备、载流母线、剥锌机、阴极刷板机和电解液冷却设备等。

(1) 电解槽　锌电积槽为一长方形槽子，一般长 2～4.5m，宽 0.8～1.2m，深 1～2.5m。槽内交错装有阴、阳极，悬挂于导电板上，还有电解液导入与导出装置。电解槽大都用钢筋混凝土制成，内衬铅皮、软塑料、环氧玻璃钢。目前多采用厚为 5mm 的软聚氯乙

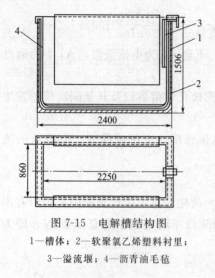

图 7-15　电解槽结构图

1—槽体；2—软聚氯乙烯塑料衬里；
3—溢流堰；4—沥青油毛毡

烯作内衬，可以延长槽的使用寿命，还具有绝缘性能好、防腐性能强、减少阴极含铅量等优点。内衬软塑料的钢筋混凝土电解槽的结构如图 7-15 所示。

（2）阳极　阳极由阳极板、导电棒及导电头组成。阳极板大多采用含 Ag 0.5%～1% 的铅-银合金压延制成。阳极尺寸由阴极尺寸而定，一般为长 900～1077mm、宽 620～718mm、厚 5～6mm、重 50～70kg，使用寿命1.5～2 年。每吨电锌耗铅为 0.7～2kg（包括其他铅材）。为了降低析出锌含铅、延长阳极使用寿命和降低造价，研究使用了 Pb-Ag-Ca（Ag 0.25%，Ca 0.05%）三元合金阳极和 Pb-Ag-Ca-Sr（Ag 0.25%，Ca 0.05%～1%，Sr 0.05%～0.25%）四元合金阳极，使阴极析出铅降低，使用寿命长达 6～8 年。

阳极导电棒的材质为紫铜。为使阳极板与棒接触良好，并防止硫酸侵蚀铜棒，将铜棒铸入铅银合金中，再与阳极板焊接在一起。

（3）阴极　阴极由阴极板、导电棒及铜导电头（或导电片）组成。阴极板用压延纯铝板 [w(Al)>99.5%] 制成，一般长 1020～1520mm、宽 600～900mm、厚 4～6mm、重 10～12kg。为减少阴极边缘形成树枝状结晶，阴极要比阳极宽 30～40mm。为防止阴、阳极短路及析出锌包使阴极周边造成剥锌困难，阴极的两边缘黏有聚乙烯塑料条。阴极平均寿命一般为 18 个月。每 1t 电锌消耗铝板 1.4～1.8kg。目前，新建湿法炼锌厂趋向采用大阴极（1.6～3.4m^2），阳极面积也相应扩大。

阴极导电棒用铝或硬铝加工，铝板与导电棒焊接或浇铸成一体。导电头一般用厚为 5～6mm 的紫铜板做成，用螺钉或焊接或包覆连接的方法与导电棒结合为一体。

除电解槽和阴阳极外，电解车间还有供电、冷却电解液以及剥锌机等附属设备。

虽然各大炼锌企业在技术上越来越重视溶液深度净化工作，并取得一定成效，但由于矿源复杂，有时难免出现新液成分单项指标达不到深度净化要求的情况。例如，当溶液含 Co 量大于 20mg/L 时，要想采用二段净化工艺把溶液中的 Co 除至小于 1mg/L，无论从技术和经济的角度都几乎不可能。因此，电解要根据溶液质量，调整电解操作技术条件，减少杂质对电解过程的影响，解决杂质随电解液温度、电流密度和电解液酸度的提高而显著加剧的现象，使电解操作技术条件与溶液质量相互匹配。

生产实践表明，当新液含 Co 为 1～2mg/L，含 Sb≤0.2mg/L 时，电流密度控制为 460～470A/m^2 较为适宜，最高不超过 490A/m^2；当新液含 Co≤1mg/L，含 Sb≤0.2mg/L 时，电流密度控制为 490～500A/m^2 较为适宜，最高不超过 520A/m^2；当新液含 Co≥2mg/L，含 Sb≥0.2mg/L 时，电流密度控制为 430～450A/m^2 维持生产。净化工序必须迅速调整操作技术条件，扭转上述被动局面。另外，电解液出口锌控制为 45～50g/L，m(H$_2$SO$_4$)/m(Zn)=3.0～3.3，是比较经济合理的控制方法。

（4）某企业电解主要操作技术条件　开工镀膜：在实际生产中，一般均需进行阳极镀膜，使阳极形成更致密的 PbO$_2$ 保护层。其操作条件如下：电流密度 60～70A/m^2，硫酸 70～80g/L，锌 60～70g/L，温度 20～30℃，底胶加入为正常胶量的 1.5 倍，碳酸锶加入为正常用量的 3 倍，时间 24h；24h 后按 1000A/h 的速度升到正常控制电流密度。

正常生产技术条件：电流密度控制，$450\sim490A/m^2$；大循环比例，新液∶废液＝1∶$(10\sim15)$；槽温，$35\sim40℃$；槽电压，$3.2\sim3.4V$，流量，$60\sim70L/(min\cdot槽)$；同极中心距，60mm；析出周期，24h；添加剂加入，骨胶按吨锌片$0.3\sim0.4kg$，平均分成两次加入，出槽后2h加第一次固体胶，12h后加第二次固体胶；碳酸锶按吨锌片$1\sim2kg$，24h均匀加入；平刷板周期，平板2天，刷板3天；掏槽周期，$30\sim40$天；刮阳极周期，$30\sim40$天；冷却塔降温幅度，$\geqslant5℃$；清塔周期，$90\sim100$天。

电解过程中所产生的阳极泥，系由硫酸锰在阳极氧化时所形成的二氧化锰与铅的化合物所组成，阳极泥含有约$70\%MnO_2$、$10\%\sim14\%Pb$以及大约$2\%Zn$。阳极泥可作为中性浸出时铁的氧化剂。阳极泥必须定期地从阳极表面清洗除去。

锌电解过程中，由于电极反应在阴、阳极上放出氢气和氧气，带出部分细小的电解液颗粒进入空间形成酸雾，严重危害人体健康和腐蚀厂房设备并造成硫酸和金属锌的损失。为了防止酸雾，可向电解槽中加入起泡剂，如动物胶、丝石竹、水玻璃及皂角粉等，使电解槽的液面上形成一层稳定的泡沫层，起到一种过滤的作用，将气体带出的电解液捕集在泡沫中，减少了厂房的酸雾。表7-10为一些工厂锌电解的主要技术经济指标。

表 7-10 一些工厂锌电解的技术经济指标

项目	梯敏斯(加)	科科拉(芬)	达特恩(德)	安中(日)	巴伦(比)	克洛格(美)	株洲(中)
$Zn^{2+}/(g/L)$	60	61.8	$55\sim60$	60	50	50	$40\sim55$
$H_2SO_4/(g/L)$	200	180	200	180	$180\sim190$	270	$150\sim200$
电流密度/(A/m^2)	571	660	597	$400\sim500$	$400\sim430$	$1000\sim1100$	$480\sim520$
电解温度/K	308	306	307	308	$303\sim308$	308	$308\sim315$
同极距/mm	76			$70\sim75$	90	$20\sim32$	62
电解周期/h	24	24	24	$24\sim48$	48	$8\sim24$	24
槽电压/V	3.5	3.53	3.5	3.54	3.3	3.5	$3.2\sim3.3$
电流效率/%	90	90	91.3	92	90	$90\sim93$	$89\sim90$
吨锌电能消耗/kW·h	3189	3219	3239	2997	3100	3100	$2950\sim3100$

7.4.4 湿法炼锌新技术

7.4.4.1 硫化锌精矿的直接电解

在酸性溶液中，用70%硫化锌精矿与30%石墨粉为阳极，铝板为阴极，直接用电解生产锌。阴极和阳极反应如下。

阳极反应 $\qquad ZnS-2e \Longrightarrow Zn^{2+}+S$

阴极反应 $\qquad Zn^{2+}+2e \Longrightarrow Zn$

阳极电流效率为$96.8\%\sim120\%$，阴极电流效率为$91.4\%\sim94.8\%$，阴极锌纯度达99.99%以上。

7.4.4.2 $Zn-MnO_2$ 同时电解

将锌精矿磨细至200目，ZnS/MnO_2按化学式计量配入并用硫酸进行浸出，浸出液经净化后用铅-银（1%银）合金为阳极、铝板为阴极在硫酸体系中进行电解。电解时阴极和阳极反应如下。

阳极反应 $\qquad Mn^{2+}+2H_2O-2e \Longrightarrow MnO_2+4H^+$

阴极反应 $\qquad Zn^{2+}+2e \Longrightarrow Zn$

总反应 $$ZnSO_4+MnSO_4+2H_2O \Longrightarrow Zn+MnO_2+2H_2SO_4$$

槽电压为 2.6～2.8V，阴极电流效率为 89%～91%，阳极电流效率为 80%～85%。阴极电锌含 Zn 不低于 99.99%，阳极产出 γ-MnO_2，品位高于 91%。产品比 Zn∶MnO_2＝1∶1.22，节能 50%～60%。双电解废液再进行锌的单电解，进一步回收锌、锰。

此外，还有溶剂萃取-电解法提锌及热酸浸出-萃取法除铁等湿法炼锌新方法。

7.5 锌冶金新技术

在冶炼技术开发方面，目前开发的炼锌新方法有硫化锌精矿的加压浸出、等离子体技术、喷吹炼锌和锌焙烧矿闪速还原等方法。其中硫化锌精矿的氧压浸出方法是目前使用最多的，污染最少的炼锌新方法。在温度为 150～155℃，硫酸含量为 60%～65% 时，锌的回收率达到 95%～96%。高压浸出在很大程度上克服了常压浸出放出 H_2S 气体和设备腐蚀严重等缺点。

7.5.1 氧压浸出技术原理

纯闪锌矿在硫酸中直接溶解的过程是非常缓慢的，而在铁存在的条件下，其浸出速率有较大提高。其反应机理如下：
$$ZnS+H_2SO_4 \Longrightarrow ZnSO_4+H_2S$$
$$H_2S+Fe_2(SO_4)_3 \Longrightarrow 2FeSO_4+H_2SO_4+S$$
$$2FeSO_4+H_2SO_4+1/2O_2 \Longrightarrow Fe_2(SO_4)_3+H_2O$$

氧压浸出总反应：
$$MeS+1/2O_2+H_2SO_4 \Longrightarrow MeSO_4+H_2O+S$$

闪锌矿的溶解受 H_2S 氧化控制，H_2S 的氧化方式有两种：温度低于 150℃ 时，主要是与 O_2 反应；当温度高于 150℃，H_2S 与 O_2 的简单反应和 H_2S 与硫酸的反应平行发生。
$$H_2S+1/2O_2 \longrightarrow S+H_2O$$
$$H_2S+H_2SO_4 \longrightarrow S+H_2SO_3+H_2O$$

闪锌矿在浸出过程中的浸出速率随时间的延长而放缓，原因并非是形成了铁矾、铅铁矾，而是单质硫对闪锌矿的包裹。

当浸出温度高于单质硫熔点时，由于硫包覆问题导致闪锌矿分解不完全（锌浸出率在 50%～70%）。通过添加表面活性剂的方法解决了上述问题，锌浸出率大于 95%，甚至大于 98%。20 世纪 80 年代，北京矿冶研究总院与株洲冶炼厂合作，完成了 300L 扩大试验研究。90 年代，北京矿冶研究总院在以下方面取得了突破。

① 开发了低温低压浸出工艺。实现了低温低压条件下锌精矿的彻底浸出（110～140℃，$p(O_2)<0.5MPa$），锌浸出率大于 98%，浸出液含铁小于 2g/L，单质硫生成率大于 85%。

② 采用氧压浸出工艺改造传统流程。在国内首次提出采用氧压浸出技术改造传统湿法炼锌流程。取消铁矾除铁工序，利用热酸浸出液的氧压浸出锌精矿（130℃，$p(O_2)＝0.5MPa$），锌浸出率大于 97%，铁水解后入渣，浸出液（Fe 小于 2g/L）并入中性浸出。氧压浸出渣选矿分别得到铅银精矿、单质硫和未反应的硫化物。采用废电解液氧压浸出高铁闪锌矿（150℃，$p(O_2)＝0.5MPa$），锌浸出率 96% 左右，浸出液含铁小于 2g/L，浸出液净化后送电积。

2005 年国内第一座加压湿法炼锌工厂已由云南冶金集团建成投产。中金岭南集团丹霞冶炼厂正在筹建年产 50 万吨电锌的氧压浸出生产线。目前已完成一期建设：锌锭 10 万吨，硫磺 5000t，电镓 30t，粗二氧化锗 25t，硫酸 36000t。二期、三期将分别扩产 20 万吨电锌。

7.5.2 ISP 技术的进展

ISP 技术即帝国熔炼法。特点是在一座鼓风炉内可同时生产出粗锌和粗铅，对处理铅锌混合矿或高铅锌精矿具有明显优势。

ISP 技术经过近 40 年的发展，在强化冶炼过程、提高设备生产能力和自动化控制水平、环境保护水平等方面取得了重大的进展。

思 考 题

1. 锌有哪些用途？其主要用途与金属锌的基本性质有何关系？

2. 我国锌资源有何特点？炼锌应当考虑锌精矿原料的哪些特点？

3. 划出火法和湿法两种炼锌方法的原则流程图，并简述它们目前工业应用的大致情况。

4. 锌精矿焙烧可能发生哪些主要化学反应？写出它们的反应式。

5. 湿法炼锌工厂的锌精矿焙烧为什么采用氧化焙烧和部分硫酸化焙烧？为此，应当怎控制焙烧条件？

6. 沸腾焙烧炉的沸腾层是指什么？这种焙烧炉有何优点？

7. 湿法炼锌传统流程与热酸浸出流程有何异同？

8. 锌焙砂浸出过程发生哪些主要反应？热酸浸出主要发生什么反应？分别写出它们的化学反应式。

9. 为什么要控制锌焙砂中性浸出终点的溶液 pH 值为 5～5.4？为什么中性浸出过程要加二氧化锰？

10. 热酸浸出溶液不经沉铁过程能直接返回至中性浸出吗？为什么？

第8章 铝 冶 金

本章介绍了氧化铝、电解铝的基本原理、拜耳法生产氧化铝和大型预焙电解槽设备结构及其作用，同时还介绍了现代铝冶金铁新技术。

8.1 铝的性质和用途

8.1.1 物理性质

铝是银白色的金属。在室温下，铝的热导率大约是铜的 1.5 倍，铝线的电导率大约是铜线的 60%。铝具有良好的延性和展性，可以拉成铝线，压成铝板和铝箔。铝的主要物理性质如表 8-1 所示。

表 8-1 铝的主要物理性质

性质	单位	数值	性质	单位	数值
半径	pm	$57(Al^{3+})$,143.1(Al)	汽化热	kJ/mol	290.8
熔点	K	933.52	密度	kg/m³	2698(293K),2390(在熔点时)
沸点	K	2740	热导率	W/(m·K)	237(300K)
熔化热	kJ/mol	10.67	电阻率	Ω·m	$2.6548×10^{-8}$(293K)

8.1.2 化学性质

铝是元素周期表中第 3 周期 ⅢA 族元素，元素符号 Al，原子序数 13，相对原子质量 26.98154。铝原子的外电子构型为 [Ne] $3s^2 3p^1$，铝在常温下的氧化态为 +3 价，在高温下有稳定的 +1 价化合物。

铝的化学活性很强，具有与氧强烈反应的倾向。在空气中，铝的表面生成一层连续而致密的氧化铝薄膜，其厚度约为 $2×10^{-5}$cm，这层薄膜能起到使铝不再继续氧化的保护作用，这就是铝具有良好抗腐蚀能力的原因。铝粉或铝箔在空气中强烈加热即燃烧生成氧化铝。

铝可溶于盐酸、硫酸和碱溶液，但对冷硝酸和有机酸在化学上是稳定的。热硝酸与铝发生强烈反应。

铝与卤素、硫、碳都能化合，生成相应卤化物（如 $AlCl_3$、AlF_3）、硫化物（Al_2S_3）、碳化物（Al_4C_3）。此外，铝还有多种低价化合物，如 AlF、AlCl、Al_2S 等。

氧化铝是一种白色粉末，熔点 2323K，真密度为 3.5~3.6g/cm³。已知无水氧化铝有几个同素异晶体，其中 α-Al_2O_3 和 γ-Al_2O_3 对于炼铝有重要意义。α-Al_2O_3 可长期保存不吸收水分，γ-Al_2O_3 则相反。工业氧化铝中通常含有 Al_2O_3 99% 左右。

氧化铝和碱金属氟化物（MeF_x）生成铝氟酸盐，其中冰晶石型的钠冰晶石（Na_3AlF_6）在氧化铝电解制铝中用作熔剂，通常称为冰晶石。

8.1.3 铝的用途

由于铝具有密度小，导热性、导电性、抗蚀性良好等突出优点，又能与许多金属形成优质铝基轻合金，所以铝在现代工业技术上应用极为广泛。铝的应用有两种形式：纯铝和铝合金。

纯铝在电气工业上用作高压输电线、电缆壳、导电板以及各种电工制品。

铝合金在交通运输以及军事工业上用作汽车、装甲车、坦克、飞机以及舰艇的部件。此外，铝合金还用于建筑工业作构架等，轻工业中用纯铝和铝合金制作包装品、生活用品和家具。

8.2　炼铝原料

铝在地壳中的含量约为 8.8%，地壳中的含铝矿物约有 250 种，但炼铝最主要的矿石资源是铝土矿，世界上 95% 以上的氧化铝是用铝土矿生产的。

铝土矿中的铝元素是以氧化铝水合物状态存在的。根据其氧化铝水合物所含结晶水数目以及晶型结构的不同，把铝土矿分成三水铝石型 [$Al(OH)_3$ 或 $Al_2O_3 \cdot 3H_2O$]、一水软铝石型 [γ-$AlO(OH)$ 或 γ-$Al_2O_3 \cdot H_2O$]、一水硬铝石型 [α-$AlO(OH)$ 或 α-$Al_2O_3 \cdot H_2O$] 和混合型四类矿种。采用不同类型的铝土矿作原料，氧化铝生产工艺的选择和技术条件的控制是不同的，所以对铝土矿类型的鉴定有着重大意义。

铝土矿中 Al_2O_3 含量一般为 40%~70%。对于生产氧化铝来说，衡量铝土矿质量标准还有铝硅比（矿石中 Al_2O_3 全部含量与 SiO_2 含量的质量比）。目前工业生产上要求铝土矿的铝硅比不低于 3~3.5，铝土矿类型对拜耳法生产也很重要。

除铝土矿外，可以用于生产氧化铝的其他原料还有：明矾石 [$(Na，K)_2SO_4 \cdot Al(SO_4)_2 \cdot 4Al(OH)_2$]、霞石 [$(Na，K)_2O \cdot Al_2O_3 \cdot 2SiO_2$]、高岭土（$Al_2O_3 \cdot 2SiO_2 \cdot 2H_2O$）等。

我国铝土矿资源在 18 个省、自治区、直辖市已查明铝矿产地 205 处，其中大型产地 72 处（不包括中国台湾），根据中国铝土矿地质特征和成矿条件分析预测，中国铝土矿资源总量可达 50 亿吨以上，现我国已探明的铝土矿储量约 23 亿吨，居世界第四位。我国人均铝土矿资源并不十分丰富，只占世界储量的 1.5%。世界铝土矿的人均储量力为 4000kg，而我国只有 283kg。按目前氧化铝产量的增长速度和铝土矿开采、利用中的浪费来看，即使考虑到远景储量，中国的铝土矿的保证年限也很难达到 50 年。

中国铝土矿资源具有以下几个特点。

① 矿石分布比较集中，有利于开发利用。山西、贵州、河南和广西壮族自治区储量最高，合计占全国总储量的 85.5%，这四个地区又有着丰富的煤炭和水电资源，具有发展铝工业的有利条件。

② 铝土矿中矿物种类多、组成复杂，矿物嵌布粒度较细。其除主要含一水硬铝石外，还含有高岭石、叶蜡石、伊利石、石英等含硅矿物，赤铁矿、针铁矿等含铁矿物，以及金红石、锐钛矿等含钛矿物。一水硬铝石与含硅矿物之间的嵌布关系复杂，解离困难。一水硬铝石的嵌布粒度一般为 5~10μm。

③ 一水硬铝石型矿石占绝对优势。已探明的铝土矿储量中，一水硬铝石型铝土矿储量占全同总储量的 98.46%，三水铝石型矿石储量只占 1.54%。

一水硬铝石型铝土矿绝大部分具有高铝、高硅、低铁的突出特点，铝硅比值偏低。据统计，铝硅比值大于 7 的矿石量占一水硬铝石量的 27.48%；铝硅比值为 5~7 的矿石量占 33.99%；铝硅比值小于 5 的矿石量占 38.53%。

8.3 铝的生产方法

自从 1886 年在冰晶石熔体中电解氧化铝的方法试验成功后，此法一直是生产金属铝的唯一方法。全世界的原铝产量迅速增长，我国近年来的原铝产量如图 8-1 所示。它包括从铝矿石生产氧化铝以及氧化铝电解两个主要过程。现代生产铝的原则流程如图 8-2 所示。

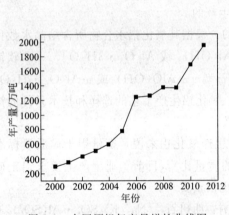

图 8-1 中国原铝年产量增长曲线图

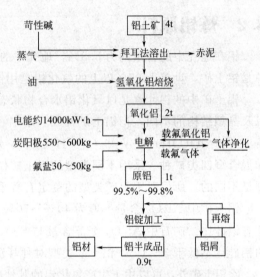

图 8-2 现代铝工业生产流程简图

碱法是目前工业生产氧化铝的唯一方法。所有的碱法都是通过不同的途径使矿石中的氧化铝及其水合物溶解得到铝酸钠溶液而与 SiO_2、Fe_2O_3、TiO_2 等杂质分离，然后再从净化后的铝酸钠溶液中分解结晶析出氢氧化铝。因此，研究铝酸钠溶液的性质是非常重要的。

铝酸钠溶液是离子溶液，通常用 $NaAl(OH)_4(aq)$ 来表示。

（1）铝酸钠溶液的特性参数

① 铝酸钠溶液的苛性比值。铝酸钠溶液的苛性比值（又称苛性化系数）是指铝酸钠溶液中所含氧化钠（Na_2O）与氧化铝的物质的量之比，通常用符号 α_k 表示。

$$\text{苛性比值 } \alpha_k = \frac{Na_2O \text{ 物质的量}}{Al_2O_3 \text{ 物质的量}} = \frac{Na_2O \text{ 的质量}}{Al_2O_3 \text{ 的质量}} \times \frac{102}{62} = 1.645 \times \frac{Na_2O \text{ 的质量}}{Al_2O_3 \text{ 的质量}}$$

式中，62 和 102 分别是 Na_2O 与 Al_2O_3 的摩尔质量。

苛性比值表示铝酸钠溶液中氧化铝的饱和程度，是一个非常重要的特性参数。

② 铝酸钠溶液的硅量指数。铝酸钠溶液的硅量指数是指铝酸钠溶液中所含氧化铝的重量与 SiO_2 的重量之比，用（A/S）来表示。

硅量指数越高，表示溶液中含 SiO_2 少，其纯度就高，反之 SiO_2 多，纯度低。所以它是表示溶液纯度的一个重要参数。

③ 氧化铝在氢氧化钠溶液的溶解度。氧化铝在氢氧化钠溶液中的溶解度主要与氢氧化钠浓度及温度有关。为此，必须研究 $Na_2O\text{-}Al_2O_3\text{-}H_2O$ 三元系等温曲线（图 8-3）。

图 8-3 中，左边曲线（实线）表示氧化铝在氢氧化钠溶液中的溶解度。当温度一定时，随碱浓度增大，氧化铝的溶解度也增大。曲线下方是未饱和区，具有溶解氧化铝的能力，而

上方是过饱和区，具有分解析出氢氧化铝的能力。

当碱浓度一定时，随着温度升高，氧化铝溶解度增大，曲线位置上移。

（2）铝酸钠溶液稳定性　铝酸钠溶液稳定性是指过饱和的铝酸钠溶液从制成到开始分解析出氢氧化铝所需时间的长短。溶液制成后立即开始分解或经短时间就显著发生分解，则此溶液不稳定，而制成后经过长时间放置也不分解则溶液是稳定的。

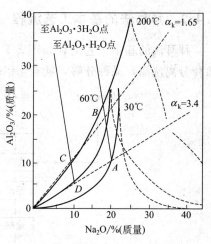

图 8-3　$Na_2O\text{-}Al_2O_3\text{-}H_2O$ 系等温线及拜耳法循环图

铝酸钠溶液的稳定性对生产有着非常重要的意义。例如，拜耳法溶出后铝酸钠溶液在其分离洗涤过程中就必须稳定，否则会造成氧化铝的损失，而在分解时则希望降低其稳定性以利于提高分解速度和分解率。

影响工业铝酸钠溶液稳定性的因素主要有以下几个。

① 溶液的苛性比值：提高溶液苛性比值使溶液的过饱和程度减小，其稳定性增加。

② 温度：提高温度稳定性增加。

③ 溶液浓度：铝酸钠溶液的浓度（Al_2O_3）与其稳定性的关系是比较复杂的。一般在高浓度和低浓度时稳定性好，中等浓度稳定性差。

④ 溶液中的杂质：如 Na_2CO_3、Na_2SO_4、Na_2SiO_3 以及有机物等杂质使溶液黏度增大而稳定性提高。

⑤ 加入结晶核心如 $Al(OH)_3$ 微粒则使稳定性显著降低。

⑥ 搅拌作用：搅拌会使稳定性下降。

8.4　拜耳法生产氧化铝

拜耳法是奥地利人拜耳（Karl Josef Bayer）在 1889～1892 年发明并命名的。拜耳法处理铝硅比高的铝土矿、特别是三水铝石型矿，具有流程简单、能耗低、产品质量好等优点，因而得到广泛使用。拜耳法问世一百多年来，技术上已有许多的改进和发展。目前世界上大部分氧化铝是用该法生产的。

8.4.1　拜耳法的基本原理

拜耳法的基本原理是基于拜耳发表的两项专利发明。

① 铝酸钠溶液在低温下添加 $Al(OH)_3$ 作晶种，不断地搅拌，溶液中的 Al_2O_3 就以 $Al(OH)_3 \cdot 3H_2O$ 析出，同时获得 $Na_2O:Al_2O_3$ 物质的量之比高的母液。

② 所得分解母液经过浓缩，在高温条件下溶出铝土矿，使 Al_2O_3 溶解得到铝酸钠溶液。

交替使用上述两个过程，即构成拜耳法循环，每循环一次即可得到一批产品 Al_2O_3。

拜耳法的实质就是下一反应在不同条件下的交替进行：

$$Al_2O_3 \cdot (1\ \text{或}\ 3)H_2O + 2NaOH + aq \underset{\text{低温分解}}{\overset{\text{高温溶出}}{\rightleftharpoons}} 2NaAl(OH)_4 + aq$$

8.4.2 拜耳法的基本工艺流程

拜耳法的基本工艺流程如图 8-4 和图 8-5。流程包括矿石破碎，料浆磨制，高温溶出，稀释分离洗涤，晶种分解，氢氧化铝煅烧，母液蒸发及一水碳酸钠苛化等作业过程。

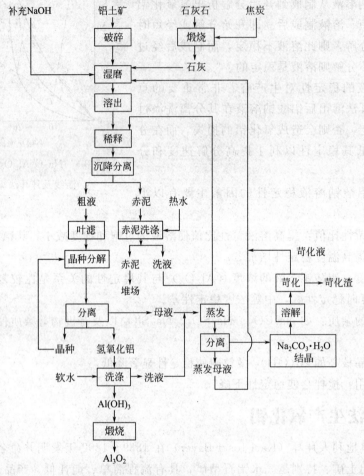

图 8-4　拜耳法基本工艺流程

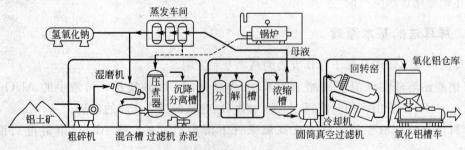

图 8-5　拜耳法工艺设备流程图

8.4.3 拜耳法在 Na₂O-Al₂O₃-H₂O 系中的理论循环

将拜耳法流程中的溶出、稀释、分解及母液蒸发四个作业过程及某些技术参数的变化描

述在 $Na_2O\text{-}Al_2O_3\text{-}H_2O$ 系状态图中（见图 8-3），就构成了拜耳法在 $Na_2O\text{-}Al_2O_3\text{-}H_2O$ 系中的理论循环。

用组成相当于 A 点的循环母液来溶出一水铝石型铝土矿，溶出温度为 200℃。A 点组成的循环母液位于 200℃等温线下方，是未饱和的，具有溶解 Al_2O_3 的能力。随着 Al_2O_3 的溶解，溶液中 Al_2O_3 的浓度逐渐升高，溶液组成沿着 A 点与从 $Al_2O_3 \cdot H_2O$ 组成点的连线变化，直到饱和为止，理论上应达到与 200℃等温线相交为止。但在实际生产中，受溶出时间的限制，溶出过程在此之前的 B 点结束，B 点为溶出液的组成点。一般该点的 α_k 比平衡液的 α_k 要高 $0.15\sim0.2$。AB 线叫做溶出线。B 点组成的溶液浓度高，不利于晶种分解和分离赤泥，因此用赤泥洗液来进行稀释。由于稀释过程中 Na_2O 和 Al_2O_3 的浓度同时按比例降低，故其组成沿着等 α_k 线变化到 C 点。C 点组成的溶液浓度相当于晶种分解原液的浓度。BC 线叫稀释线。分离赤泥后，组成为 C 点的溶液，降低温度（例如 60℃）并加入晶种，使其分解析出氢氧化铝，在分解过程中溶液组成沿着 C 点与 $Al_2O_3 \cdot 3H_2O$ 组成点的连线变化，如果分解最终温度为 30℃，则理论上直到与 30℃等温曲线相交，但实际生产中，由于分解时间等因素的限制分解到 D 点结束。CD 线叫分解线。D 点组成的分解母液与 A 点组成的循环母液 α_k 相等，到 D 点组成的分解母液进行蒸发浓缩，蒸发过程中溶液组成沿等 α_k 线变化到 A 点结束。DA 线叫蒸发线。

从 A 点出发，经过 B，C，D 又回到 A 点，生产完成一个循环。因此把上述过程称为拜耳法 $Na_2O\text{-}Al_2O_3\text{-}H_2O$ 系中的理论循环。

在实际循环过程中，由于溶出用蒸汽直接加热时产生冷凝水的稀释作用，加晶种时带入种分母液以及 Al_2O_3 与 Na_2O 的机械损失等原因，会使循环过程与理论循环有一定差别。

每吨 Na_2O 循环一次所生产的 Al_2O_3 的吨数称为拜耳法的循环效率，用 E 表示。

$$E=1.645\frac{\alpha_母-\alpha_溶}{\alpha_母\alpha_溶}吨\ Al_2O_3/吨\ Na_2O$$

式中，$\alpha_母$，$\alpha_溶$ 分别为循环母液和溶出液的苛性比值。

可见拜耳法循环效率只与 $\alpha_母$、$\alpha_溶$ 有关。

8.5 氧化铝生产

8.5.1 电解炼铝对氧化铝质量的要求

电解炼，铝对氧化铝质量的要求主要是纯度，含 Al_2O_3 应大于 98.2%。因为氧化铝纯度是影响原铝质量的主要因素，同时也影响电解过程的技术经济指标。例如，若氧化铝含有比铝更正电性元素的氧化物（Fe_2O_3、SiO_2、TiO_2 等），则在电解过程中，这些氧化物将分解并在阴极上析出相应的元素，使所得铝的质量降低；若氧化铝含有比铝更负电性元素的氧化物，如碱金属及碱土金属氧化物，则在电解时按以下反应式与电解质成分氟化铝发生作用：

$$3R_2'O+2AlF_3 =\!=\!=6R'F+Al_2O_3$$
$$3R_2''O+2AlF_3 =\!=\!=6R''F+Al_2O_3$$

式中，R'代表碱金属元素，R''代表碱土金属元素。

上述反应使电解质的冰晶石比（NaF：AlF_3 之分子比）发生改变，破坏了正常电解条件。水分也是有害成分，因为水与 AlF_3 作用而生成 HF，造成氟的损失，同时 HF 使车间卫生条件恶化。因此，电解炼铝用的氧化铝不仅必须含水量低，而且必须是长期储存也不显著吸湿。

除化学成分外，电解炼铝对氧化铝的物理性质也有严格要求，如粒度、安息角、α-Al_2O_3 含量、真密度、容积密度、比表面积和强度等。根据这些物理性质的不同，铝工业通常将氧化铝分成砂型、中间型和粉型三种。

砂型氧化铝呈球状，颗粒较粗，安息角小，流动性好，α-Al_2O_3 含量约 20%，比表面积大（50～60m^2/g），具有较大的活性，对氟化氢气体吸附能力强。真密度和容重一致，堆积密度稳定在 0.95～1.058g/cm^3。平均粒度 60～70μm，小于 4μm 的低于 10%，大于 150μm 的高于 5%。磨损系数小于 10%，强度好。

砂型氧化铝的这些物理性能决定了其在电解时，在电解质中的溶解度大，流动性好，便于风动输送和从料仓向电解槽自动加料，保温性能好，在电解质上能形成良好的结壳，以屏蔽电解质熔体，降低热损失；能够严密地覆盖在阳极炭块上，防止阳极炭块在空气中氧化，减少阳极消耗。从而能够保证电解过程正常进行，保证电解过程的技术经济指标，还能保护环境。所以现代冶金工厂都使用砂型氧化铝。

8.5.2 氧化铝生产特点

（1）生产方法多样、工艺流程长 由于处理的原料不同，需要使用不同的生产方法。工业上使用的生产方法有酸法和碱法两大类，其中碱法有拜耳法、烧结法和联合法，其实用性：①拜耳法，处理优质铝土矿，Al_2O_3/SiO_2＝8（质量比），SiO_2＝9%；②烧结法，处理低品位铝矿石，Al_2O_3/SiO_2＝3.5～5.0；③联合法，处理中等品位铝土矿，Al_2O_3/SiO_2＝5.0～8.0，联合法中又分为并联法、串联法及混联法。

目前世界上 90% 以上的氧化铝都是由拜耳法生产的，只有我国及俄罗斯、乌克兰、哈萨克斯坦采用烧结法。

氧化铝生产流程是热量及碱的闭路循环过程，工厂的前半部是原料处理系统，工厂的后半部为纯化工过程，是溶液的闭路循环过程。拜耳法工厂一般分成 5 个主要生产车间、35 个主要工序；烧结法工厂一般也分成 5 个主要生产车间、22 个主要生产工序；联合法工厂一般分成 6 个主要生产车间、42 个主要生产工序。

（2）生产技术要求高，要有充分的物资基础条件 由于生产方法不同，而备工序的工艺流程也有所不同，整个工艺流程又是物料及热量的闭路循环系统，因此要求有较高的生产操作技术及管理技术。

要有足够量的及质量稳定的铝矿石供应。每生产 1t 氧化铝要消耗新水 10～15t，耗电 350～500kW·h，耗煤 1t。因此生产氧化铝要求充足的水源，稳定的电力供应和高质量的煤。

（3）氧化铝生产的原料资源复杂 在自然界中含铝的矿物有上百种，同一种矿中的杂质含量也不尽相同，给生产带来困难。工业上使用的原料有：三水铝石型铝土矿、一水硬（软）铝石型铝土矿、霞石矿及明矾石矿。

（4）生产规模大型化 氧化铝生产的规模一般都是在 100 万吨/年以上，设备自动化程度高，高压生产需要考虑安全操作。

8.5.3 拜耳法生产氧化铝

氧化铝是一个两性氧化物，能溶解于酸中也能溶解于苛性碱溶液中，据此，由矿石中提取氧化铝的方法分为酸法及碱法。由于酸有腐蚀性，耐酸设备难以解决，因此酸法生产未能在工业中得以应用。目前在工业上采用的方法是碱法生产。碱法以拜耳法为主。自拜耳法发明以来，它一直是氧化铝生产占绝对优势的一种方法，目前全世界 90% 氧化铝是用拜耳法生产的。

拜耳发现 Na_2O 与 Al_2O_3 的分子比为 1.8 的铝酸钠溶液，在常温下只要添加 $Al(OH)_3$ 作为晶种不断搅拌，溶液中的 Al_2O_3 便可以呈 $Al(OH)_3$ 徐徐析出，直到其中的 Na_2O/Al_2O_3 分子比提高到 6 为止。已经析出了大部分氢氧化铝的溶液（分解母液），在加热时又可以溶出铝土矿中的氧化铝水合物。图 8-6 为拜耳法生产氧化铝的工艺流程。拜耳法适于处理高品位铝土矿，这是用苛性碱溶液加温溶出铝土矿中氧化铝的生产方法，具有工艺简单，产品纯度高，经济效益好等优点。

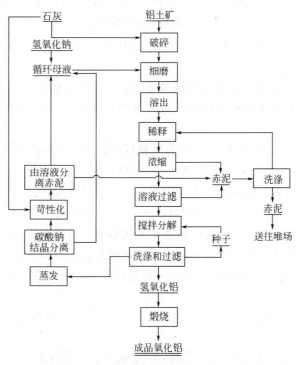

图 8-6 拜耳法生产氧化铝的工艺流程

拜耳法的生产工艺主要由溶出、分解和煅烧三个主要阶段组成。全流程主要加工工序为：矿石的破碎及湿磨、高温高压溶出、赤泥分离洗涤、种子分解、母液蒸发及氢氧化铝煅烧。

铝矿石进厂后经破碎、均化、储存，碎矿石送下一工序湿磨。将铝矿石破碎至 15mm 粒度，并且使化学成分均匀地向湿磨供料，控制指标是：每七天的供矿量加权平均值 A/S（铝硅比）波动在 ±0.5 范围内。湿磨使铝矿石进一步磨细并进行三组分（铜矿石、石灰、循环碱液）配料，使得到的产品——原矿浆满足高压溶出的要求。工序控制的技术条件是：石灰加入量为干铝矿量的 7%；循环碱液配入量为控制溶出液的 α_k 为 1.55；磨矿细度为

+170号筛<15%，+100 号筛<5%。

8.5.3.1 铝土矿的溶出

铝土矿溶出的目的在于将其中氧化铝充分溶解成为铝酸钠溶液。铝土矿中氧化铝水合物的存在状态不同，要求的溶出条件也不同，三水铝石（$Al_2O_3 \cdot 3H_2O$）的溶解温度为 378K，一水硬铝石（$\alpha\text{-}Al_2O_3 \cdot H_2O$）的溶解温度为 493K，一水软铝石（$\gamma\text{-}Al_2O_3 \cdot H_2O$）的溶解温度为 463K。在工厂中面临的铝土矿不是单一的某个类型，因此通常是通过实验来确定最适宜的溶出条件。

（1）铝土矿各组分在浸出时的行为

① 氧化铝水合物：在三水铝石型铝土矿中，Al_2O_3 主要以 $Al(OH)_3$ 形态存在，浸出时，$Al(OH)_3$ 与 NaOH 按下式发生反应：

$$Al(OH)_3 + NaOH =\!=\!= NaAlO_2 + 2H_2O$$

在一水软铝石型或一水硬铝石型铝土矿中，Al_2O_3 分别以 $\gamma\text{-}AlOOH$ 及 $\alpha\text{-}AlOOH$ 形态存在，浸出时分别发生如下的反应：

$$\gamma\text{-}Al_2O_3 + NaOH =\!=\!= NaAlO_2 + H_2O$$
$$\alpha\text{-}Al_2O_3 + NaOH =\!=\!= NaAlO_2 + H_2O$$

按以上各反应生成的 $NaAlO_2$ 都进入溶液中。而其他杂质不进入溶液中，呈固相存在于赤泥中。

② 氧化铁：氧化铁是铝土矿的主要成分之一，其含量可达7%～25%。在铝土矿溶出条件下，Fe_2O_3 不与碱溶液作用，而以固相进入残渣，使残渣呈粉红色，所以溶出所得残渣叫做赤泥。

③ 二氧化硅：铝土矿中的 SiO_2 与氢氧化钠反应，以硅酸钠的形式进入溶液：

$$SiO_2 + 2NaOH =\!=\!= Na_2O \cdot Al_2O_3 + H_2O$$

硅酸钠在溶液中与铝酸钠相互作用，生成不溶性的铝硅酸钠：

$$Na_2O \cdot Al_2O_3 + 2(Na_2O \cdot SiO_2) + 4H_2O =\!=\!= Na_2O \cdot Al_2O_3 \cdot 2SiO_2 \cdot 2H_2O + 4NaOH$$

结果从溶液中清除了杂质硅酸钠，同时也使氢氧化钠和已经进入溶液的氧化铝呈硅渣（工厂中习惯称铝硅酸钠沉淀为硅渣）进入赤泥中，而造成氢氧化钠和氧化铝的损失，这种损失与矿石中的 SiO_2 含量成正比。因此，拜耳法仅仅适宜处理含氧化硅较少（在 5%～8% 以下），铝硅比大于 7 的铝土矿。

④ 钒氧化物：铝土矿中 V_2O_5 含量达 0.05%～0.15%，浸出时约有三分之一以钒酸钠形式进入溶液：

$$V_2O_5 + 6NaOH =\!=\!= 2Na_3VO_4 + 3H_2O$$

在铝酸钠溶液晶种分解过程中，钒酸钠可呈水合物 $Na_3VO_4 \cdot 7H_2O$ 与 $Al(OH)_3$ 一同析出。氢氧化铝燃烧过程中，$Na_3VO_4 \cdot 7H_2O$ 转变为焦钒酸钠 $Na_4V_2O_7$。由于钒是比铝更正电性的金属，在电解炼铝过程中容易在阴极上还原析出而进入铝。铝含有微量钒时，其导电性也激烈下降。因此必须将钒除去。工厂中通常是用热水洗涤 $Al(OH)_3$ 把钒除去。

⑤ 镓的化合物：就化学性质而言，镓与铝极相似，镓经常以 Al_2O_3 水合物的类质同晶混合物形态存在于铝土矿中，其量甚微，在 0.0001%～0.001% 之间，但却是获得镓的主要来源。浸出时，铝土矿中的镓以 $NaGaO_2$ 形态进入溶液：

$$NaOH + Ga(OH)_3 =\!=\!= NaGaO_2 + 2H_2O$$

由于 $Ga(OH)_3$ 的酸性较 $Al(OH)_3$ 强，而且溶液中的 $NaAlO_2$ 浓度大大超过 $NaGaO_2$ 的浓度，所以在晶种分解或碳酸化分解过程中，主要是铝酸钠水解析出 $Al(OH)_3$，大部分 $NaGaO_2$ 都留在溶液中。因此，溶液中的 $NaGaO_2$ 逐渐积累到一定程度后，可以自溶液中提取出来。目前，世界上 90% 以上的镓是在生产氧化铝的过程中提取的。

⑥ 钛的氧化物：铝土矿普遍含有 2% 左右或更多的 TiO_2。在拜耳法生产过程中，TiO_2 也是有害的杂质，它能引起 Na_2O 的损失和 Al_2O_3 溶出率下降。高压浸出铝土矿时，TiO_2 与 NaOH 作用而生成钛酸钠：

$$TiO_2 + 2NaOH \longrightarrow Na_2TiO_3 + H_2O$$

如果在浸出过程中有 CaO 存在，则生成钛酸钙：

$$TiO_2 + 2CaO + 2H_2O \longrightarrow 2CaO \cdot TiO_2 \cdot 2H_2O$$

因而减少了碱的损失；同时，添加石灰后 TiO_2 在氢氧化钠和铝酸钠溶液中几乎不溶解，成品氧化铝中 TiO_2 含量在 0.003% 以下。所以，在铝土矿溶出时添加石灰是消除 TiO_2 危害的有效措施。

⑦ 碳酸盐：碳酸盐是铝土矿中常见的杂质，主要以 $CaCO_3$、$MgCO_3$、$FeCO_3$ 等形式存在。高压浸出铝土矿时，碳酸盐与 NaOH 溶液作用生成碳酸钠。其反应式为：

$$CaCO_3 + 2NaOH \longrightarrow Ca(OH)_2 + Na_2CO_3$$

$$MgCO_3 + 2NaOH \longrightarrow Mg(OH)_2 + Na_2CO_3$$

$$FeCO_3 + 2NaOH \longrightarrow Fe(OH)_2 + Na_2CO_3$$

前两个反应都是可逆反应，当溶液中 OH^- 浓度很低时，碳酸盐的溶解度小于 $Ca(OH)_2$ 的溶解度，反应向左进行，而生成 NaOH，叫做苛性化作用。浸出铝土矿时，OH^- 浓度很高，碳酸盐的溶解度超过相应氢氧化物的溶解度，反应便向右进行而使 NaOH 变成 Na_2CO_3，此反应叫做反苛性化作用。

溶液的碳酸钠含量超过一定限度后，在母液蒸发阶段便有一部分 Na_2CO_3 呈 $Na_2CO_3 \cdot H_2O$ 结晶析出。用石灰乳处理所得 $Na_2CO_3 \cdot H_2O$ 的水溶液，便发生苛性化作用而重新得到 NaOH 溶液并送回生产流程中去。

从上述可知，用碱溶液溶出铝土矿时主要是氧化铝进入溶液，SiO_2、Fe_2O_3、TiO_2 等主要进入赤泥中。

（2）铝土矿的溶出实践　在氧化铝工厂中不是用纯氢氧化钠溶液溶出，而是使用含有大量铝酸钠的返回碱液溶出铝土矿，氧化铝厂用苛性比值来说明这种溶液的特征。例如，若送去溶浸的溶液中含有 300g/L Na_2O 和 130g/L Al_2O_3 则这种溶液的苛性比值：

$$\alpha_k = \frac{Na_2O}{Al_2O_3} = \frac{300 \times 102}{130 \times 62} = 3.8$$

式中，62 和 102 分别为 Na_2O 与 Al_2O_3 的相对分子质量。

高压溶出是拜耳法的核心工序，要求其热利用率高、建设投资少及易操作、经营成本低。对溶出一水硬铝石型矿石而言，目前有两种高压溶出的形式：管道化预热及停留溶出（即全管道化），管道化预热及机械搅拌压煮罐预热、新蒸气加热、停留化预热、熔盐加热及停留罐（无机械搅拌）溶出。两种形式在我国都有实践。本工序控制的主要技术条件是：原矿浆要先经常压脱硅，以免管道预加热矿浆时产生管壁"结疤"，溶出温度 533～553K；溶出时间 15～60min。

铝土矿的溶出在压煮器中进行。压煮器是一种强度很大的钢制容器，能耐温度 523K 时

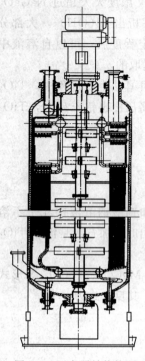

图 8-7　压煮器结构简图

所产生的高压。铝工业广泛采用蒸气间接加热的压煮器（图 8-7），此种压煮器的特点是结构简单。在这种压煮器中，向喷头通入蒸气，蒸气由下向上供入，加热并强烈地搅拌矿浆，压煮器里的矿浆经由垂直管卸出（压出）。工业压煮器的容积为 25～1350m³，直径 1.6～3.6m，高 13.5～18.6m。

　　压煮器作业可以是单个压煮器间断操作，也可以在串联压煮器组中进行的连续作业。目前在生产中已很少采用单个压煮器间断操作，而是将若干个预热器、压煮器和自蒸发器依次串联成为一个压煮器组实行连续作业。

　　图 8-8 为用蒸气间接加热的高压溶出器组。原矿浆先在套管预热器内由自蒸发蒸气间接预热至 423K 后进入预热压煮器，再在预热压煮器中由自蒸发蒸气间接预热至 513K 后进入预热压煮器，由新蒸气间接加热至溶出温度（538K）。然后料浆再依次流过其余各个压煮器，料浆在这些压煮器中停留的时间就是所需的浸出时间。由最后一个压煮器流出的料浆进入自蒸发器。由于自蒸发器内压力逐渐降低，故浆液在那里激烈沸腾，放出大量蒸气。水分蒸发时消耗大量的热，使浆液温度降低。经过 10～11级自蒸发以后，由最后一级自蒸发器出来的浆液，温度已经降到溶液的沸点左右，浓度很高，含 Na_2O 300g/L 及 Al_2O_3 270～280g/L 左右。在分离赤泥前需先进行稀释，目的如下。①使铝酸钠溶液进一步脱硅，以保证所得产品 Al_2O_3 的 SiO_2 含量不超过规定限度。②降低铝酸钠溶液的稳定性，以提高晶种分解槽的生产率。高压溶出所得的溶液因浓度高，所以比较稳定，分解得很慢，且可能达到的分解率也不高。将其稀释到中等浓度 Al_2O_3 120～160g/L 则使其稳定性大为降低，这样不仅分解得很快，而且可能达到的分解率也较高。③降低铝酸钠溶液的黏度，赤泥粒子在铝酸钠溶液中沉降速度与溶液的黏度成反比。因此，稀释的结果，使沉降分离赤泥所需时间大为缩短，沉降槽的生产率得到提高。

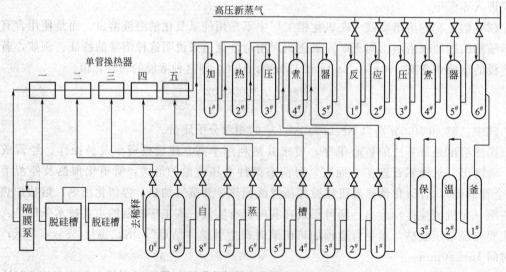

图 8-8　蒸气间接加热的高压溶出器组

稀释通常是用赤泥洗液。赤泥洗液所含 Al_2O_3 数量为铝土矿所含 Al_2O_3 数量 1/4 左右，并含有相当数量的碱，是必须回收的。但洗液浓度太低（含 Al_2O_3 40g/L 左右），如果单独分解，则晶种分解槽的生产率将很低。所以，赤泥洗液最宜用来稀释高压浸出后的矿浆。稀释在装有搅拌器的稀释槽中进行。稀释以后的矿浆，液固比一般在 15～37 之间。液相为铝酸钠溶液，其中主要含铝酸钠、NaOH 和 Na_2CO_3；固相为赤泥，其中主要含 Fe_2O_3、$2CaO \cdot TiO_2$、$Na_2O \cdot Al_2O_3 \cdot 2SiO_2 \cdot nH_2O$ 等。

目前大多数氧化铝厂采用沉降槽分离和洗涤赤泥。目前工业上使用的最先进的沉降槽是深锥沉降槽。分离沉降槽的溢流是产品粗液，经控制过滤后得到的精制液送去种子分解；底流是固体残渣（称赤泥），经 4～5 次沉降并反向洗涤回收其附液中的碱后送堆场堆存。赤泥沉降分离洗涤工序控制的主要技术条件是：过程中物料的温度在 368K 以上；分离沉降槽的底流固体质量分数为 41%，溢流中悬浮物含量为 200g/L；末次洗涤沉降槽的底流固体质量分数为 48%，每吨干赤泥带走的 Na_2O 为 5kg；为改善沉降性能，生产过程中要加入絮凝剂。分离后的赤泥经多次洗涤以后送往堆场；分离赤泥后的铝酸钠溶液送去晶种分解。

8.5.3.2　铝酸钠溶液的晶种分解

晶种分解是拜耳法生产氧化铝的关键工序之一，它对产品的产量和质量有着重要的影响。将铝酸钠溶液加入种子（细氢氧化铝），经降低温度，长时间搅拌而自行分解析出固体氢氧化铝及液体苛性碱的过程。

（1）酸钠溶液的稳定性　衡量铝酸钠溶液稳定性的标准，是铝酸钠溶液能够保存而不发生显著分解作用时间的长短。制成后立刻开始分解或者制成后经过短时间便开始分解的溶液，都属于不稳定溶液，而制成后经过很长时期都不分解的则是稳定的溶液。显然，用减法生产氧化铝时，在某些工序，如铝土矿的溶出和赤泥分离洗涤工序中，需要铝酸钠溶液具有足够的稳定性，如果到达这些工序的铝酸钠溶液不够稳定，将会造成氧化铝的大量损失。而在另一些工序，如在铝酸钠溶液晶种分解工序，则需要铝酸钠溶液不稳定，以便能够比较容易地使其分解，否则分解槽的生产能力和铝酸钠溶液的分解率都将大为降低。铝酸钠溶液的分解率降低，对压煮器的生产能力有很大影响，因为分解率越低，分解所得母液的苛性比值越小，则溶出单位数量铝土矿所需的母液数量也越多，压煮器的生产能力就越小。因此，控制铝酸钠溶液的稳定性，对碱法生产氧化铝来说是很重要的。

影响铝酸钠溶液稳定性的主要因素有：溶液的苛性比值、溶液的温度、溶液的浓度、存在于溶液中的结晶核心以及机械搅拌等。

试验确定，苛性比值 α_k 为 1 左右的铝酸钠溶液是很不稳定的；$\alpha_k = 1.4 \sim 1.8$ 的溶液，在生产条件下相当稳定；$\alpha_k = 3$ 的溶液，经过很长时间都不分解。在任何温度下，提高工业浓度铝酸钠溶液的苛性比值，都可使溶液的稳定性提高。当固定铝酸钠溶液浓度的苛性比值时，溶液的稳定性随温度的降低而下降。铝酸钠溶液的浓度与其稳定性的关系很复杂，浓度小于 25g/L 和大于 250g/L 的溶液都很稳定；中等浓度的溶液，即使苛性比值较高也比较不稳定，而且其稳定性是很有规律地随着溶液的稀释而下降。结晶核心特别是氢氧化铝晶种的存在以及实行机械搅拌，都有加速铝酸钠溶液分解的作用。

（2）酸钠溶液的晶种分解　铝酸钠溶液的分解过程不同于一般无机盐溶液的结晶过程。过饱和的铝酸钠溶液的分解速度非常缓慢，主要是晶核形成需要很长的诱导期。添加晶种使之成为现成的结晶核心，克服铝酸钠溶液均相成核的困难。

铝酸钠溶液晶种分解用下式表示：

$$x\,Al(OH)_3(晶种)+Al(OH)_4^- \Longrightarrow (x+1)Al(OH)_3+OH^-$$

其晶种加入量通常用晶种系数表示，即加入种子中的 Al_2O_3 的量与溶液中所含 Al_2O_3 的量之比。晶种分解加入的种子量很大，其品种系数达到 1.0～2.5。

8.5.3.3 分解工艺及分解槽

（1）分解工艺 大型氧化铝厂晶种分解采用连续分解作业流程。铝酸钠溶液首先经热交换器降温，用泵送入连续分解槽的首槽（进料槽），同时向进料槽加入 $Al(OH)_3$ 晶种，分解浆液利用具有一定梯度的流槽从前一个分解槽流向后一个分解槽。分解过程在一组分解槽中连续进行，最后一个为出料分解槽。分解产出的 $Al(OH)_3$ 从出料分解槽出料，进行过滤，一部分返回首槽作晶种，一部分作产品 $Al(OH)_3$，经过洗涤送去煅烧。

不同的厂家由于处理的原料不同，作业技术条件不同；各自对产品质量有不同要求，因而工艺技术条件也不相同。

（2）分解槽 晶种分解的主要设备是分解槽。目前分解槽有空气搅拌槽和机械搅拌槽两种形式。

空气搅拌槽结构见图 8-9。压缩空气从主风管进去，在中央循环管下部形成料浆与空气的混合物，因其密度小于管外料浆密度而上升，促使料浆循环而达到搅拌目的。

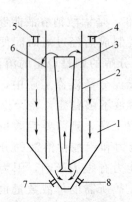

图 8-9　空气搅拌分解槽

1—分解槽；2—主风管；3—中央循环管；4—进料口；
5—排气口；6—副风管；7—入口；8—出料口

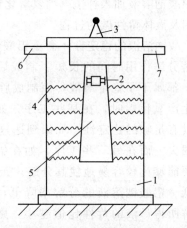

图 8-10　机械搅拌分解槽

1—槽体；2—叶轮；3—传动装置；4—盘旋冷凝管；
5—中心循环管；6—进料溜槽；7—出料溜槽

机械搅拌槽结构见图 8-10。螺旋桨叶具有特殊形状，槽壁上装设有挡板，可以造成很强烈的搅拌强度而动力消耗并不增加。

砂状氧化铝对粒度有严格要求。国外厂家都是以三水铝石型铝土矿为原料，获得的铝酸钠溶液浓度和苛性比值均低，过饱和程度高，晶种分解时有利于生产出粗颗粒的氢氧化铝。

以一水硬铝石型矿石为原料，在目前溶出条件下，分解原液浓度和苛性比值高，按照三水铝石为原料的分解作业条件难以生产出粗粒产品。为了满足铝电解对砂型氧化铝的要求，国内外均在研究从高浓度、高苛性溶液中生产砂型氧化铝的分解工艺。

8.5.3.4 氢氧化铝的煅烧

煅烧的任务是使氢氧化铝完全脱水并制得实际上不吸水的氧化铝。一般认为在煅烧过程中，氢氧化铝（$Al_2O_3 \cdot 3H_2O$）在 498K 温度下脱去两水分子变成一水软铝石 $\gamma\text{-}Al_2O_3$；在 773~823K，一水软铝石再脱去最后一水分子变为 $\gamma\text{-}Al_2O_3$；到 1173K 时，$\gamma\text{-}Al_2O_3$ 开始转变为 $\alpha\text{-}Al_2O_3$，但须在 1473K 维持足够长的时间，$\gamma\text{-}Al_2O_3$ 才能完全转变成适合电解要求的 $\alpha\text{-}Al_2O_3$。

不论是哪一种生产方法得到的氢氧化铝，都要经焙烧而得到产品氧化铝。焙烧的目的有二：一是除掉氢氧化铝中的附着水及结晶水，二是使氧化铝的晶型转化成电解所需的晶型。晶种分解所得 $Al(OH)_3$ 再经焙烧脱水变成 Al_2O_3，并使 Al_2O_3 晶型转变，满足铝电解的要求。焙烧反应为：

$$Al_2O_3 \cdot 3H_2O \longrightarrow \gamma\text{-}Al_2O_3 \cdot H_2O + 2H_2O \qquad (498K)$$

$$\gamma\text{-}Al_2O_3 \cdot H_2O \longrightarrow \gamma\text{-}Al_2O_3 + 2H_2O \qquad (773K)$$

$$\gamma\text{-}Al_2O_3 \longrightarrow \alpha\text{-}Al_2O_3 \qquad (1173\text{~}1473K)$$

焙烧操作主要控制的是焙烧温度及氧化铝的灼减量。焙烧所用的设备以前是回转窑，现在都是流态化焙烧炉，主要进步在于使热耗大为降低，使用回转窑的热耗为 5.02MJ/t Al_2O_3，而流态化焙烧炉为 3.1MJ/t Al_2O_3。焙烧炉所使用的燃料有煤气、重油或天然气。煅烧过程的特点是作业温度高，热耗大。目前大多数氧化铝厂还是采用气体悬浮焙烧炉进行煅烧，以重油、煤气作燃料。煅烧后的氧化铝冷却后送往储仓或电解车间。

8.5.3.5　返回母液的蒸发与苛性化

分解以后，把浆液送入浓缩槽，在其中进行溶液和氢氧化铝的分离。所得到的氢氧化铝在分级机中分级，细的氢氧化铝返回去作为种子分解铝酸钠溶液，大粒部分仔细洗涤，过滤后送去煅烧。

种子分解后得到的是固体（氢氧化铝）与液体（苛性碱液）的混合物，经分级及过滤，分离后得到种子（细氢氧化铝）及产品氢氧化铝和分解母液（苛性碱溶液）。种子返回种分槽，产品氢氧化铝经过滤洗涤后焙烧得氧化铝产品，分解母液则送蒸发站处理。

蒸发的目的有三：一是提高溶液的浓度，蒸去一部分水，以满足高压溶出对碱浓度（Na_2O 180~230g/L）的要求；二是排除生产过程中积累的 Na_2CO_3 及 Na_2SO_4，它们的溶解度与碱浓度成反比，当碱浓度达到一定程度时，它们从溶液中里固相析出进而分离出去；三是排除生产过程中积累的有机物，一般有机物随 Na_2CO_3 及 Na_2SO_4 的析出而析出。蒸发是在高效真空蒸发器中完成的。

(1) 返回母液的蒸发　拜耳法生产氧化铝是一个闭路的循环流程，浸出铝土矿的溶剂氢氧化钠是在生产中反复使用的，每次作业循环只须添加在上次循环中损失的部分。但是，每次循环中为洗涤赤泥和氢氧化铝必须加入大量的水，这些水的积累便降低了溶液的浓度，而在生产的各个阶段对于溶液的浓度又有不同的要求。所以，必须有蒸发过程来平衡水量。

生产 1t 氧化铝需要蒸发的水量，取决于生产方法、铝土矿类型与质量、采用的设备及作业条件等许多因素。例如，法国加当氧化铝厂，用间接加热设备溶出铝硅比约为 8 的一水软铝石型铝土矿，溶出温度为 513K，生产 1t 氧化铝蒸发水量约为 2.6t；我国处理一水硬铝石型铝土矿，采用间接加热溶出器，生产 1t 氧化铝的蒸发水量达 3.5t 以上。

现今氧化铝工业的蒸发器都是采用蒸气加热，母液蒸发的设备和作业流程要根据原液中杂质含量和对循环母液浓度的要求进行选择。我国现在采用外加热式自然循环蒸发器蒸发种分母液，国外多采用传热系数高的膜式蒸发器。

（2）一水碳酸钠的苛化回收　在拜耳法生产过程中，由于溶液中的氢氧化钠和空气中的 CO_2 相互作用以及铝土矿中碳酸盐的溶解，致使碱溶液中有一部分氢氧化钠转为碳酸钠，所以必须进行苛性化处理使之恢复为苛性碱。用拜耳法生产的工厂，碳酸钠的苛性化采用石灰苛化法，即将一水碳酸钠溶解，然后加入石灰乳，使之发生如下的苛化反应：

$$Na_2CO_3 + Ca(OH)_2 === 2NaOH + CaCO_3$$

拜耳法生产中用于溶出铝土矿的循环碱液，一般要求较高的浓度，因此也希望碳酸钠苛化后所得到的碱液具有尽可能高的浓度，否则苛化后的溶液还须经过蒸发才能用于溶出。

按拜耳法生产 1t 氧化铝，需要 2.4～2.6t 铝土矿，0.10～0.2t 碱，0.12t 石灰和 300kW·h 左右的电能。生产过程中碱的损失，以向送去溶浸的返回浓镕液中加入氢氧化钠来补充。

（3）技术经济指标　拜耳法是目前世界上处理铝土矿生产氧化铝的方法中流程最短、最经济的生产方法，也是最主要的生产方法。目前世界上有 57 个拜耳法厂及 7 个联合法厂在生产，拜耳法的生产能力为年产氧化铝 4938 万吨，占世界氧化铝总产量的 91.4%。我国拜耳法厂处理的铝土矿：一水硬铝石型，Al_2O_3 62.2%，A/S=14.2。工厂能力：80 万吨/年氧化铝。产品质量：砂状氧化铝，>125μm 为 15%，<45μm 为 12%。铝土矿单耗 1.85t/t（干矿），无水碳酸钠单耗 50kg Na_2O/t；石灰单耗 200kg CaO/t；新水单耗 3.6t/t；电力消耗 257kW·h/t，焙烧热耗 3.2MJ/t；其他热耗（以蒸汽计算）6.2MJ/t。

8.6　碱石灰烧结法生产氧化铝

碱石灰烧结法的实质是将铝土矿与一定量的无水碳酸钠、石灰（或石灰石）配成炉料（俗称生料），进行烧结，使之生成易溶于水的固体铝酸钠（$Na_2O·Al_2O_3$）和易于水解的固体铁酸钠（$Na_2O·Fe_2O_3$）以及不溶于水和碱的硅酸二钙（$2CaO·SiO_2$）为主要成分的熟料（又称烧结块）。然后用水或稀碱溶液溶出使之生成 $NaAl(OH)_4$ 和 NaOH，从而与不溶性的 $2CaO·SiO_2$ 和 $Fe(OH)_3$ 等残渣分离。所得铝酸钠溶液，用 CO_2 进行碳酸化分解，得到 $Al(OH)_3$ 和以 Na_2CO_3 为主要成分的碳分母液。$Al(OH)_3$ 煅烧得 Al_2O_3，而母液返回流程与下一批矿石进行配料烧结。过程中碳酸碱是循环使用的，每循环一次得到一批氧化铝产品。碱石灰烧结法基本流程如图 8-11 所示，工艺流程设备配置如图 8-12 所示。

8.6.1　铝土矿的碱石灰烧结

烧结铝土矿生料的目的在于，将生料中的氧化铝尽可能完全地转变为铝酸钠，而氧化硅变为不溶解的原硅酸钙。为此，必须了解在烧结过程中各种因素对这两种化合物生成过程的影响。实践证明，决定烧结最后产品成分的主要因素是：烧结温度和生料的原始成分。若生料配制适当而又有合适的烧结温度，实际上可以完全地使氧化铝变为铝酸钠，而氧化硅变为原硅酸钙。由铝土矿、无水碳酸钠、石灰（或石灰石）组成的炉料中，主要成分为 Al_2O_3、Na_2CO_3、Fe_2O_3、SiO_2 和 $CaO(CaCO_3)$。各成分间的主要反应分述如下。

（1）Na_2CO_3 与 Al_2O_3 之间的反应　Na_2CO_3 与 Al_2O_3 反应时生成偏铝酸钠（$Na_2O·Al_2O_3$）因此生料中每 1 分子的 Al_2O_3 就要配 1 分子的无水碳酸钠。反应如下：

$$Na_2CO_3 + Al_2O_3 === Na_2O·Al_2O_3 + CO_2$$

烧结时即使有大量 Na_2CO_3 过剩，Na_2CO_3 与 Al_2O_3 在烧结的高温下相互反应，也只能生成 $Na_2O·Al_2O_3$ 一种化合物。多余的 Na_2CO_3 依然保持原来形态。

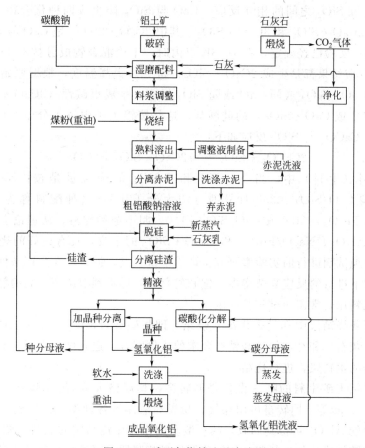

图 8-11　碱石灰烧结法基本流程

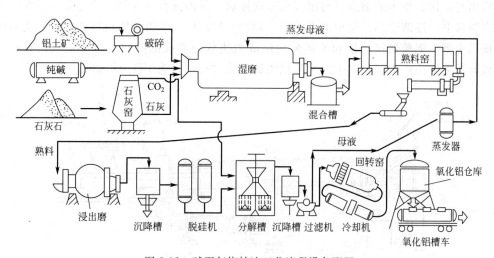

图 8-12　碱石灰烧结法工艺流程设备配置

（2）Na_2CO_3 和 Fe_2O_3 相互反应　无论烧结温度以及配料比（$Na_2CO_3 : Fe_2O_3$）如何，此两种成分唯一的反应产物是 $Na_2O \cdot Fe_2O_3$。反应如下：

$$Na_2CO_3 + Fe_2O_3 \Longrightarrow Na_2O \cdot Fe_2O_3 + CO_2$$

这是铝土矿中每 1 分子 Fe_2O_3 配入 1 分子 Na_2CO_3 的依据。

（3）$CaCO_3$ 和 SiO_2 之间的相互反应　CaO 与 SiO_2 能生成四种化合物：$CaO \cdot SiO_2$、$3CaO \cdot 2SiO_2$、$2CaO \cdot SiO_2$ 和 $3CaO \cdot SiO_2$，其中 $2CaO \cdot 2SiO_2$ 是 CaO 与 SiO_2 反应时最初产生的化合物。实验已经确定，在 1473K 以内时，不论混合物成分按 $CaO ：SiO_2＝1：1$ 或 $2：1$ 配料，反应结果都是生成 $2CaO \cdot SiO_2$。进一步提高温度，根据原始配料成分之不同，已生成的 $2CaO \cdot SiO_2$ 或同 CaO 或同 SiO_2 反应，生成更碱性（$3CaO \cdot SiO_2$）或更酸性（$3CaO \cdot 2SiO_2$ 或 $CaO \cdot SiO_2$）的硅酸盐。这是按铝土矿中每 1 分子 SiO_2 配入 2 分子 $CaCO_3$ 的依据。$CaCO_3$ 与 SiO_2 反应如下：

$$2CaCO_3 + SiO_2 =\!=\!= 2CaO \cdot SiO_2 + 2CO_2$$

在烧结炉料（生料）中，当 Na_2CO_3 和 $CaCO_3$ 的配入量是按：$Na_2O/(Al_2O_3 + Fe_2O_3)＝1.0$ 或 $CaO/SiO_2＝2.0$ 计算时（均为分子比），这种配料称为饱和配料；而 $Na_2O/(Al_2O_3 + Fe_2O_3)<1.0$ 或 $CaO/SiO_2<2.0$，叫不饱和配料。从理论上说，饱和配料能保证 $Na_2O \cdot Al_2O_3$、Na_2O/Fe_2O_3 和 $2CaO \cdot SiO_2$ 的生成，具有最好的烧结效果。以各种氧化物的化学纯试剂进行的实验室研究也证明了这一点。但是，在生产条件下，烧结反应比在实验室条件下进行的反应复杂得多，饱和配料有时得不到溶出率最高的熟料。因此，生产中最适宜的配料比，常需通过实验确定。

目前在碱石灰烧结法中都是采用湿式烧结，即将碳分母液蒸发到一定浓度后，与铝土矿、石灰（或石灰石）和补加的碳酸钠按要求的比例配合，送入球磨中混合磨细，再经调整成分，制成合格的生料浆，进行烧结。

工业上烧结铝土矿生料的唯一设备是回转窑，其规格大致有：$\phi 4.3m \times 72m$，$\phi 4m \times 100m$，$\phi 3.0m \times 51m$ 等。回转窑可用煤气、粉煤和液体等各种类型的燃料。因为粉煤比较便宜，且灰分中的 Al_2O_3 可得到回收，故一般多用粉煤作烧结用的燃料。图 8-13 为烧结窑设备系统图。调整好成分的生料浆，用泥浆泵通过喷浆器（喷枪）从窑的冷端喷入窑内。料浆在喷出时雾化成很小的细滴，与窑气充分地接触，强烈进行热交换，水分迅速蒸发，干生料落在炉衬上，逐渐受热并向炉的高温带（1473～1573K）移动使炉料得到烧结。烧结的结果，得到主要由铝酸钠铁酸钠和原硅酸钙组成的块状而多孔的熟料与含尘炉气。熟料经冷却、破碎送去溶出；炉气经除尘净化后供给碳酸化过程，作为 CO_2 的来源。

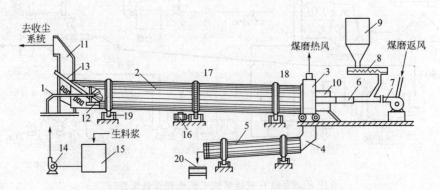

图 8-13　碱石灰铝土矿炉料烧结窑设备系统图

1—喷枪；2—窑体；3—窑头罩；4—下斜口；5—冷却机；6—喷煤管；7—鼓风机；8—煤粉螺旋；
9—煤粉仓；10—着火室；11—窑尾罩；12—刮料机；13—返灰管；14—高压泵；15—料浆槽；
16—电动机；17—大齿轮；18—滚圈；19—托轮；20—裙式运输机

碱石灰烧结法的发展方向是强化烧结。强化烧结不仅仅配料分子比不同，矿石的适应范围扩宽，操作制度也有一定的变化，综合提高了生产能力。

8.6.2 熟料的溶出

溶出的目的是使熟料中的铝酸钠尽可能完全地进入溶液，同时尽可能避免其他成分溶解，从而获得铝酸钠溶液与不溶残渣。

（1）铝酸钠（$Na_2O \cdot Al_2O_3$） 铝酸钠很容易溶解于热水以及 NaOH 溶液中。实验表明，用 NaOH 溶出由纯无水碳酸钠和氧化铝配料烧结而得的烧结块，当最终溶液的苛性比值 $\alpha_k = 1.6$ 而浓度为 $100 g Al_2O_3/L$ 时，在温度 373K、3min 内就可完成溶解过程。降低温度，铝酸钠溶解速度减小，浸出液苛性比值过低，铝酸钠溶液会发生水解：

$$NaAl(OH)_4 \Longrightarrow NaOH + Al(OH)_3 \downarrow$$

造成 Al_2O_3 的损失。

（2）铁酸钠（$Na_2O \cdot Fe_2O_3$） 铁酸钠不溶于水、无水碳酸钠、苛性碱以及铝酸钠溶液中，但在水中会发生水解作用并生成 NaOH

$$Na_2O \cdot Fe_2O_3 + 2H_2O \Longrightarrow 2NaOH + Fe_2O_3 \cdot H_2O$$

反应所得到的含水氧化铁残留在渣中成为赤泥；NaOH 转入溶液中，增大溶液的苛性比值，从而也增加了铝酸钠溶液的稳定性。

铁酸钠的分解（水解）速度比铝酸钠的溶解速度要慢得多。浸出温度和烧结块粒度对铁酸钠的分解速度都有影响，而以温度影响最为显著。低温下（308K 以下）分解非常缓慢，即使在较高温度（373K）下，也需要较长时间才能完全分解。生产中，当烧结块内含有大量铁酸钠时，确定浸出时间是以铁酸钠分解完全为依据的。

（3）硅酸钙（$2CaO \cdot SiO_2$） 原硅酸钙在水中的溶解度很小。但在浸出过程中，它可与氢氧化钠、无水碳酸钠以及铝酸钠溶液作用，发生以下反应：

$$2CaO \cdot SiO_2 + 2NaOH + H_2O \Longrightarrow 2Ca(OH)_2 + Na_2SiO_3$$

$$2CaO \cdot SiO_2 + 2Na_2CO_3 + aq \Longrightarrow 2Na(OH) + CaCO_3 + aq$$

$$3(2CaO \cdot SiO_2) + 6NaAlO_2 + 15H_2O \Longrightarrow$$

$$3Na_2SiO_3 + 2(3CaO \cdot Al_2O_3 \cdot 6H_2O) + 2Al(OH)_3$$

$$4(2CaO \cdot SiO_2) + 4NaAlO_2 + aq \Longrightarrow$$

$$CaO \cdot Al_2O_3 \cdot 2SiO_2 \cdot nH_2O + 4Na(OH) + 3CaO \cdot Al_2O_3 \cdot 6H_2O + aq$$

以上反应生成的 Na_2SiO_3 进入溶液。当溶液中 SiO_2 达到一定浓度时，便与溶液中 $NaAlO_2$ 发生如下反应：

$$2NaAlO_2 + 2Na_2SiO_3 + 4H_2O \Longrightarrow Na_2O \cdot Al_2O_3 \cdot 2SiO_2 \cdot 2H_2O + 4NaOH$$

生成溶解度很小的铝硅酸纳，造成 Al_2O_3 和 Na_2O 的损失。

浸出过程中原硅酸钙与碱以及铝酸钠溶液之间的反应，称为二次反应，由此而引起的 Al_2O_3 和 Na_2O 的损失，叫做二次反应损失。若浸出条件控制不当，二次反应损失可以达到很严重的程度。

在采用烧结法生产 Al_2O_3 的工厂中，熟料的浸出过程在带搅拌器的浸出槽或者在湿式球磨机中进行。我国根据低铁熟料的特点研究出低苛性比值二段磨料浸出流程，此工艺大大减少了二次反应损失，将碱石灰烧结法提高到一个新的水平。二段磨料浸出的特点是，利用通用的设备来实现赤泥的迅速分离，物料在一段湿磨内停留的时间只有几分钟，进入分级机后，将 50%~60% 的赤泥送入二段湿磨继续浸出。一段分级机溢流料浆通过圆筒过滤机滤出赤泥。这样就使一段分级机溢流中的赤泥尽快地从溶液中分离出来，以减轻其中 $2CaO \cdot SiO_2$ 的分解。二段湿磨中的 Na_2O 浓度降低，二次反应也显著减少，加上溶液的苛性比值保持在 1.25 左右，从而使 Al_2O_3 和 Na_2O 的净浸出率大大提高。

8.6.3 铝酸钠溶液的脱硅

熟料溶出分离过程中，尽管采用了各种技术措施来防止二次反应的大量发生，但 $2CaO \cdot SiO_2$ 部分地被分解，$Na_2O \cdot SiO_3$ 进入铝酸钠溶液是不可避免的。因此在分离后的铝酸钠溶液中 SiO_2 的浓度仍达到 $3 \sim 5g/L$，当 Al_2O_3 的浓度为 $110 \sim 120g/L$，其硅量指数只有 $20 \sim 30$。从如此高的 SiO_2 的铝酸钠溶液中分解出的 $Al(OH)_3$ 是很不纯的，用来生产 Al_2O_3 所含 SiO_2 会大大超过国家规定的指标，所以必须在送分解之前将其除去，这一作业过程叫做脱硅。生产中将脱硅之前的溶液称为粗液；脱硅之后，硅量指数达到 400 以上的溶液，称为精液。合格的精液送去碳酸化分解，脱硅的基本方法有两种，分为常规脱硅法和深度脱硅法。

① 长期地加热溶液，促使加速按如下反应生成微溶性的铝硅酸钠：

$$2NaAl(OH)_4 + 2(Na_2O \cdot SiO_2) = Na_2O \cdot Al_2O_3 \cdot 2SiO_2 \cdot 2H_2O \downarrow + 4NaOH$$

铝硅酸钠析出成为沉淀，此沉淀即所谓"白泥"。

② 往溶液中加入一定量石灰，使之与 SiO_2 生成溶解度比铝硅酸钠更小的铝硅酸钙：

$$Na_2O \cdot Al_2O_3 + 2(Na_2O \cdot SiO_2) + Ca(OH)_2 + 4H_2O =$$
$$CaO \cdot Al_2O_3 \cdot 2SiO_2 \cdot 2H_2O \downarrow + 6NaOH$$

上述两种方法脱硅的完全程度都与铝酸钠溶液的浓度有关，因为在浓溶液中铝硅酸盐的溶解度增加且削弱石灰的作用。因此，通常总是把脱硅前的浓溶液加以稀释。提高过程的温度和延长时间可促进脱硅。

脱硅在采用间接蒸气加热的压煮器中进行，温度 $418 \sim 438K$，时间 $2 \sim 4h$，硅量指数为 $400 \sim 500$。脱硅后的铝酸钠溶液与白泥一起从压煮器放出，送去浓缩。经压滤分离白泥以后，铝酸钠溶液送去进行碳酸化分解，白泥重新送去烧结。

近十多年来，国内外烧结法工厂研究并采用了二次脱硅方法，此法可使铝酸钠溶液硅量指数达到 1000 以上。所谓二次脱硅（或深度脱硅），就是将一次脱硅后的溶液添加石灰再次脱硅，这时对于第一阶段脱硅的要求可以略为放低，并可在常压下进行。

8.6.4 铝酸钠溶液的碳酸化分解

碳酸化分解是以含 CO_2 的炉气处理铝酸钠溶液。一般认为，CO_2 的作用在于中和溶液中的氢氧化钠，使溶液的苛性比值降低，从而降低溶液的稳定性，引起溶液的分解。碳酸化的初期发生中和反应：

$$2NaOH + CO_2 = Na_2CO_3 + H_2O$$

当一些氢氧化钠结合为无水碳酸钠后，铝酸钠溶液的稳定性降低，发生水解反应而析出氢氧化铝：

$$Na_2O \cdot Al_2O_3 + 4H_2O = 2NaOH + Al_2O_3 \cdot H_2O$$

由于分解时生成的氢氧化钠不断被 CO_2 所中和，因此铝酸钠溶液有可能完全分解。

研究碳分过程中二氧化硅的行为具有重要意义，因为它关系到氢氧化铝中 SiO_2 的含量。二氧化硅在碳分过程中的行为与氢氧化铝有所不同。在碳酸化的初期，氢氧化铝与二氧化硅大约有相同的析出率。但在此以后，氢氧化铝大量析出，而溶液中的二氧化硅含量几乎不变。当碳酸化继续深入到一定程度后，二氧化硅析出速度又急剧增加。这种现象的产生是由于碳酸化初期析出的氧化铝水合物具有极大的分散度，能吸附 SiO_2。这种吸附作用随 $Al(OH)_3$ 结晶长大而减弱，所以氢氧化铝继续析出时，其中 SiO_2 含量还相对减少。直到分解末期，溶液中 Al_2O_3 浓度降低，溶液中 SiO_2 的达到介稳状态，因此再通入 CO_2 使 $Al(OH)_3$ 继续析出时，SiO_2 也就剧烈析出。因此，用控制分解深度的办法可能得到含 SiO_2 很低的、质量好的氢氧化铝；同时，还可用添加晶种的办法改善氢氧化铝的粒度组成，以防止碳分初期 SiO_2 的析出。

生产上通常用净化过的含 CO_2 10%～14% 的炉气，在带有链式搅拌机的碳酸化分解槽中进行碳酸化，温度控制在 343～353K。由于添加晶种能显著提高产品质量，故在一些烧结法氧化铝厂按晶种系数 0.8～1.0 添加晶种。二氧化碳气体经若干支管从槽的下部通入，并经槽顶的气液分离器排出。

碳酸化后，使碳酸钠母液与氢氧化铝分离，前者返回配料，后者经过洗涤、煅烧制成氧化铝。

8.7 拜耳-烧结联合法生产氧化铝

拜耳法和碱石灰烧结法，是工业上生产氧化铝的两个主要方法，这两种方法各有其优缺点和适用范围。拜耳法流程简单，能耗低，产品质量好，处理优质铝土矿时能获得最好的经济效果。但随着矿石铝硅比降低，它在经济上的优越性也将随之下降。一般说来，矿石的铝硅比在 7 以下时，拜耳法便劣于烧结法。因此，拜耳法只局限于处理优质铝土矿，其铝硅比至少不低于 7～8，通常在 10 以上。烧结法流程比较复杂，能耗大，产品质量一般不如拜耳法。但烧结法能有效地处理高硅铝土矿（如铝硅比为 3～5），而且所消耗的是价格较低的碳酸钠。

实践证明，在某些情况下，采用拜耳法和烧结法的联合生产流程，可以兼收两种方法的优点，取得较单一的拜耳法或烧结法更好的经济效果，同时也使铝矿资源得到更充分利用。联合法有并联、串联两种基本流程。联合法原则上都以拜耳法为主，烧结法系统的生产能力一般只占总能力的 10%～20%。

8.7.1 并联法

并联法（见图 8-14）由两个平行的生产系统组成：主体部分是用拜耳法处理铝硅比高的铝土矿，辅助部分是用烧结法处理铝硅低的硅铝土矿，烧结法部分的铝酸钠溶液并入拜耳法系统进行晶种分解，补偿拜耳法系统的苛性碱损失。并联法的另一优点是充分合理地利用铝土矿资源。

8.7.2 串联法

串联法流程（图 8-15）的实质在于全部铝土矿首先用拜耳法处理，而含有大量氧化铝和氢氧化钠的拜耳法赤泥再用烧结法处理，所得铝酸钠溶液同样并入拜耳法系统进行晶种分解，而从蒸发母液中析出的一水碳酸钠则送烧结法系统配料。采用串联法将使 Al_2O_3 总回收率较高。串联法最宜处理中等品位的矿石。

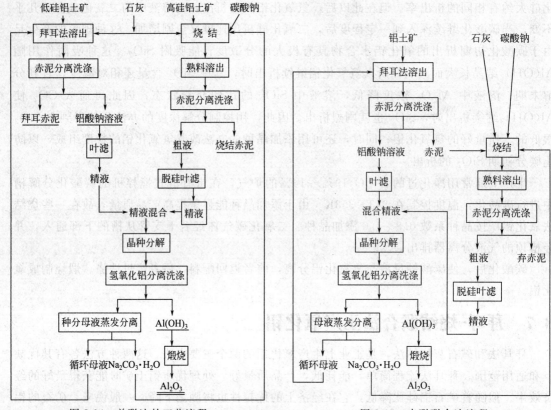

图 8-14 并联法的工艺流程 　　　　　　　　图 8-15 串联联合法流程

　　我国大多数铝土矿是中等品位的一水硬铝石型的矿石，故串联联合法对于我国的氧化铝
工业是很有意义的方法。

　　混联法（图 8-16）是兼有串联与并联的一种联合方法。在拜耳法赤泥中添加一部分铝

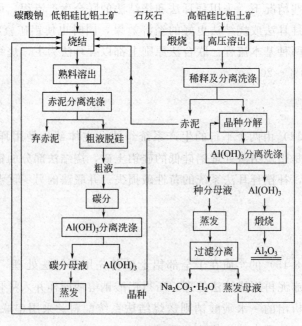

图 8-16　混联联合法工艺流程

硅比低的矿石作为烧结法的原料进行烧结。烧结法系统的铝酸钠溶液大部分并入拜耳法系统进行种分，以补偿拜耳法的碱耗，少部分进行碳分。

混联法实质上是在串联法的基础上研制出来的流程。因为拜耳法赤泥铝硅比较低，烧结作业技术较难控制，加入部分矿石提高了烧结炉料的铝硅比，改善了烧结作业。

混联法最适合高硅低铁的铝土矿。我国有几家铝厂都是采用混联法流程；

所有联合法流程都有一个共同的缺点就是流程复杂，设备多，两个系统互相制约、技术管理难度大。

8.7.3　我国氧化铝工业存在的主要问题

① 铝土矿原料质量差，矿石铝硅比低。由于我国铝土矿为一水硬铝石型，与国外三水铝石和一水软铝石相比，难以处理，原料铝硅比比较低，不能直接用简单的拜耳法来处理。但我国铝土矿氧化铝含量较高，这是它的优势。

② 能耗高、生产成本高。由于主要采用混联法和烧结法生产，单位产品的综合能耗高。2002 年国内综合能耗为 $13.68 \sim 37.34GJ/t\ Al_2O_3$，是国外拜耳法地产厂（$8.6 \sim 13.48GJ/t\ Al_2O_3$）的 $3 \sim 4$ 倍。2007 年我国烧结法厂生产工艺综合能耗为 $33.0GJ/t$（Al_2O_3）、混联法厂为 $26.87GJ/t\ Al_2O_3$、拜耳法厂为 $10.78GJ/t\ Al_2O_3$，虽然比 2002 年有所降低，但烧结法能耗仍然太高。2009 年每吨产品的制造成本高达 $1800 \sim 1900$ 元，而国外平均约为 840 元。

由于混联法既有完整的拜耳法系统，又有完整的烧结法系统，流程异常复杂，能耗很高，就是处理铝硅比约为 10 的优质矿石，能耗仍高达 $38GJ/t\ Al_2O_3$，是国外一般拜耳法的 3 倍多。

③ 产品氧化铝质量不高，多为中间状氧化铝。目前国内冶金级氧化铝产品多为中间状氧化铝，产品粒度较细，产品的磨损指数较高。

④ 工艺流积长，建设投资大。对于大、中型氧化铝厂建设工程，混联法单位产品的建设投资比常规拜耳法高 20% 以上。由于生产流程长、装备水平低、生产的自动控制及管理水平较低，所以劳动生产率低。

8.8　金属铝生产

8.8.1　概述

自 1886 年美国霍尔（Hall）和法国人埃鲁（Heroult）发明了冰晶石一氧化铝熔盐电解炼铝以来，该法就成为生产铝的主要方法。生产过程是，直流电通过铝电解槽，依靠电流的焦耳热使电解质熔化并维持 $950 \sim 970℃$ 的电解温度。直流电通过电解质使 Al_2O_3 分解，在阴极上析出铝，在阳极上析出氧并使阳极碳氧化而生成 CO_2 和 CO。铝液真空排出，经澄清净化浇铸成锭。阳极气体中常含有少量有害的氟化物气体和粉尘，经过净化，废气排放到大气，回收的氟化物返回电解槽。图 8-17 所示为铝电解生产工艺流程图。

许多年以来，铝电解质一直以冰晶石为主体，其原因如下。①纯冰晶石不含析出电位（放电电位）比铝更正的金属杂质（铁、硅、铜等），只要不从外界带入杂质，电解生产可以获得较纯的铝。②冰晶石能够较好地溶解氧化铝，在电解温度 $1223 \sim 1243K$ 时，氧化铝在

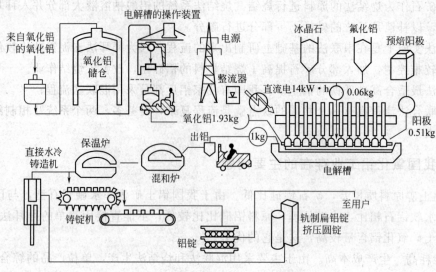

图 8-17 现代铝工业生产流程简图

冰晶石溶液中的溶解度约为 10%。③在电解温度下，冰晶石-氧化铝熔融液的密度比同温度的铝液的密度小，它浮在铝液上面，可防止铝的氧化，同时使电解质和铝很好地分离，这既有利于电解过程，又简化了电解槽结构。④冰晶石有一定的导电能力，这样使得电解液层的电压降不至过高。⑤冰晶石熔融液在电解温度下有一定的流动性，阳极气体能够从电解液中顺利地排出，而且有利于电解液的循环，使电解液的温度和成分都比较均匀。⑥铝在冰晶石熔融液中的溶解度不大，这是提高电流效率的一个有利因素。⑦冰晶石熔融液的腐蚀性很大，但炭素材料能抗受它的侵蚀，用碳素材料作内衬建造电解槽基本上可以满足生产的要求。⑧在熔融状态下，冰晶石基本上不吸水，挥发性也不大，这将减少物料消耗并能保证电解液成分相对稳定。

氧化铝是炼铝的主要原料、生产 1t 铝理论上需要氧化铝 1889kg，由于生产与运输过程中的机械损失，实际消耗为每吨铝消耗氧化铝 $1920\sim1940$kg。

冰晶石（Na_3AlF_6）是电解质溶剂，为了改善电解质的物理化学性质，通常加入少量 AlF_3、CaF_2、MgF_2 及 LiF 等添加剂。虽然从理论上来说，这些氟盐在电解过程中并不消耗，但实际生产中因挥发和机械损失每吨铝需消耗氟化盐 $30\sim40$kg。

铝电解槽采用消耗性碳阳极，即阳极上析出的氧与碳反应生成 CO_2 和 CO。每吨铝消耗阳极碳 $400\sim450$kg。

电解生产的另一消耗是直流电，现代铝工业每生产 1t 铝的直流电耗为 $13000\sim15000$kW·h。

我国铝矿资源和电力资源非常丰富，又有丰富的用来制造阳极碳的石油焦。萤石（CaF_2）的储量也很多，可供生产冰晶石等氟盐，所以我国发展铝工业的前景是非常好的。

8.8.2 铝电解质的某些性质

电解铝工业中，通常用冰晶石分子比（简称冰晶石比）来表示电解质中 NaF 和 AlF_3 的相对含量。纯冰晶石的分子比为 NaF：$AlF_3=3$。当加 AlF_3 于冰晶石时，冰晶石比便降低而小于 3；相反，加 NaF 于冰晶石中，冰晶石比便升高而大于 3。富有 NaF 的冰晶石熔体

（$NaF/AlF_3>3$）称为碱性电解质，富有 AlF_3 的冰晶石熔体（$NaF/AlF_3<3$）称为酸性电解质。

现今铝电解槽普遍采用酸性电解质，一般冰晶石比为 $2.6\sim2.8$。过酸的电解质挥发性很大，而且溶解 Al_2O_3 的能力降低。碱性电解质因为 Na^+ 浓度高，容易在阴极上析出钠来，故都不采用。

8.2.2.1 Al_2O_3 在电解质中的溶解度

电解炼铝所用的电解质是以 NaF-AlF_3 系为主的熔体。研究确定 Na_3AlF_6-Al_2O_3 系是一个简单的二元共晶系，共晶点温度为 $1211K$，含 Al_2O_3 为 14.8%（$1273K$ 时氧化铝在冰晶石中的溶解度约为 16.5%）。

在电解铝时，随着电解过程的进行，电解质中的 Al_2O_3 逐渐减少，故必须定时往电解槽中添加 Al_2O_3，使电解过程得以连续进行。

为了避免在电解槽底（阴极）上形成 Al_2O_3 沉淀，电解质中的 Al_2O_3 含量一般不超过 $8\%\sim10\%$，也不低于 3%。

8.8.2.2 电解质的离解

电解质的离解，包括熔融冰晶石的离解和溶解于其中的氧化铝的离解。

一般认为，冰晶石按下式离解：

$$Na_3AlF_6 \Longrightarrow 3Na^+ + AlF_6^{3-}$$

AlF_6^{3-} 还会部分地离解为氟离子和更简单的氟铝酸络阴离子，最可能的离解式是：

$$AlF_6^{3-} \Longrightarrow AlF_4^- + 2F^-$$

有的研究者认为，溶解在熔融冰晶石中的氧化铝，最可能按如下方式离解成为铝离子与含氧离子：

$$Al_2O_3 \Longrightarrow Al^{3+} + AlO_3^{3-}$$

但是，更多的研究者认为，溶解在冰晶石中的 Al_2O_3 由于和 AlF_6^{3-} 以及 F^- 发生反应而结合为铝氧氟络合离子：

$$4AlF_6^{3-} + Al_2O_3 \Longrightarrow 3AlOF_5^{4-} + 3AlF_3$$
$$4AlF_6^{3-} + Al_2O_3 \Longrightarrow 3AlOF_3^{2-} + 3AlF_3$$

还可能按照以下反应生成 $Al_2OF_8^{4-}$ 和 $Al_2OF_{10}^{6-}$ 型络合离子：

$$4AlF_6^{3-} + Al_2O_3 \Longrightarrow 3Al_2OF_8^{4-}$$
$$6F^- + 4AlF_6^{3-} + Al_2O_3 \Longrightarrow 3Al_2OF_{10}^{6-}$$

新离子可能是 AlO_2^-，即发生下列反应：

$$Al_2O_3 + 2F^- \Longrightarrow AlOF_2^- + AlO_2^-$$
$$Al_2O_3 + AlF_6^{3-} \Longrightarrow AlOF_2^- + AlO_2^- + AlF_4^-$$

表 8-2 为按照 Al_2O_3 浓度差别排列的冰晶石-氧化铝熔体的各种离子结构形式。可见，随着 Al_2O_3 浓度不同，离子形式有所不同。

表 8-2 Na_3AlF_6-Al_2O_3 熔体的离子结构形式

Al_2O_3 浓度/%	离子形式	工业电解过程特点
0	Na^+，AlF_6^{3-}，AlF_4^-，F^-	发生阳极效应
0~2	Na^+，AlF_6^{3-}，AlF_4^-，（F^-）	临近发生阳极效应
	$Al_2OF_{10}^{6-}$，$Al_2OF_3^{4-}$	

续表

Al_2O_3 浓度	离子形式	工业电解过程特点
2%~5%	Na^+,AlF_6^{3-},AlF_4^-,(F^-)	正常电解
	$AlOF_5^{4-}$,($AlOF_3^{2-}$)	
5%直至电解温度 下的溶解度极限	Na^+,AlF_6^{3-},AlF_4^-,(F^-)	正常电解(但熔融液导电性降低, 氧化铝溶解速度减慢)
	$AlOF_3^{2-}$,($AlOF_5^{4-}$)	
	$AlOF_2^-$,AlO_2	

综上所述，冰晶石-氧化铝熔融液中的离子质点，有 Na^+、AlF_6^{3-}、AlF_4^-、F^-，还有 Al-O-F 型络合离子。其中 Na^+ 是单体离子，Al^{3+} 结合在络合离子里。

8.8.2.3　电解质的导电度

铝电解质的电压降占槽电压的 36%~40%。因此，应该力求降低电解质的电阻。

纯冰晶石的电导率等于 0.028S/m（1273K，外推值）。工业电解质的电导率受多方面因素的影响，其中最主要是温度和氧化铝浓度。在正常电解过程中，电解质的电导率随温度升高而提高、随 Al_2O_3 浓度增加而减小。在工业生产上，随着电解过程的进行，Al_2O_3 浓度逐渐降低，电解质的电导率不断提高；加料之后，电解质里的 Al_2O_3 浓度增大，使电导率减小。所以在电解过程中电导率是周期性地改变着。

8.8.2.4　电解质的密度

电解质的密度大小影响金属铝与电解质的分离。291K 时金属铝的密度为 $2.7g/cm^3$，纯冰晶石密度为 $2.95g/cm^3$。但在电解温度下，熔融铝比冰晶石密度大，尤其当冰晶石中溶解有大量氧化铝时。例如，在电解炼铝的工业条件下，电解温度为 1223K 铝的密度为 $2.308g/cm^3$，而含有 5% Al_2O_3 的冰晶石熔体密度为 $2.102g/cm^3$，可见在电解温度下，熔融铝要比电解质密度大 10%。按此密度差是可以很好分层的，所以电解过程中，析出的铝聚集在电解槽底部。

8.8.2.5　电解质的黏度

电解质的黏度随温度增高而降低，随熔体中 Al_2O_3 含量增加而增加。在工业生产上要求电解质具有适当的黏度，例如 $3×10^{-3}$ Pa·s，如果黏度过大，则阳极气泡不易逸出，加入电解质内的氧化铝不易沉降，而呈悬浮状态，这些都对电解过程发生不良影响。反之，如果黏度太小，则电解质的循环运动加快，从而加速铝滴和溶解了的铝的转移，影响电流效率。所以，有的铝厂为了获得高效率，宁愿采取比较高的 Al_2O_3 浓度和比较低的电解温度，以增大电解质的黏度。

在现代铝电解生产中，为了改善电解质的物理化学性质而使用了一些添加剂，电解质的组成已由最初的冰晶石-氧化铝熔体逐渐演变为以冰晶石-氧化铝为主体的多成分电解质。常用的添加剂是氟化钙（CaF_2）、氟化镁（MgF_2）、氟化锂（LiF）或碳酸锂（Li_2CO_3）、氯化钠（NaCl）等。

8.8.2.6　电解槽的结构

电解槽是在一个钢制槽壳，内部衬以耐火砖和保温层，压型炭块镶于槽底，充作电解槽的阴极。电流经由炭质槽底（阴极）与插入电解质中的炭质阳极（预焙阳极）通过电解质，完成电解过程。图 8-18 为预焙阳极电解槽断面图。

电解过程中，阳极要不断消耗，同时通过调整极距来调整电解液的温度。所以，电解槽正常操作需要经常升降阳极。因此，有悬挂和升降阳极的专门机构。

所谓极距，是指阳极底掌到金属铝液表面之间的距离，可以用垂直移动阳极的方法来改变这个距离。极距减小，电解温度降低；相反，增大极距，电解温度就可以提高，一般极距保持在4~6cm。

预焙阳极由预先成形焙烧好的阳极炭块组所组成。阳极炭块组数由电解槽的电流强度（俗称电解槽容量）和炭块尺寸所决定。阳极炭块组分布在阳极大母线两侧。电流自阳极大母线通过铝导杆导入阳极炭块。随着电解过程的进行，阳极炭块不断消耗，消耗到一定程度就必须更换，所以这种阳极是不连续作业的。更换下来的阳极叫残极，返回阳极制造厂回收处理。因为阳极是预先焙烧的，故电解生产过程中没有沥青烟气散发

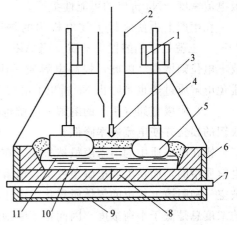

图 8-18　预焙阳极电解槽断面图
1—阳极母线梁；2—氧化铝料斗，3—打壳加料；
4—槽罩；5—预焙阳极；6—槽壳；7—阴极棒；
8—阴极炭块；9—隔热层；
10—电解质；11—铝液

出来。另外这种电解槽上部设有用铝板做的槽罩，密封情况很好。现代化的大型预焙槽采用中间打壳下料，且作业完全由计算机控制，机械化自动化水平非常高，槽罩开启少，阳极气体捕集率达到95%以上，捕集后的烟气通过排烟管送干法净化，净化效果达99%，所以大大改善了劳动条件，减少了环境污染又回收了氟化物。目前，这种槽子的容量达到了280~4900kA。世界上新建铝厂和旧厂改造几乎都使用这种槽型。自 20 世纪 90 年代初引进该项技术后，我国新建铝厂都采用这种槽型，并取得了很好的经济效益和社会效益。

铝电解生产技术的发展，主要表现在持续地增加电解槽的生产能力方面。在铝工业初期，曾采用 4000~8000A 小型预焙阳极电解槽，其每昼夜的铝产量为 20~40kg。而目前大型电解槽的电流强度达到 170000~320000A，每昼夜的铝产量增加到 1200~2100kg。

随着电解槽生产能力的增大，铝电解槽的电流效率以及电能消耗也有很大变化。铝工业生产初期，电流效率只有 70% 左右，电能消耗高达 42kW·h/kg；现在电流效率已提高到 90%~93%，电能消耗已降低到 13.5kW·h/kg 左右。

8.8.3　铝电解槽中的电极过程

8.8.3.1　阴极过程

电解炼铝时，铝电解槽阴极上的基本电化学过程是铝氧氟络合离子中的 Al^{3+} 的放电析出。除此之外，在一定条件下还会有钠析出。

（1）阴极上的电化反应　铝、钠两种金属按下列反应式在阴极上析出：

$$Al^{3+}（络合）+3e \Longequal Al$$
$$Na^+ + e \Longequal Na$$

在纯冰晶石熔体或在冰晶石-氧化铝熔体中，在 1213~1283K 时，铝都是比钠更正电性的金属。因此，在阴极上发生的一次电极过程主要是 Al^{3+} 的放电析出金属铝。但由于 Al 与 Na 的电位相差只有 0.1~0.2V，故在一定条件下仍可能有 Na 同时析出。这里所说的一定条件，主要是指电解槽温度和阴极电流密度。在其他条件相同时，提高电解槽温度，增大阴

极电流密度，Na 析出的可能性都增大。

在生产上为使阴极上放电析出的钠减少到最小程度，通常是在电解质中保持过量的 AlF_3，也就是采用酸性电解质。当 AlF_3 含量增高时，Al^{3+} 的放电电位便降低，而 Na^+ 的放电电位则增高。因此，提高电解质 AlF_3 的含量，便可使 Na 析出的可能性减小。此外，避免电解质过热也是防止 Na 析出的必要条件。

（2）阴极金属（铝）的溶解　电解炼铝时，金属铝会部分的溶解在熔融电解质中，而造成铝的损失并使电流效率降低。

铝在电解质中的溶解度虽然很小，在电解温度下不超过 0.1%，但是，它是分布在整个电解质中的，而在工业电解条件下，电解质并未与空气隔绝。因此，铝在电解质表面上不断被空气和阳极上析出的气体所氧化。由于溶解于电解质中的铝不断被氧化，所以铝在熔体中的浓度总是低于平衡浓度；因而铝不断地溶解，这样就引起铝的不断损失。这种损失随温度增高而增大。因此，在尽可能低的温度下进行电解，是降低铝溶解损失的有效措施。

8.8.3.2　阳极过程

（1）阳极上的电化反应　铝电解槽的阳极过程比较复杂，因为炭阳极本身也参与电化学反应。炭阳极上的一次反应是铝氧氟络合离子中的氧离子在炭阳极上放电，生成二氧化碳的反应：

$$2O^{2-}（络合）+C-4e = CO_2$$

因此，阴、阳总反应式为：

$$2Al^{3+}+3O^{2-}（络合）+3/2C = 2Al+3/2CO_2$$

实验表明，除了非常小的电流密度之外，阳极一次气体的组成接近 $100\% CO_2$。

（2）阳极效应　从铝电解生产中，在阳极上还会发生一种特殊现象，就是阳极效应。电解槽发生阳极效应的最显著特征是电解槽的槽电压由正常时的 $4\sim 4.5V$ 突然升高到 30V 甚至更高，阳极周围发生电弧光火花并伴随发生电弧的噼啪声，电解质停止正常沸腾，实际上电解过程停止。

阳极效应发生的根本原因是电解质中 Al_2O_3 浓度降低到了某一极限值（一般在 2% 以下）。Al_2O_3 是表面活性物质，当 Al_2O_3 浓度太低时，电解质与阳极碳的界面张力增大，电解质对阳极碳润湿不好，从而导致阳极气体不能从阳极表面上逸出而在阳极底掌形成一层电阻很大的气膜，使电压迅速升高以致发生阳极效应。

阳极效应的发生可以判断电解槽的工作状况，调节电解槽温度、净化电解质，溶解槽底沉淀。但阳极效应频频发生将造成系列电流不稳定，增加电耗，也增加劳动强度。所以生产上采用阳极效应系数即每台电解槽每 24h 允许发生效应的次数来控制，一般效应系数不超过 1.0。

8.8.3.3　电解过程中的副反应

在电解炼铝时，除了上面所说的那些主要反应之外，还发生一些副反应，其中最重要的是碳化铝的生成和电解质成分的变化。

（1）碳化铝的生成　电解炼铝时，在电解槽中总会有碳化铝生成，反应如下：

$$4Al+3C = Al_4C_3$$

在通常情况下，碳和 Al 之间的反应要在 $1973\sim 2273K$ 高温下才会发生，而在铝电解槽中，在 $1203\sim 1223K$ 的电解温度下就有碳化铝生成。较多的研究者认为，由于处于熔融冰晶石层下面的金属铝的表面上，没有通常情况下总是存在于铝表面的氧化铝薄膜，这就使得铝同碳的交互作用容易发生。

碳化铝是难熔的固体，密度大，沉积于电解槽底部。渗入炭电极孔洞、裂隙中的铝，也会在那里生成 Al_4C_3。由于碳化铝导电性很小，它存在于电极和电解质中会引起电阻增大，槽电压增大，最终表现为电能耗增大。

由于阴极炭块中产生 Al_4C_3 以及吸收电解质和 Al_2O_3，使阴极逐渐"老化"而失去工作能力，所以阴极炭块要定期拆换。

（2）电解质成分的变化　电解槽内的电解质，随着使用时间的延长其成分会发生变化，使得冰晶石比不能保持在规定的范围内。

使电解质成分发生变化的原因，除易挥发的 AlF_3（其蒸气压在电解温度下约为 933Pa）发生挥发损失之外，最主要的原因是随氧化铝和冰晶石带入电解槽中的杂质 SiO_2、Na_2O、H_2O 等与冰晶石作用的结果。

由于氢氧化铝洗涤不好而在 Al_2O_3 中留下的 Na_2O，按如下反应式使冰晶石分解：

$$2Na_3AlF_6 + 3Na_2O = Al_2O_3 + 12NaF$$

作为 Al_2O_3 与冰晶石的杂质而进入电解槽的 SiO_2 按如下反应式使冰晶石分解：

$$4Na_3AlF_6 + 3SiO_2 = 2Al_2O_3 + 12NaF + 3SiF_4 \uparrow$$

生成了挥发性的四氟化硅，造成 NaF 的过剩。

随 Al_2O_3 带入的水分也会使冰晶石发生分解，反应如下：

$$2Na_3AlF_6 + 3H_2O = Al_2O_3 + 6NaF + 6HF \uparrow$$

8.8.4　电解槽的操作

对于自焙阳极电解槽来说，电解槽正常工作期间的操作，大致可归纳为五个主要步骤。

（1）向槽中加 Al_2O_3　当溶解在电解质中的氧化铝的浓度近于 1％时，电解槽上发生阳极效应。为了将一批氧化铝料加入槽中，沿阳极四周用风动捣锤将凝固的电解质结壳打开，把它加入熔体中，使新的氧化铝溶解入熔体。

（2）调整电解质成分　在电解过程中，由于 AlF_3 挥发，冰晶石分解，电解质的成分在逐渐发生变化，使得冰晶石比超出了规定的范围。在电解槽正常生产时期，调整电解质成分就是定期向槽内添加一定数量的 AlF_3，使电解质的冰晶石比保持在规定范围内。

（3）调整极距和电解槽温度　正常工作的电解槽，极距为 4.5～5cm。随极间距离减小，电解质的温度降低；随极间距离的增加，电解质温度上升。利用阳极机构升降阳极，即可改变极距。

（4）阳极的看管　在电解过程中，阳极连续地被氧化。为了保持必需的极间距离，要随时下降阳极。随着阳极燃烧，向套筒上部接铝壳内装入阳极糊。为了保障新加入的阳极糊能与工作的阳极很好地黏结在一起，应从铝壳内的阳极糊表面将灰尘除去。

（5）电解槽的出铝　随着电解过程的进行，槽内铝液逐渐聚积于槽底部，必须定期从槽内取出。由于出铝会对电解槽正常工作带来有害影响，所以力求出铝间隔时间尽可能长些，一般正常工作的电解槽，每 3～4 昼夜出铝一次。为了防止铝离子直接在阴极炭块上析出而破坏槽底（生成 Al_4C_3）和防止电解槽的热平衡受到严重破坏，应避免出铝前后电解槽温度波动过大，所以每次出铝不能过多，即出铝后槽内必须保留一定数量的铝液，一般控制在出铝后槽内铝液水平不低于 18cm。

目前，自电解槽出铝普遍采用真空罐法。其原理是将有盖密封盛铝罐抽至一定真空度，利用内外压力差将铝液吸入盛铝罐内。

随着铝由槽中取出,铝液水平下降,而极间距离增大,槽电压升高。为避免电能过多的消耗,在出铝时应逐渐使阳极下降,并尽可能保持正常极距和正常槽电压。

8.8.5 铝液净化

从电解槽抽出来的铝液中,通常都含有 Fe、Si 以及非金属固态夹杂物、溶解的气体等多种杂质,因此需要经过净化处理,清除掉一部分杂质,然后铸成商品铝锭(99.85%Al)。

铝液净化有两种方法:熔剂净化法和气体净化法。

熔剂净化法主要是为清除铝中的非金属夹杂物。所用的熔剂由钾、钠、铝的氟盐和氯盐组成。几种常用的熔剂成分如表 8-3 所示。熔剂直接撒在铝液表面上,或者先加在抬包内,然后倒入铝液,同样起到覆盖剂的作用。每吨铝熔剂用量 3～5kg。

表 8-3 铝液净化用的熔剂成分

熔剂	Na_3AlF_6/%	NaCl/%	KCl/%	$MgCl_2$/%	熔点/K
1	45	30	25	—	933
2	—	45	45	10	873
3	10	40	40	10	873

现在气体净化法广泛应用惰性气体氮气。在该法中用氧化铝球(刚玉)作过滤介质。N_2 直接通入铝液内,铝液连续送入氮化炉内,通过氧化铝球过滤层,并受氮气的冲洗,于是铝液中非金属夹杂物及溶解的氢均被清除,然后连续排出。铝液净化法如图 8-19 所示。

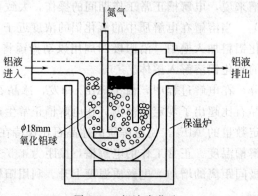

图 8-19 铝液净化法

铝电解生产技术经济指标如表 8-4 所示。

表 8-4 铝电解生产的技术经济指标

项目	指标	项目	每吨铝消耗指标
电解质温度/K	1223～1243	电能/kW·h	13500～15000
阳极电流密度/(A/cm²)	0.7～0.76	氧化铝/kg	1920～2000
电极距/cm	4～6	冰晶石/kg	5～10
槽电压/V	4.5～5.0	氟化铝/kg	15～30
电流效率/%	88～90	添加剂/kg	5
原铝质量/% Al	99.5～99.7	阳极糊/kg	520

8.8.6 铝电解发展的方向

近年来，美国铝工业开展了大量的技术创新研发工作。由于铝电解生产是铝生产中能耗和污染排放最大的生产工艺，围绕铝电解生产的节能、降耗、降低污染的创新技术成为铝工业研发项目的主流。在铝电解生产技术方面，创新技术主要体现在两个方面：一是对现代电解槽（原理不变）的创新（如可湿性阴极、惰性阳极、多极电解技术）；二是其他原理的氧化铝还原技术（如碳热还原技术、低温离子液体技术）。

（1）改善熔体性质 纯冰晶石的熔点较高（1281.5K），导电性能不好和腐蚀性强，以及氧化铝在其中的溶解量不大等，这些导致了熔盐电解法生产铝时电能消耗大，建设投资和生产费用高。多年来，为了克服其缺点，人们尝试去寻找能代替它的新物质，但至今尚未取得成功；同时，人们也研究使用一些添加物像氟化钙、氟化镁、氟化理等，来改善冰晶石-氧化铝熔体的性质。因此，铝工业用的电解质已经远不是简单的二元系而是多元系了。现将添加物氟化钙、氟化镁、氟化理对电解质熔融温度的影响列于表 8-5。

表 8-5 添加物对电解质熔融温度的影响

电解质成分	未加添加物时的熔融温度/K	加添加物时的熔融温度/K		添加物种类
		5%	10%	
$2.7NaF \cdot AlF_3 + 5\%Al_2O_3$	1255	1238	1226	CaF_2
		1223	1193	MgF_2
		1203		LiF

（2）提高电流效率 影响铝在电解质中的溶解度的最大因素是温度，温度愈高，铝的溶解损失愈大。根据对铝电解槽的多次测量表明，温度每升高 $20\sim30K$，电流效率大约降低 $1\%\sim2\%$。因此，电解槽力求保持低温操作，对于提高电流效率是有好处的。

（3）增加电解槽容量 电解槽容量由 $50\sim60kA$ 经过 40 年发展到 $300\sim325kA$ 电解槽的单位面积产铝量增加了 $5\sim10$ 倍。

（4）提高槽寿命 槽寿命由 50 年前的 600 天提高到 $2500\sim3000$ 天。

（5）改善铝电解生产环境保护 电解铝生产有害烟气对环境的影响，CO_2、CF_4 和 C_2F_6 气体对全球温室效应，氮化物、沥青烟和 SO_2 气体产生的区域性空气污染，由于电解逸出的氟化物对生物和植物的影响已被较早认识，所以，近 20 年来世界铝工业在环境治理和烟气净化方面所采取的措施对减少氟的排放取得了很大的进展。在现代化预焙阳极电解槽的铝厂，几乎没有沥青烟，只是在筑炉扎热糊时有少量逸出。欧洲原铝工业的氟排放量已从 1974 年的约 3.8kg/tAl 减少到 1994 年的 $0.7\sim0.8kg/tAl$，目前有些国家已达到 $0.4\sim0.5kg/tAl$。从某种角度来说，其危害几乎已不存在。

（6）提高铝纯度 Na_3AlF_6-Al_2O_3 熔融盐电解所得的铝，含铝量一般不超过 99.8%，称为原铝；含铝 $99.99\%\sim99.996\%$ 者为精铝；含铝 99.9999% 以上者为超纯铝；精铝比原铝具有更好的导电性、导热性、可塑性、反光性和抗腐蚀性。其中最有价值的是它的抗腐蚀能力。铝的纯度愈高，表面氧化膜愈致密，与内部铝原子的结合愈牢固，使它对某些酸和碱、海水、污水及含硫空气等表现出很好的抗腐蚀性。我国目前能生产精铝。

中国铝电解技术水平自 20 世纪 80 年代起有了很大的提高，在学习国外先进技术的同时，中国自行开发和应用了 160kA、180kA、200kA 系列电解槽成套技术和装备，并且研制开发了超大容量 280kA 和 320kA 工业试验铝电解槽技术，各项技术经济指标正朝着世界先进水平迈进。下面是一些铝电解的发展方向，有些已经在生产上应用。

① 氧化铝输送——浓相输送和超浓相输送。

② 阳极制备——降低阳极过电位和长寿命。

③ 电解槽操作与管理的计算机控制。

④ 磁场的研究——多端供电使阴极铝液平稳。

⑤ 电磁冶金在低氧铝制取方面的应用。

⑥ 惰性阳极电解——惰性阳极材料的研究主要集中在陶瓷、金属和金属陶瓷三大材料系列。当前，在现代电解槽生产条件下（冰晶石熔盐、温度 950℃），惰性阳极材料的研究主要集中在金属陶瓷材料上，成分为过渡金属（Ni、Fe）、其他金属和高金属的抗热氧化性，采用低温电解液并与新型的电解槽设计相结合来开展研究。

⑦ 氯化铝电解。

⑧ 惰性阴极技术——TiB_2，导电氧化物膜。

⑨ 电解槽侧壁耐铝水材料——Si_3N_4，SiC。

⑩ 电解槽底部耐火防渗保温技术 BF-Ⅱ。

⑪ 电解质改良-低温电解。

⑫ 铝电解槽焙烧启动技术。

⑬ 熔盐电解生产铝基合金——Al-Mg，Al-Li，Al-Sr，Al-Zr。

⑭ 铝电解的环境保护。

⑮ 碳热还原技术，是一项非电化学氧化铝还原技术。其生产工艺原理是将氧化铝与碳直接放入高温反应器内，通过化学反应还原金属铝。氧化铝碳热还原技术是多阶段化学反应过程，需要在高温下炉内多个区域进行反应。第一阶段的反应是在 1900℃高温下，氧化铝与碳生成碳化铝渣（$2Al_2O_3+9C \longrightarrow Al_4C_3+6CO$）；第二阶段的反应是在 2000℃高温下，碳化铝还原成金属铝（$Al_4C_3+Al_2O_3 \longrightarrow 6Al+3CO$）。在高温下，大部分铝会转变为气相组分（Al 和 Al_2O_3），因此，需要有回收系统，以 Al_4C_3 的形式回收这些组分。本项技术的研发关键是能够连续产生高温的反应器及熔融产品和气相产品的回收。据称，反应器采用先进的高温电弧炉技术。本项技术如获成功，铝生产能耗可降低到 9.07kW·h/kg，投资成本减少 50%以上，生产成本降低 25%，可生产高纯 CO 和 CO_2 副产品，并且出于设备占地面积小，冶炼生产企业自由流动性强，易于与加工制造联合进行生产。

思 考 题

1. 何谓铝酸钠溶液的苛性比值？硅量指数？

2. 已知铝酸钠溶液的浓度为 Al_2O_3 130g/L，Na_2O 130g/L，Na_2O 5g/L，SiO_2 5g/L，求该溶液的苛性比值与硅量指数。

3. 简述浓度、苛性比值、温度、SiO_2 等杂质对铝酸钠溶液稳定性的影响？

4. 简述拜耳法的基本原理。

5. 已知循环母液苛性比值为 3.40，溶出液苛性比值为 1.60，计算循环效率 E 是多少？若 $\alpha_母$ 不变，$\alpha_溶$ 下降到 1.50，E 提高多少？$\alpha_母$ 上升到 3.50，$\alpha_溶$ 为 1.60，E 值提高多少？

6. 溶出料浆稀释的作用有哪些？

7. 为什么说拜耳法只宜处理铝硅比高的铝土矿？

8. 铝酸钠溶液分解时为什么加入大量晶种？

9. 铝酸钠晶种分解有什么特点？

10. 拜耳法有哪些优缺点？

11. 简述碱石灰烧结法基本原理。

12. 为什么碱石灰烧结法可以处理铝硅比低的铝土矿？

参 考 文 献

[1] 刘业翔，李劼. 现代铝电解. 北京：冶金工业出版社，2008.

[2] 邱竹贤. 预焙槽炼铝. 第 3 版. 北京：冶金工业出版社，2005.

[3] 邱竹贤. 铝电解原理与应用. 北京：中国矿业大学出版社，1998.

[4] 姚广春. 冶金碳素材料性能及生产工艺. 北京：冶金工业出版社，1992.

[5] 梅炽. 有色冶金炉设计手册. 北京：冶金工业出版社，2000.

[6] 任贵义. 炼铁学. 北京：冶金工业出版社，1996.

[7] 罗吉敖. 炼铁学. 北京：冶金工业出版社，1994.

[8] 王明海. 钢铁冶金概论. 北京：冶金工业出版社，2004.

[9] 周传典. 高炉炼铁生产技术手册. 北京：冶金工业出版社，2003.

[10] 宋建成. 高炉炼铁理论与操作. 北京：冶金工业出版社，2005.

[11] 卢宇飞. 炼铁工艺. 北京：冶金工业出版社，2006.

[12] 高泽平. 炼钢工艺学. 北京：冶金工业出版社，2006.

[13] 王雅贞. 氧气顶吹转炉炼钢工艺与设备. 北京：冶金工业出版社，2005.

[14] 陈家祥. 钢铁冶金学（炼钢部分）. 北京：冶金工业出版社，2000.

[15] 徐增启. 炉外精炼. 北京：冶金工业出版社，1994.

[16] 冯聚和. 铁水预处理与钢水炉外精炼. 北京：冶金工业出版社，2006.

[17] 赵沛. 炉外精炼及铁水预处理实用技术手册. 北京：冶金工业出版社，2004.